U0290272

自 然 文 库
Nature
Series

THE

MUSHROOM HUNTERS

On the Trail of an Underground America

蘑菇猎人

探寻北美野生蘑菇的地下世界

〔美〕兰登·库克 著

周彬 译

商务印书馆
The Commercial Press
创于1897

The Mushroom Hunters
On the Trail of an Underground America
Copyright © 2014 by Langdon Cook

献给玛莎

正如星星会燃烧，青草会生长，人会呼吸，寻找宝藏的人找到宝藏时，会情不自禁地惊叹："啊！"宝藏乃世间精髓，寻宝人说话之前它就在那儿，说完之后，寻宝人开始收集宝藏——取之不尽的宝藏。

——罗宾逊·杰弗斯（Robinson Jeffers）

如果你对一棵树或一丛灌木的作用一无所知，你一定会迷失在森林中。站着别动，森林知道你在哪儿，你必须让它找到你。

——戴维·瓦格纳（David Wagoner）

目 录

蘑菇猎人：探寻北美野生蘑菇的地下世界

前言　龙虾菇公园里的"不法之徒"

　　"等等。"走在我前面的是一位蘑菇猎人，他冷不丁挥了挥手，示意我停下。我站在他身后，一刻也不敢动弹，竖起耳朵听着周遭的一切。夏末时节，森林里的桤木（*Alnus*）开始变黄，夜晚也变得凉爽。这是一个晴朗的下午，森林格外静谧，甚至听不到一只鸟儿鸣唱，我唯一能听见的只有自己的喘息声。好几百年树龄的花旗松（*Pseudotsuga menziesii*）高耸入云，它们苍老的树干足以容纳数量庞大的蝙蝠栖居于此。为了到达此地，我们在这片令人望而生畏的原始森林中徒步跋涉差不多一英里[1]，蜿蜒穿过北美刺人参（*Oplopanax horridus*）丛，再小心翼翼跨过横七竖八倒落在地的高大针叶树，像极了建筑工人踮着脚在工地上悬空的工字梁之间穿行，为此我的左手还被一根木刺扎了一下。我们行至一座郁郁葱葱的山脊上，停下脚步，放眼望去，山脊下有一条狭窄的道路。我跟随的这位蘑菇猎人正是我此行的向导，在他看来，那条道路才是我们将面临的唯一障碍。他用手罩住一只耳朵，说道：

1　1英里 ≈ 1.609 千米 = 1609 米

"往山下看！"

说完，他顺势趴在一根齐膝高的腐木后——腐木也被称为母木，它们滋养森林中的真菌、苔藓，以及植物新苗——而我则蜷缩在一个巨大的铁杉（*Tsuga*）树桩后。

山脊下那条道路的拐角处，临时停车道上停着一辆白色轿车，还好不是护林员的卡车，只见一位老妇人牵着一只宠物犬从车中走下。向导松了一口气，但他仍然十分谨慎，说道："如果有必要，我们先在这儿躲上一小时。"说完，他惬意地躺下，双手垫在脑后，将穿着登山靴的双脚搭在一起，闭上眼睛，似乎要小憩片刻。他简直就是为大自然而生：如同动物利用自身的保护色避免被发现一般，即使离我仅有几英尺[1]远，他也能轻易地与周围的环境融为一体。他穿着棕褐色的帆布工装裤和烟灰色的 T 恤衫，携带的 5 加仑[2]塑料桶被涂成猎人绿，背包也是这种绿色。这是一个普通的帆布背包，里面有一个大的隔层，可以装下大约 50 磅[3]的山货，而他今天要寻觅的山货是蘑菇——因其泥土气息和厚实口感而被各地餐厅主厨视为珍馐的野生蘑菇。这种野生蘑菇可不是超市里售卖的那种平淡无奇的白色蘑菇，它们只生长在大自然中，生长在人迹罕至的山野森林犄角旮旯里，而农业大棚或其他人工种植环境无法培育它们。这一片森林位于美国国家公园边界，几分钟前还生长在此的野生蘑菇，被我们采下并装入背包和塑料桶中，重约 60

1　1 英尺 = 0.3048 米

2　1 加仑 ≈ 3.7854 升

3　1 磅 ≈ 0.4536 千克

　蘑菇猎人：探寻北美野生蘑菇的地下世界

磅。因为在美国国家公园中采摘野生蘑菇并不合法，所以我们尽量小心行事，避免被人发现。

雷尼尔山是一座层状火山，在我家后院就能眺望到。从西雅图市中心开车回家，我通常沿着西雅图主干道之一的雷尼尔大道向南行驶。晴朗的日子里，透过挡风玻璃，位于喀斯喀特山脉东南方向 50 英里处的雷尼尔山白色圆锥状主峰分外显眼。雷尼尔山海拔 14,410 英尺，而且还在不断升高。它是华盛顿州的最高峰，正好位于野生蘑菇生长区域的中间地带，在蘑菇猎人的心目中，它与周边的另外两座火山——圣海伦斯山和亚当斯山——构成一个黄金三角。这一地带和环太平洋地区其他地带共同作用产生的地壳上推力，最终导致"环太平洋火山带"的形成。众所周知，美国西北部水资源极为丰富，但它同样是一块"火"的土地，几千年来火山喷发形成厚实、易透水的浮岩，加上充足的降雨，这片土地上不仅生长出巨大的树木，还孕育出多种可食用真菌。冰雪覆盖的火山周围是一望无际的森林海洋，犹如被大海四面环抱的礁岛。这里万籁俱寂、云淡风轻，日出之时，灿烂和煦的阳光穿过森林洒满大地，一道道光芒从天而降，仿佛来自另一个世界，透过数不尽的树枝和树叶构成的彩色玻璃窗，将斑驳的阳光倾洒在苔藓和地衣上，给绿色的森林染上缤纷的色彩。这样的奇景并不常见，太平洋西北部的原始森林也因此被喻为"自然界的大教堂"。

雷尼尔山及其原始森林只是职业蘑菇采摘者们所说的蘑菇小径上的其中一站，但即使是一站，这片区域幅员之辽阔也令人唏嘘，它囊括了美国西部和加拿大的大片土地：从加利福尼亚北部的门多西诺，一直到俄勒冈州、华盛顿州、加拿大不列颠哥伦比亚省和阿拉斯加州东南部，然后向东延伸至育空地区、蒙大拿州和爱达荷州的西部。这里山势陡峭，其中许多山脉仍在上升，大片地区为火山土壤覆盖，巍峨高大的山体阻挡了来自北太平洋的气流，山脉的迎风坡面因此沐浴在充沛的降水之中。这里的气候并不稳定，大部分地区一年中有 9 个月处于雨雪天气，沿着海岸，人们很难区分哪里是雾气，哪里是降雨。大面积的针叶林常年处于雨水的浸润，雨季时，雨滴淅淅沥沥从针叶上滴落，雨水顺着硕大的枝杈和黝黑的树干流下，落在低处的藤槭（*Acer circinatum*）和红桤木（*Alnus rubra*）上，汇成一股股小水流，流过长得像史前植物一般的北美刺人参，再一级一级阶梯式地流过美洲大树莓（*Rubus spectabilis*）、小花悬钩子（*Rubus parviflorus*）和黑莓（*Rubus fruticosus*），在沙龙白珠（*Gaultheria shallon*）和北美十大功劳（*Mahonia aquifolium*）闪亮的绿叶上敲打出稳定的节拍，在刺羽耳蕨（*Polystichum munitum*）和蹄盖蕨（*Athyrium filix-femina*）之间汇集成一个个小水洼，石松上也挂满晶莹剔透的小水珠。水流汇聚成涓涓小溪，流过布满森林地表的松针堆。水滴不断从树上落下，形成一条条水线，仿佛给树木穿上了一条条水裙。森林地表下，真菌菌丝如藤蔓一般延展开来，如饥似渴地汲取水分，然后在适当的时候，菌丝上便萌发出各种各样、五花八门的蘑菇，犹如一条色彩斑斓、错落有致的游行队伍，这便是火与雨催生的产物。

在北美，采摘野生蘑菇以供食用的方式已经商业化，这种现象普遍存在，但只有在太平洋西北地区潮湿的森林中，这种几乎没有任何正式批文的野生蘑菇买卖才发展成为一个庞大的产业，即便这个产业是游走在法律边缘。野生蘑菇通过一条无形的食物链从山野森林被最终端上餐桌：首先，商业采摘者在该地区的森林中采摘蘑菇，他们驾驶着小汽车和货车行驶在森林崎岖不平的林业道路上，沿着海岸线上时下，最后进入内陆山脉深处，寻找他们心目中的黄金菌类。他们在条件艰苦的山区露营，如华盛顿州的奥林匹克半岛、俄勒冈州的中央喀斯喀特山脉和加利福尼亚多雾的北海岸，一待就是好几个月；他们将采摘到的蘑菇贩卖给蘑菇买家和蘑菇采购商。蘑菇采摘者当中，有人专门为大型批发商工作，有人独立从事蘑菇采摘，但业务规模较小。买家们同样也了解野生蘑菇生长的主要区域，并在当地城镇和村落设立收购点，从采摘者那儿集中收购蘑菇。处于野生蘑菇食物链最顶端的客户，他们中有的是喜欢自己在家做饭的美食爱好者，有的主要从农贸市场和美食店购买野生蘑菇，也有不少是专业的餐厅主厨，主厨们需要不断地开发新菜品来丰富餐厅的菜单，以便满足食客们对于季节性新鲜食材的需求。

我们今天要寻找的野生蘑菇就列在官方禁止采摘的菌类名录中，这种野生蘑菇生长在雷尼尔山冰峰脚下，个体如北美香瓜般大小，色泽火红鲜艳如同煮过的龙虾，因此得名"龙虾菇"（*Hypomyces lactifluorum*），在色彩单调的森林中发现它们，并不是一件难事。它们似乎来自另一个星球，俨然真菌中的异类，但在原本就充满各种奇珍异宝的真菌王国里，它们实际上只是成功适应外部环境的生物，确切地说是两种生物的结合。龙虾菇是两种真菌的结合体，一种真菌寄生在另一种真菌上，将另一种白色、无味、毫无特征的伞菌变成大众趋之若鹜的橙色美食。在自然界，火红的颜色往往代表毒性，但龙虾菇——菇如其名——代表的是一种极品山珍野味，口感上也十分接近龙虾肉质，鲜美多汁，适当烹制便有丝绸般的口感质地，甚至可以让人品出淡淡的海洋味道。

我曾在烹制意大利龙虾烩饭时同时加入龙虾菇和缅因州大龙虾肉，食用时完全分辨不出龙虾肉和蘑菇肉。在当今百花齐放的烹饪世界，龙虾菇仅仅凭借其惊艳的颜色便独树一帜。将蘑菇和大葱切丁，放入黄油中炒香，加入少许奶油和干邑，一道简单而美味的法式蘑菇泥便可出锅。龙虾菇的肉质口感和海洋风味使其成为肉类的理想替代品。我曾将龙虾菇拌入用香醋汁浸泡的温热羽衣甘蓝沙拉中，倒入自制的冬阴功汤，与墨鱼汁面、海胆和大块蟹肉一起拌匀后食用。可以说，龙虾菇是最具代表性的野生蘑菇，只是过去10年来，它才摇身一变成为高端食材，在此之前，没人愿意花钱让厨师烹饪它。我的向导说他每年靠采摘龙虾菇获利颇丰。在这条沿海地带的蘑菇采摘路径上，最早7月份，龙虾菇便生长成熟，并一直持续到10月份。龙虾菇不耐寒，随着天气转凉、雨势加剧，龙虾菇像海绵一样吸收水分，并释放出令人不悦的鱼腥味。品质最好的龙虾菇生长在花旗松和异叶铁杉（*Tsuga heterophylla*）原始森林中，尽管在其他针叶林中也能发现龙虾菇，甚至包括美国西南部的松林。在美国西北部的森林中，地面覆盖有大量的苔藓、草茱萸（*Cornus canadensis*）和蕨类植物。翠绿的森林中，龙虾菇格外耀眼，森林中出现这样的荧光橙色简直不可思议，更不用说可以食用。在这里，几乎遍地都能发现龙虾菇的踪迹，它们层层叠叠地生长在季节性地表径流的缝隙中，产生的寄生孢子被雨水冲刷而成的泥浆带至森林其他地方，进而"感染"新的宿主。

向导很有耐心，我们隐蔽在森林中，伺机而动。作为一个野生蘑菇采摘者，他靠着大自然变幻莫测的馈赠为生，所以懂得克制隐忍。他说，他从来没有在这片森林遇到过护林员，只有一次在他熟悉的一块采摘地碰到其他采摘者——说是采摘者，其实是一个在公园里自驾游、结果误打误撞进入那儿并发现龙虾菇的游客。当游客为他的周日餐桌收集了几磅龙虾菇时，向导并没有上前阻止，而是远远避开，自顾自采摘蘑菇。"那天我围着那个人兜了一大圈，采摘了 150 磅的蘑菇，他甚至都不知道我在附近。"听他这么一说，我心想，美洲狮和其他野生动物会不会也在森林某处正暗暗观察我们的一举一动？一想到这儿，我不禁倒吸了一口凉气。今天，向导打算采集 200 磅的蘑菇，这可不是一个小数目，因此他得把蘑菇藏在树林里，天黑后再回来取。200 磅，真是难以置信。

向导几乎是带着歉意地向我解释道，他不是每年都来国家公园采摘蘑菇，只有在天气干旱的年份才来，他说："并且是在值得冒险的时候我才来。"在雨季多的年份，他不会来这儿违法采摘蘑菇，因为在雨季多的年份，每个人都能采摘到大量的蘑菇，蘑菇也就卖不到一个好价钱。但今年不是雨年，蘑菇产量较少，竞争已经开始触及他的底线，他需要尽可能采摘到足够多的龙虾菇。我提醒他，他所做的事情并不合法。他想了一会儿，最终承认道，如果他是公园负责人，他也不会对这条法规做出任何修改，不会开放公园允许商业化采摘野生蘑菇，他甚至会起诉像他自己这样蔑视法律的人。但他又话锋一转，说生活不容易，他得挣钱谋生，而且他不认为自己偷采蘑菇会伤害任何人，更何况还有诸如登山培训、旅游、特许经营店等其他商业活动出现在公园里。"只要公园允许人们开着汽油车进入，"他生气地嘀咕道，"我就不会因为采摘几个野生蘑菇而感到内疚。"就这样吧，他说，这个话题到此为止。看得出来，偷采国家公园里的野生蘑菇的确让他有些良心不安，只是不愿意承认罢了。

等到那个女人遛完狗并开车离去后，我们爬下山脊，沿着山脊下的道路继续前行。尽管龙虾菇隐藏在森林地表的半腐层和苔藓中，但它们鲜艳的橙色却极易暴露踪影。这时，向导发现了龙虾菇，我也发现了。每发现一个蘑菇，我都欣喜若狂，仿佛回到童年在森林里寻宝的时刻。有时，蘑菇在树枝和松针下只微微露出一小部分菌盖，但它们还是没能逃脱我的法眼，我挖出它们，放进桶里。森林地表十分松软——这是常年火山爆发和几个世纪以来森林残骸堆积的结果——每走一步脚下都会发出沙沙声。森林里的空气格外清新，仿佛走入一个天然的大氧吧。穿过茂密的树丛，我能感受到每根树枝的断裂。整整一天，向导都在抱怨采摘蘑菇的艰辛：长时间弯腰劳动、不停地驾车穿梭于各个采摘点、价格波动、不怀好意的竞争对手、险恶的森林条件等。这时，他弯下腰，挖出一个约 1 磅重的蘑菇，立马转换话题，说道："按今天的价格，这个蘑菇值 5 美元。"接着又说道:"我撒谎了,采蘑菇肯定比待在卧室里睡觉强。"

他伸出手臂扫过眼前的森林、天空、泥土,最后指了指蜷缩在蘑菇菌盖上一滴露珠里的一只外形奇异的小毛毛虫,感叹道:"再也没有比这更好的工作环境了。"他说得没错,太平洋西北地区的原始森林也是我的最爱之一,在这儿我可以远离城市的喧嚣。我们继续往前搜寻,虽然我大汗淋漓,又累又渴,但我并没有感觉自己是在工作。他对我说:"是时候展现真正的勇气了。"我们越过高坡,进入一片浅洼地,映入眼帘的是一条古老坡道,蜿蜒隐没在高大挺拔的花旗松和北美圆柏(*Juniperus virginiana*)之间。在这里还没有被规划为国家公园的很久以前,人们赶着骡子行走在这片森林中。野外蘑菇采摘者们用"蜜穴"和"母矿"这样的词汇描述这块宠地,不过,我很快意识到今天应该采集不到 200 磅蘑菇。地面十分干燥,几乎很难发现蘑菇的踪影,我们在山坡上搜寻了很久,都没有看到蘑菇菌盖从泥土中探出头来,但幸运的是,最终还是发现了一小片蘑菇丛,我们放慢脚步,立马来了精神。向导此时也不得不把他的期望值降低一半,但即便如此,一天 100 磅的收获,对他来说并不难实现,所以也没有什么可笑话他的。按市场价格计算,这些蘑菇总共价值高达 1000 美元,也就是 500 美元的纯利润。向导把他的背包和塑料桶装满蘑菇,甚至还装满一个他特意携带的绿色帆布袋,然后,他把所有东西藏在路边的荆棘丛里。我们回到车上,车停在离这里很远的地方,我们计划开车回到原地,取回蘑菇,并尽快离开国家公园。隐蔽和速度是关键,向导今天甚至都没有开自己的车。他已经计划好每一个细节，甚至连袜子颜色都考虑到了。他知道，如果被发现，就有可能被逮捕，并支付巨额罚款，这还会影响他未来采摘蘑菇的收入。就在这时，我发现我的帽子不见了，那是一顶褪色的破旧渔夫帽，虽然不怎么好看，但我也不知道为什么，就想把它找回来。我知道它掉在什么地方，应该就落在我停下来拍照的山脊附近的岩沟里。向导半开玩笑地对我说："那到时你来交罚款吧。"我们急忙驾车返回，把车停在路基上，我找到帽子后返回车内，他将车钥匙递给我，说道："都怪你，你来开车。"他示意我把车开到藏蘑菇的地方附近，停好车，并让我在他装车时帮他盯梢。他说："如果你听到任何动静，就吹口哨。"说完，便消失在灌木丛中。

　　我待在原地，一眼望去，只见道路两边的森林，仿佛两堵巨大的绿墙，将道路夹在中间，道路渐渐隐没在绿墙的尽头。我仔细盯着道路的往来方向，此时，我最不想看到安装有长方形铁栅的护林员皮卡车出现在道路拐角。不一会儿，向导带着他偷采的蘑菇重新出现在我的视野中，他把蘑菇藏在车后座的防水布下。我来这儿的初衷是为寻求知识、开拓视野，为沉浸于大自然之中，甚至是为追求心灵上的开悟。但此刻，我却要驾驶着一辆汽车溜之大吉。

第一章 业余采摘者

我对蘑菇的痴迷犹如走火入魔一般，欲罢不能。我对所有的新追求都不加节制，对蘑菇的喜好亦是如此。我把能找到的真菌类书籍全部读了一遍，在网上搜索和阅读与真菌相关的论文，甚至连书稿的脚注，只要是与真菌有关，我也不放过。在我看来，我似乎掌握了发现优良的蘑菇生长地的一些诀窍，这或许与我常年徒步旅行和森林探险不无关系，也可能是因为我年轻时痴迷于鸟类，所以对于野生物种略知一二。我驾车沿着西雅图我家附近的公路行驶，对一路上见到的树林进行分类，我常常问自己这些树林里会生长着什么样的蘑菇种类。蘑菇的生长环境往往与特定的树木种类有关，因此我下了不少功夫研究它们之间的关系，并将其牢记于心。起初，我的妻子玛莎还挺支持我的这个新追求，但很快她就心生不悦，因为我总是不分昼夜地溜出去，寻找潜在的蘑菇生长地。我把采集到的各种蘑菇带回家，鸡油菌（*Cantharellus cibarius*）、毛头鬼伞（*Coprinus comatus*）、大秃马勃（*Calvatia gigantea*）……不胜枚举，一磅又一磅地带回家，家里堆积的蘑菇数量越来越多，在旁人看来已经到了不可理喻的地步。起初我把蘑菇带回家是为了吃个新鲜，后来，因为数量实在太多，我不得已在家自制了一个脱水器，还专门购买了立式冰柜用来存储蘑菇，我甚至还按照地中海地区的传统方法腌制蘑菇。一段时间之后，我把自制脱水器换成了从商店购买的专业脱水器，而我的蘑菇小径地图也越来越庞杂，一本巨大的活页夹满满地记载了野生蘑菇采摘点的各种信息，长期的记录和翻阅已经使其磨损不堪。无论去哪儿，我都会随身携带指南针和蘑菇刀，以备随时采摘蘑菇。

古代埃及人称蘑菇为"神奇食物"，他们认为蘑菇具有让人长生不老的神力，只有法老才能享用，普罗大众则被禁止食用。在斯拉夫国家，从古至今，各家各户把白色蘑菇当作农作物来采集，以备严冬和饥荒之时食用；在非洲，白大环柄菇（*Macrolepiota albuminosa*）可长至雨伞般大小；在俄勒冈州马勒乌尔国家森林公园，生长着一种蜜环菌（*Armillaria*），被认为是世界上最庞大的生物体，其生长范围竟达 2000 多英亩[1]。蘑菇甚至牵扯到某位古罗马皇帝的暗杀，《爱丽丝漫游仙境》里的主人公也是因为蘑菇而落入兔子洞，并由此开启了一场奇幻之旅。有一种蘑菇形似死人的脚，还有一种蘑菇看起来像冰瀑。蘑菇既可以色彩鲜艳、极富诱惑，也可以丑陋狰狞、变幻多端。

但是，人们更多时候把蘑菇当作食物。在全球大部分地区，古往今来，采集野生蘑菇一直是人们的日常活动之一，甚至成为一种传承。"所有俄罗斯人都或多或少地了解蘑菇，但并非像真菌

1　1 英亩 ≈ 4047 平方米

学家那样研究蘑菇，而是把蘑菇当作古老遗产的一部分，用母亲的乳汁浸泡。"瓦伦蒂娜·帕夫洛夫娜·瓦森在其著作《蘑菇、俄罗斯与历史》(*Mushrooms, Russia, and History*)中这样写道。一首俄罗斯的流行童谣甚至提到了识别蘑菇的种种要点，很难想象此类童谣会在北美地区流行。一般来说，森林童谣大多是有关识别森林中致命野花的警示性故事。然而，在北美这块流行快餐文化和充满挑剔口味的土地上，野生蘑菇的诱惑力正在生发。

端坐在曼哈顿一家时尚餐厅铺着白色桌布的餐桌前，好奇的食客可能会想，餐桌上的蘑菇来自何处。不久前的一个雪夜，我在中央公园附近纽约最好的一家高级餐厅就餐。我瞥了一眼菜单：喇叭菌(*Craterellus Cornucopioides*)配鹌鹑肉；撒上松露(*Tuber*)薄片的意大利芹菜根肉饺，让人垂涎欲滴；螺旋状的意大利面，浇上羊肚菌(*Morchella esculenta*)奶油酱，十分诱人。菜单上有用优雅的字体书写的鸡油菌和美味牛肝菌(*Boletus edulis*)简介，乍一看，每个字母就像森林地表冒出来的彩色小帽子。从菜单来看，蘑菇菜品的数量甚至超过了鱼类。蘑菇菜品之丰富，前人是无法想象的。对于像我这样的蘑菇拥趸，以及美国各地越来越多了解龙虾菇与卷缘齿菌(*Hydnum repandum*)之间区别的家庭烹饪者和餐厅食客来说，这场悄然进行的野生食用菌革命堪称一场烹饪的盛宴。食客们越发觉得，野生蘑菇菜品能够独树一帜，并能取代传统菜式，甚至肉类。

我如此狂热地爱好野生蘑菇，我的朋友们却不以为然，甚至连玛莎也觉得难以理解，而我自己也感到神奇：刚开始恋爱那会儿，有一次我们一起前往奥林匹克国家公园背包旅行，正是在那次旅行中，玛莎第一次向我展示了一种可食用野生蘑菇。我们收获了好几磅"森林中的鸡肉"——一种呈现出鲜艳柑橘色的红孔菌（*Pycnoporus* sp.），并用户外火炉精心烹制了一顿美味的意大利大餐。从此以后，我就坚定地认为超市销售的人工种植蘑菇在口味上难以媲美野生蘑菇。人工种植的蘑菇口味平淡；从蘑菇大棚里挑选蘑菇——即使定期更换新的蘑菇品类并为它们取上好听的名字（无非是营销手段），如"克里米尼菇"——无法与在野外采摘野生蘑菇的那种满足感相提并论。大多数人甚至没有意识到，听起来像产自欧洲大陆的"褐菇"其实只是个头较大的米尼菇，它们是完全相同的蘑菇品类，都是人工种植的双孢蘑菇（*Agaricus bisporus*）。

我不妨先简单介绍一些蘑菇的基本知识：所有蘑菇都属于真菌，但并不是所有真菌都是蘑菇。真菌王国还包括酵母菌、锈菌和霉菌，甚至黏菌。目前没有一个适当的词能够涵盖所有真菌，这是真菌的独特之处。理论上，蘑菇并非果类植物，但我们从植物界借用了一个词 fruiting 指代蘑菇的生长成熟，即结出子实体。因此，蘑菇是真菌的繁殖果实，就像樱桃是樱桃树的繁殖果实一样。长出蘑菇子实体的真菌通常——尽管并不总是——以线状细丝的形式生活在地下，统称为菌丝体，是由微小卷须组成的根状物。当生长条件适宜时，菌丝体生长出蘑菇，蘑菇中包含了真菌的生殖性物质——孢子。在生长的最后阶段，蘑菇子实体将孢子释放到环境中进行繁殖。

蘑菇是地球上伟大的分解者和回收者。我们可以按照蘑菇的生存策略对其进行分类。值得再次注意的是，蘑菇不是植物，它们不进行光合作用。蘑菇按获取营养方式的不同分为三类：寄生性蘑菇，如龙虾菇，以其他生物甚至动物为食；食腐性蘑菇，将死亡的有机物质（木材、粪便、腐殖质等）回收至土壤中；菌根性蘑菇，与植物进行互利性营养交换。有经验的蘑菇猎人知道如何利用蘑菇的生存策略来寻找蘑菇，例如，他们可以通过寻找树上长有一簇簇紧密的琥珀色菌盖的枯树，从而找到蜜环菌（*Armillaria mellea*）的菌群，因为这种寄生性蘑菇通常以枯树为宿主；他们可以每年定期采摘从被闪电击中的阔叶树中长出的猴头菇（*Hericium erinaceus*）。目前来说，菌根性蘑菇的生物共生关系最为复杂，寻找鸡油菌的蘑菇猎人必须了解鸡油菌与何种植物或者树木共生，而了解森林中的树木是解开这个谜团的重要一环。

直到最近，科学家才逐渐揭开蘑菇的神秘面纱。他们发现，蘑菇在生物进化层面更接近人类和动物，而不是植物。换句话说，真菌和动物在远古时期同属一个家族谱系，而植物已经从这个谱系上分了出去。真菌和动物之间的共性可以从甲壳素中体现：甲壳素是一种存在于蘑菇的细胞壁和节肢动物的外骨骼中的纤维性物质。尽管我们对于真菌还知之甚少，但不可置否，真菌在整个人类历史的进程中对人类以及人类文明产生了深远的影响。想象一下，如果没有酵母菌，人们如何进行烘焙、酿造啤酒和葡萄酒；如果没有青霉素，人类将何去何从。未来，我们可能还会利用蘑菇清理石油泄漏。切尔诺贝利核泄漏事件证明，以辐射为食的真菌可以缓解核污染。然而，几个世纪以来，蘑菇最大的用途只是作为人类烹饪的食材。野生蘑菇肉质饱满、味道鲜美、口感丰富，在日本，民众对于蘑菇趋之若鹜，他们认为蘑菇具有"第五种味道"，即"鲜"。所谓"鲜"，指的是一种覆盖整个舌头的舒适而丰富的口感。世界上许多地方都有食用蘑菇的悠久历史，特别是东欧和地中海地区、亚洲的大部分地区和中美洲地区。但北美在很大程度上是一个有蘑菇恐惧症的地区，这是因为盎格鲁－撒克逊人自古以来就惧怕潜伏在黑暗森林中的东西，但这一情况正在改变。

司机拨动拉杆，车门哐当一声关闭，我们乘坐的黄色校巴猛地一下驶出了雷克大街。前方，闪烁着蓝灯的警车引导我们穿过密歇根州博因城中被雨水浸泡的街道。道路两边是整齐的人行道，人行道旁搭起了一排帐篷，帐篷里展示着一些供出售的奇异物品：有用于装饰花园的守护精灵雕塑，有华丽的手杖，有一排排像幼儿一样高的木雕伞菌，物品上的白色价格小标签在风中飘动。现在举行的是一年一度的博因城"全美羊肚菌采猎大赛"，大巴上的每个人都希望在这里的森林中擒获给自己带来荣耀的猎物。

我们一共有五辆大巴，我乘坐的是头车，我旁边坐着的是一个名叫玛丽·艾伦的女人。随着大巴在道路上行驶，乘客们在自己的座位上摇晃着身体，身上穿着的雨衣和塑料裤不断发出吱吱声。有几个乘客戴着宽边雨帽，穿着斗篷，斗篷被车窗吹进来的风吹得鼓了起来，有的人甚至身上披着垃圾袋。"我在观察对手，"玛丽·艾伦一边观察着每个乘客，一边小声地对我说，"那个人可能值得我们特别关注。"她用手肘小心翼翼地指了指我们前面的座位——一个戴着迷彩卡车帽的精壮男子正查看他智能手机上的GPS。玛丽在美国东西海岸生活多年，曾在纽约、洛杉矶和旧金山担任过网络新闻广播的主播，最近她回到家乡博因城，过起了田园生活，今天的野外之旅就是她回博因城定居的原因之一。这时，大巴加快了车速，除了司机，车上没有人知道我们此行的目的地，毕竟，为了比赛公平，保密工作还是很重要的。

我此次来博因城，是因为我更醉心于大自然的秘密，好莱坞的花边新闻或者华尔街对冲基金经理的内部消息，对我没什么吸引力。大自然是真实的，它的存在超出了人类的创造力，人类甚至无法与大自然斡旋。年轻时，鸟类的神秘曾经让我夜不能寐，后来我又对溯河而上的各种鱼类产生了兴趣，如鲑鱼和虹鳟（*Oncorhynchus mykiss*），它们逆流而上只为漫漫迁徙。我还曾对野生花卉着迷，野花种类之繁多以及它们奥基夫嘴唇式[1]的花朵，着实诱惑了我一阵子。但是从我第一天对蘑菇产生兴趣起，其他曾经让我着迷的东西就被我扔到了一边，蘑菇成了我的心头好，我在蘑菇上花费的时间和精力也越来越多。像今天，我大老远跑来一个偏远的地方，只为寻找羊肚菌，以满足我对真菌的渴望。但话说回来，我也不是对人不感兴趣，事实上，将人与自然融合已经成为我的专长。我热衷于寻觅大自然中的野生蘑菇，采摘野生蘑菇需

---

1 乔治亚·奥基夫（Georgia O'Keeffe, 1887—1986），美国画家，她以描绘放大的对象，尤其是放大的花朵而闻名于世，其花卉绘画常被视作具有性象征意味。

要一些流传至今的古老知识，虽然这些知识在令人眼花缭乱的现代社会中短暂地失去了光芒，但是现在被重新重视起来。可以说，寻觅和采摘野生蘑菇集我最钟爱的若干种爱好于一体——自然、户外、美食，对于我来说，没有其他追求能够与之媲美。这么说吧，一天忙碌下来之后，鸟儿只是这一日清单上的一个小记录，我可以观察鸟儿，研究鸟儿，并为之着迷，但鸟儿与我的生活毕竟相距甚远，然而蘑菇却跟着我回家，它们被放入锅中，并最终成为我的一部分。

羊肚菌可能是世界上最广为人知的野生食用菌。在北美中西部，它们是最受欢迎的野生菌，没有之一。在欧洲大部分地区，羊肚菌与另外两种著名的野生菌——鸡油菌和美味牛肝菌——并称为"菌类三宝"。每个季节，蘑菇猎人都会探访森林里那些像传家宝一样流传下来古老的蘑菇生长地。在亚洲的喜马拉雅、高加索、兴都库什以及其他山脉地区，人们广泛采集羊肚菌，采集数量之巨大令人咋舌，其中大部分羊肚菌又被运往伊斯坦布尔以供出口，这同数百年前艺术和宗教从伊斯坦布尔出发流传至世界各地如出一辙。在北美（很可能是羊肚菌的进化起源地），羊肚菌标志着新的一年蘑菇采猎的开始。采猎羊肚菌的人一般都来自蘑菇猎人世家，包括这些来博因城参加比赛的人，他们中许多人从童年时期就开始跟着家人采摘羊肚菌。"我昨晚做了一道羊肚菌配黄油和大蒜，味道好极了！"我身后一个平头男人吹嘘道。大巴上的人们听到他这话，都不由得兴奋了起来。"现在，羊肚菌在伊利诺伊州很流行。"一位妇女附和道，声音沙哑，应该是一个老烟民，她手上还拿着一个氧气瓶。"我的眼睛已经大不如前了。"一个人感叹道，车上其他人听了都煞有介事地点头。过道对面是一位身材娇小的老年妇女，她用一根木制手杖抵在大巴地板上支撑着身体，纤细而毫无血色的手指抓着形似羊肚菌的手杖手柄，说道："你们知道吗? 我甚至不爱吃这该死的蘑菇，但我就是离不开它。""亲爱的，你如果不吃羊肚菌，那我全拿走好了。"她旁边座位上的人说道，说完，她俩都笑了。这时，大巴转过一个弯，把博因城的最后一点景象甩在车后。

每年春天，羊肚菌爱好者会受一种莫可名状、无法控制的欲望驱使，带着袋子、桶、地图和匕首，前往全美各地的森林寻找他们喜爱的真菌，这些真菌的种类多达上万种，也许甚至更多。在密西西比河以东，树木落叶伊始，羊肚菌猎人会在阔叶林中搜寻羊肚菌，他们把几十种落叶树木的树皮纹路牢记于心，因为这些树木的枝头下方可能会生长羊肚菌，主要有榆树、梣树（*Fraxinus* sp.）、北美鹅掌楸（*Liriodendron tulipifera*）和一球悬铃木（*Platanus occidentalis*），甚至被风吹雨打而倒落在地的老苹果树。在美国西部，猎人要学会区分针叶树，并时刻关注山林野火的情况，以便掌握来年春天羊肚菌的繁殖地带。羊肚菌猎人的足迹遍布美国的每一个州，甚至包括佛罗里达和夏威夷。有的人只满足于采到几只羊肚菌晚餐饱食一顿，有的人则希望多采几磅，还有一些人（也许有上千人），根本不打算吃自己采摘的蘑菇，对他们来说，羊肚菌就是"现金"。这些人以森林为生，采摘的蘑菇难以计数，他们没有时间和心情参加蘑菇节或专门乘坐大巴去采摘蘑菇。相较于其他种类的蘑菇，正是羊肚菌将商业蘑菇猎人与我结识的一位蘑菇猎人口中所说的业余蘑菇猎人区分开来。

坐在我前面座位上的那人来自印第安纳州的南本德，他来密歇根州北部猎采羊肚菌已经有 30 年，我看到他的冰袋里装满了羊肚菌。车上有来自安阿伯、辛辛那提、北卡罗来纳的猎人，甚至还有来自塞浦路斯岛的猎人。"竟然还有塞浦路斯人！"玛丽·艾伦感叹道。我们不禁感叹博因城因蘑菇采摘比赛而更加"国际化"。大巴经过几个趣味农场[1]后，驶入了一片田野森林地带，好一派田园风光。不一会儿，大巴停在路边的一大片草地上。玛丽·艾伦告诉我，她前年参加过这个比赛，但在比赛中未能找到一只羊肚菌。我觉得难以置信，这些地点位置隐蔽，比赛前也禁止采摘蘑菇，怎么可能找不到羊肚菌呢？她接着说道："你太乐观了！"但我怎么能不乐观呢？采摘野生蘑菇的本质就是乐观主义。我们即将开始寻找一种完全没有人工干预的纯天然食物，无人种植，无人浇灌，也无人管理和培育，大自然是唯一的干预者。我们能做的就是找到羊肚菌，但能否找到是问题所在。猎采羊肚菌也许是普通人能够从事的最艰苦的工作之一，即使是最兢兢业业的羊肚菌猎人也可能整个季节一无所获、败兴而归。相反，职业蘑菇猎人却能将大量的野生蘑菇从森林中运出去贩卖，这让最厉害的业余蘑菇猎人也叹为观止。商业蘑菇猎人甚至不在当地居住，虽然他们与羊肚菌的

---

1 趣味农场是一种主要为娱乐而不是商业经营的小规模农场。趣味农场主通常都有主要的收入来源，比如一份非农工作、退休金或退休收入，农场并不一定要赚钱，仅作为一种业余爱好。

"绯闻"由来已久。我把俄勒冈州、蒙大拿州和加拿大不列颠哥伦比亚省的蘑菇行情告诉玛丽·艾伦，我对她说，和育空地区的商业蘑菇采摘相比，其他地方的蘑菇采摘简直不值一提。所有人排队依次下车，然后集合。

这时，她问我："一天能采100磅？"

"反正他们是这么说，好的蘑菇猎人可能采得更多。"

我并没有责怪她的怀疑态度，因为这确实很不可思议，况且她大半辈子都在从事新闻工作，对于蘑菇采摘这个行业她也不甚了解。博因城自诩为全美的羊肚菌之都，甚至可能是全世界的羊肚菌之都。然而，在这儿，收成好的日子是以羊肚菌的数量而不是以磅论。采到100个羊肚菌是一个好收成的日子，但100磅只能是一个幻想。

司仪用牛角号发出比赛开始的号声，海啸般的号声响彻山林，令人毛骨悚然。玛丽·艾伦像受惊的纯种马一样抬起腿，一头扎向树林边缘的烟斗石南（*Erica arborea*）树丛中，她出发了。我则独自走入开始落叶不久的森林。森林中，漫山遍野都是大花延龄草（*Trillium grandiflorum*）、美洲猪牙花（*Erythronium americanum*）、三叶天南星（*Arisaema triphyllum*）和马裤花（*Dicentra cucullaria*）。有些地方的野生韭菜长得十分茂密，高度没过脚踝，完全看不到森林地表。我向森林深处走去，把一些胆小的人甩在身后。我忘记携带指南针和地图，其他人也都没带。在一个宽阔的山谷里，我遇到了第一个比赛监督员。然后，号声再次响起，我只好赶回大巴，一个半小时眨眼就这样过去。在大巴一旁的草地上，举办方搭起了一个帐篷，羊肚菌猎人们陆续从森林中返回，排队等待帐篷里的评委对他们的收获进行统计。预计会拿到冠军的猎人在草地上被一群人簇拥着，他过去一整个星期都在采摘蘑菇，他说道："采摘蘑菇的好地点还真不少！"眼睛里闪烁着胜利者的光芒。

一个没能获奖的猎人摇了摇头："如果我可以独占那个山谷……"

"你必须去树叶成堆的地方采蘑菇。"冠军建议道。

我的新朋友玛丽·艾伦出现了，根据赛后统计，她平均每90分钟采到——零个蘑菇。这次比赛吃了一个鸭蛋，她感到很羞愧。

"咋回事？"我问她，"出发的时候你可是像火箭一样冲出去。"

她看了看自己湿透了的双脚，说道："我知道，我知道，我彻底搞砸了。"

"我们至少得给你找一个蘑菇才行。"我说，但她已经在帐篷里报到了。管他呢，我坚持说，这是为荣誉而战。趁着裁判们做最后的成绩统计，我俩在周围四处溜达，果然，就在森林边缘的一座山丘上，玛丽·艾伦发现了一个蘑菇。她用手抚摸这个冒失的小蘑菇，眼睛开始放光。

15分钟后，所有人重新上车，回到镇上。我找到了一个来自印第安纳州的猎人，跟着他去停车场的小货车交易蘑菇。经过人行道时，我看到有小贩正以60美元一磅的价格兜售又大又黄的羊肚菌。"30美元卖给你怎么样？"那小贩说，递给我一个差不多一磅多重的密封塑料袋。我二话不说就把钱递给他，仿佛在交易毒品，全然没有意识到袋子底部的羊肚菌大部分已经变质。塑料袋是一种十分糟糕的包装和存储蘑菇的方式，它封住了热量和水分，蘑菇会很快腐烂，然而我却脸皮薄，不好意思检查货物。

其实，现在我寻找的不仅仅是羊肚菌，我也在寻找羊肚菌猎人，而且不是普通的蘑菇猎人，我想认识最优秀的蘑菇猎人，我想知道他们是谁，来自哪里，平时做什么工作，他们如何学会寻找羊肚菌，他们为什么寻找羊肚菌。带着这些疑问，我真找到了一个羊肚菌猎人，他是镇上一个制作家具的木匠，名叫安东尼·威廉姆斯。

大家都叫他托尼，是博因城蘑菇节的组织者，或者说狂热参与者。是组织者还是参与者，这取决于你怎么看他。他是密歇根州北部森林的第三代居民，身体壮实，蓄着胡须，说话温和，但有一点口齿不清。我在当地一家旅游小商店里遇到了他，这家小商店经营珠宝、民间手工艺品以及托尼制作的木质家具，其中一些特别大的家具，比如摆在店内中间的那张四柱床，售价高达数千美元。我走进店内，一眼就看到那张木质大床，它太引人注目了，木床由四根坚实的松树树干和树根制成，托尼一定花了不少工夫才把它弄平整。缠绕的树枝组成的格栅在床顶上形成一个华盖，极具原生态之美。人睡在这样的床上，就如同躺在阴凉的小树林里，也许梦中见到的都是森林中的仙女和精灵吧。"我们不是农民，"当谈到蘑菇猎人，托尼说，"蘑菇猎人这个职业可比农民古老。我们是采集者，采集地球赐予我们人类的馈赠。"

我问托尼他为什么能成为一名出色的蘑菇猎人。"在森林中，我行动迅速，采摘羊肚菌的关键是行动迅速，这可不是四处闲逛。

眼下，我要寻找成熟的榉树和杨树。我要去很远的地方采摘羊肚菌，看到那边的山坡了吗？"他指了指窗外远处的一座绿色山丘，那座山丘看起来和其他绿色山丘没啥区别，"我可以从我们现在所处的位置指出山坡上的树哪些是榉树，哪些是杨树。进入森林之后，我专门寻找成熟的大树。一般来说，年初，我会从南边开始找，一直找，我去的都是人迹罕至的地方。我喜欢在山脊上采摘蘑菇。有太多采摘蘑菇的小窍门了，我母亲怀孕时还在采蘑菇。我们会在上午采摘，吃完午餐后，下午再继续采摘。告诉你，在我们现在所处的位置一英里范围内，我采摘过数量惊人的羊肚菌。"

虽然托尼生活在美国一个相当保守的地区，但他并非一个循规蹈矩的人，他年轻时曾组过摇滚乐队，后来因从墨西哥走私大麻而入狱一年，他还曾开过一段时间的烤肉店，现在则以做工匠为生。"我小时候，这个蘑菇节就是个笑话，那时它还是密歇根州北部乡下人的节日。"他解释说，这个蘑菇采摘比赛诞生在一个酒馆里。"酒馆里的人为谁是最好的羊肚菌猎人争论不休，最后打了起来！"第二天早上，二十几个人聚在一起商量解决这个问题，其中一个狮子俱乐部的成员建议组织比赛，当时全美还没有这种比赛，他们决定把它办成一个全国性的盛会。到了20世纪70年代中期，这个蘑菇节开始流行起来。托尼第一次参加比赛是在1980年。"告诉你一个秘密，有一次比赛，我喝醉了，前一天晚上我还参加了一场演出，整晚都在狂欢。他们对我说：'天啊，比赛15分钟后就开始了。'我想，好吧，我开车到比赛场地参加比赛，不费吹灰之力就拿了冠军，当时我已经24小时没有睡觉了。后来，连续 5 年我都是冠军。在那之后，我退出了比赛，这样其他人也有机会赢得冠军。"他说这话时并不显摆，反而略显尴尬。"我有一个'全世界最佳羊肚菌猎人'的头衔，但很奇怪，在我家里我却总是屈居亚军。"毫无疑问，托尼的母亲才是世界上最好的羊肚菌猎人。"她只是一个勤劳的餐厅服务员，但对她来说，在森林中采摘蘑菇，轻松得如同参加一场布吉舞会。"托尼的父亲拥有 11 家洗衣店，托尼最难忘的一次采摘羊肚菌的经历是，他们把洗衣店里所有篮子中的硬币倒出来，篮子全部用来装羊肚菌。

《体育画报》《奥杜邦[1]》和《今日美国》都刊登过对羊肚菌冠军猎人托尼·威廉姆斯的报道。"现在已经有不少对我的报道，"他承认，"你知道，我是一个优秀的羊肚菌猎人，确实没错。世界上最优秀的蘑菇猎人？这个头衔可不轻。"在第五次加冕冠军后，他退出比赛，加入蘑菇节的董事会，负责节日推广，尤其是羊肚菌的商业化和餐饮化。有一年，一位董事会成员问他是否认识埃默里尔。

"你是说电视上的那个厨师？"

"是的，是他。他打电话来了。"

"埃默里尔打电话来了？"

"他想来参加蘑菇节，还要在节日上现场烹饪。"

"那你怎么和他说的？"

---

1 约翰·詹姆斯·奥杜邦（John James Audubon，1785—1851），美国著名画家、博物学家，他绘制的鸟类图鉴被称作"美国国宝"。此处的《奥杜邦》杂志是美国奥杜邦学会的会刊，插图丰富，侧重于与自然有关的主题。

"我们告诉他不行。"

但从那时起，托尼就一直和埃默里尔保持联系。

最终，他受够了这种小打小闹的活动方式。"密歇根州北部的每一辆皮卡车车主都想成为最好的羊肚菌猎人，我们要利用这一点，把博因城变成羊肚菌之都。我们必须设法保证节日期间每一家餐馆都能够提供羊肚菌，人们在街上可以随处买到羊肚菌。"这个新举措立竿见影，现在，蘑菇节每年都会吸引成千上万的人来到博因城，而此时密歇根州北部其他城镇的夏季旅游贸易还没启动。

"我很喜欢这个工作，"他接着说，"很多人在为蘑菇节工作，想到这一点，我就特别高兴，他们当中有富人，也有穷人，有人穿价值5000美元的户外品牌'里昂比恩'，也有在写字楼里工作的注册会计师。为什么我的家具如此受欢迎，原因之一是我把大自然带进了人们的家中。对我来说，问题之一是年轻人不愿意拥抱大自然。一次例会上，我说：'你的孩子在哪儿？他们为什么不喜欢来森林？'他们只会在家里玩那该死的电脑。让孩子们走进森林，让他们知道即使不去便利店或者麦当劳也能获取食物。通过采摘羊肚菌，我们在拯救地球，我们在教育人。我想把这些对于管理工作以及对于年轻人的想法和理念传递出去。"

访谈结束后，我去了博因城市中心水街一家名为桑特的小餐馆，品尝了它的特色菜——意大利面配牛肉丸和羊肚菌酱。大快朵颐之后，我沿着沙勒沃伊湖漫步，穿过几个街区，我来到退伍军人公园，一支乡村乐队正在节日帐篷下演唱南方摇滚歌手林纳德·斯凯尼德的歌曲，你还可以花 5 美元买一个 32 盎司[1]的啤酒纪念杯。在这里，我又碰到了玛丽·艾伦，她早上就在家附近采羊肚菌。"我大概采到 12 个羊肚菌，"她说着，眼睛瞪得大大的，"太不可思议了，我觉得这是上天对我比赛失利的补偿……"

羊肚菌狂欢节之后，我开始参观其他蘑菇展。我成了草坪小矮人雕塑和手杖的鉴赏家。在科罗拉多州的落基山脉，我在特柳赖德蘑菇节上遇到了一群全部梳着脏辫的蘑菇采摘者；在加利福尼亚，我遇到了将野生真菌与当地葡萄酒品种搭配的品酒家；在西雅图，我在当地菌类协会遇到了热爱松茸的日裔美国人，还遇到了钟情美味牛肝菌泥土风味的意大利裔美国人，以及用吸尘器将森林地表吸得干干净净的东欧裔美国人。总之，我遇到了来自世界各地形形色色的蘑菇爱好者。他们中有出了名的对自己的采摘地点守口如瓶的蘑菇猎人，也有因无法找到任何蘑菇而出名的蘑菇猎人，有趴在农田里寻找具有致幻效果的斯式裸盖菇（*Psilocybe stuntzii*）的年轻蘑菇猎人，也有对超市售卖的蘑菇嗤之以鼻的老年蘑菇猎人。我遇到的蘑菇爱好者中还有舞台演员、学者、报纸记者和家庭主妇等，大家都是出于对神秘的蘑菇王国的迷恋而走到了一起，并一同致力于揭开这个王国的秘密。

但这些人都是业余蘑菇猎人，当论及对于野生蘑菇的了解程度，他们中的大多数人与那些为谋生而猎采蘑菇的人相比，简直是小巫见大巫。正如职业啤酒联盟垒球运动员与业余垒球运动爱

---

1 1 盎司 ≈ 29.57 毫升

好者在球技上不可同日而语，我这种业余蘑菇采摘者和真正的职业蘑菇猎人相比，也是差了十万八千里，对于这一点，我有自知之明。职业蘑菇猎人采摘蘑菇是为了赚钱谋生，野生蘑菇产量最高的地点对他们来说属于商业秘密，大众与我几乎无从窥探。20 世纪 90 年代初，研究人员曾对地下蘑菇交易做过调查研究，根据估算，其市场价值超过 4000 万美元。从那时起，野生蘑菇交易不断扩大，但很大程度上依然处于地下交易的状态。职业蘑菇猎人对森林的了解程度远超一般野外生存爱好者，他们悄无声息地穿梭于人迹罕至的森林，几小时、几天甚至几周后，带着山珍野味满载而归。他们为此付出的是什么？常年随着季节轮转而颠沛流离？拿着低廉的时薪又没有健康保险？身处危机四伏的环境，如身体受伤、身份暴露、遭遇野兽等？而最大的风险或许是与来自其他领地的采摘者狭路相逢，那些人说不定还携带着枪支。

黎明时分隐没在森林中，天黑前带着 100 磅的美味鸡油菌离开——一想到他们采摘蘑菇如此轻松，我就咬牙切齿。他们是如何做到的？我自认为还算一个不错的野外生存者和户外运动者，毕竟我熟知森林栖息地的各种细微差别，我会从策略上考虑问题，我也很清楚没有什么途径可以替代野外实地考察，但是，职业蘑菇猎人的专业知识比起我依然深不可测，因此，我发誓要认识真正的蘑菇猎人，了解他们的秘密。闯入商业采摘者的隐秘世界，"这可不是闹着玩的事情"，玛莎直截了当对我表示反对。我写信给俄勒冈州的一位老熟人，向她说明我的计划，她当时正要创办一个松露农场。"那些家伙的领地意识很强，"她在回信中说，

"而且大多数人都带着枪，这些人可能很危险，你与他们打交道时要特别小心。"尽管她给我提出了警告，但开弓没有回头箭，我已经下定决心，为了掌握蘑菇猎人采摘野生蘑菇的方法，我需要深入他们的领地一探究竟，与他们一起采摘蘑菇，甚至还会在当地的蘑菇收购点出售我的采猎收获。

第一个带我进入这个圈子的蘑菇猎人才三十多岁，他几乎半辈子都在为赚钱猎采蘑菇，我通过一个朋友的朋友认识了他。他同意带我入行，条件是我不能透露他的采摘地点，甚至不能透露他的名字。我试图提前从他嘴里套出一个地点。"无可奉告。"他一口回绝。"你要去哪儿？"玛莎问我，因为她发现我背包里装满了物资和装备。我说我不知道，她看了我一眼，暗示我她所有最坏的猜想都兑现了。隐秘是猎采蘑菇的同义词。虚与委蛇、伪造地图、秘密行动和临终启示等这类的故事像家族遗训一样在这个圈子流传。我曾听说过，两个蘑菇猎人互为对手，其中一人为打探出对手的秘密采摘地点，像"杂草中的鳄鱼"一样，潜伏在对手开车经过的地方。与大多数神话故事一样，这里当然有不少夸张的成分，但也不乏真实发生的事件。蘑菇猎人确实知道彼此的汽车品牌和车牌号，他们也密切关注彼此的一举一动。撇开保密问题不谈，这位匿名采摘者的防范措施与其说是为了保护他的采摘地点不被他人发现，不如说是为了避免遭到逮捕和起诉。事实证明，他的秘密采摘地点就位于雷尼尔山国家公园范围内。

与美国大多数国家公园一样，雷尼尔山国家公园禁止商业规模的野生蘑菇采摘。我跟在他身后，他像一个敌后突击队队员一样在森林里潜行，悄无声息地在他的龙虾菇采摘地采摘。据我所知，他没有带枪，只带了一把中国造的小刀。几小时后，我们采集了100磅的蘑菇，然后这块地就采完了。置身于这个隐秘之地，收获大自然的馈赠，这种感觉既奇妙无比又令人振奋。离开时，他竟然建议我来开车，我感到很意外。我说："这样我岂不是成了共犯？""是的。"他回答道。我小心翼翼地贴着限速开车，不时地瞥一瞥后视镜。车行驶到公园边界外1英里处，他示意我停车，车后备厢里用防水布盖着价值1000美元的蘑菇。我们下了车，他说，他不确定带我来采摘蘑菇是否明智，他更喜欢独自冒险，而带着我这个跟班只会徒增麻烦和风险。"你明白，对吗？"他语气平和地说道。我说明白。但现在我已经尝到了甜头，我问在哪儿可以找到愿意继续带我入行的人。他思考了一会儿，把他的靴子后跟猛地扎到地上，然后抬起头："我知道你可以见一个人。"

蘑菇猎人：探寻北美野生蘑菇的地下世界

第二章　巡回采摘者

道格·格伦·卡内尔神情严肃地看着我，说道："我没有什么可隐瞒的，我可以告诉你我的全名，包括我的名字、我的姓氏和我的中间名。"尽管他自己都不确定他中间名的拼写。这是道格对我说的第一句话，在他向我坦露他所知道的一切时，他也确实如他说——毫无保留。

即使把道格称为"森林人"，这个称谓还是太轻描淡写了。道格确实做过伐木工人，但他也当过兵，打过钉子，切过钢，还做过捕蟹船的船长。当道格开着他那辆价值 500 美元的午夜蓝色别克世纪轿车载着我在太平洋西北地区霉味十足的木材场兜风时，我得不停地向路边的人挥手致意，因为他们见到这辆车驶来时都会向我们打招呼，他们都是道格的朋友或以前的同事，他们中有摇头鼠[1]、长线钓鱼人、吊车司机、废铁回收员，还有在杂货店外闲聊的三个老头。道格时而给我讲威拉帕湾的牡蛎滩上小女孩鬼魂出没的故事，时而指着那些顶部已经腐蚀的杉木柱子说"它们很久以

---

[1] 摇头鼠指那些在工业伐木的最后阶段拣取木材加工边角料的人。

前是印第安人拦截鲑鱼用的堰坝"。他曾与奥运奖牌获得者一起滑雪，也曾为了生计贩卖过桃子。他结过三次婚，也离过三次婚，但对于我来说，道格最重要的身份是：蘑菇猎人。

道格第一次带我去采猎蘑菇时，我们约定在奥林匹克半岛西南角的霍奎厄姆见面，这个地方是出了名的破烂不堪，并且以盛产"老盐"[1]闻名。道格是一个高大魁梧、腰杆笔直却双手紧张的中年男子，犹如一株枯衰的野芦笋，在风中摇曳。我们选择在"大脚野人"比萨店和"好极了"汽车餐厅街道对面的 7-11 便利店碰头，不巧的是，警察正在那附近处理一起交通肇事逃逸，我担心我的新向导会有所忌惮而爽约不来。因为，尽管道格品行端正，但在法律层面，他至少有一个严重违法行为。

出乎我的意料，上午 10 点，道格开着他那辆满是泥泞的别克车匆匆赶来了。道格说他身高 6.1 英尺（约 1.86 米），但真人看起来更加高大，身高臂长，浑身散发出躁动的活力。他披着一头灰白的齐肩长发，浓密的胡子遮住了他的部分上唇，一双深邃的棕色眼睛，简直是一个万人迷的大帅哥，不过他的肩膀上满是森林碎屑，有点邋遢。现在正是道格的午餐时间，他只吃一小块饼干，其他任何东西都不吃。我们握了握手，他的手很粗糙，这是长期劳动所致，指甲下有污垢，关节处也有不少疙瘩，这样看来，他绝对不是一副摩登休闲者的做派。我也不禁看了看自己：登山靴、敞篷裤、防水透气面料的冲锋衣，一双粉嫩的手和这身装备极不相称。道

1　老盐指经验丰富的水手。

格跪坐着，大拇指插在皮带环里，穿着美国农村户外活动者（所谓农村户外活动者，其实就是以户外劳动为生的人）的标配服装：邋遢的蓝色牛仔裤、黑色系带靴、褪色的绿色卫衣，里面穿着一件印有"尖叫老鹰"的运动衫（他不记得这种叫声响亮的猛禽到底栖居在哪里，也许在俄勒冈州的彭德尔顿附近，春季他有时会去那儿采猎羊肚菌）。30年来，为了采猎蘑菇，道格的足迹遍至美国整个西海岸地区。每个小镇的寄售商店都有一个货架专门出售被人丢弃的高中生服装，必要时，你可以买一件凑合急用。

道格是一个所谓的巡回采摘者。他全年都在追寻野生蘑菇的踪迹：秋季，他在华盛顿州韦斯特波特附近自己的秘密地块采摘蘑菇；冬季，则向南穿过俄勒冈州，进入加利福尼亚北部采摘；春季，他沿着锡耶拉山脉和喀斯喀特山脉的东坡寻找蘑菇，如果蘑菇收获不错的话，有时会深入到加拿大不列颠哥伦比亚省采摘。这一路，他一边采摘，一边将采到的蘑菇卖给适合的买家，或者卖给像昆虫孵化地一样短暂出现在蘑菇地块附近村镇中的收购点。这些收购点不过是在加油站的停车场上搭起的油布帐篷或屋式帐篷，里边摆上一张折叠桌，桌上放着秤，也许还有一个木炉。经常采摘蘑菇的人都知道，他们可以在加利福尼亚州的威利茨、俄勒冈州的布鲁金斯和华盛顿州的特劳特湖等地见到这种蘑菇收购点。野生蘑菇买卖只采用现金交易，所以道格不使用支票，也不使用信用卡，他甚至没有银行账户。

自从原始人第一次从树上爬下踏上地面，人类采摘蘑菇的历史便由此开启。在美国，野生蘑菇采摘作为一种谋生的职业，其发展历程并不长，直到 20 世纪 70 年代，才成为具备一定规模的行业。高级餐厅开始更多地使用野生蘑菇和其他野生食材，主打地区特色风味、季节性饮食和优质食材。作为纯天然产物，野生蘑菇的生长不需要人们开垦土地，不需要灌溉，更不需要杀虫剂和除草剂，也不需要人工培育，它可以说是天然食材的典型代表。加利福尼亚州伯克利的"潘尼斯之家"等餐厅素以烹制当地特色美食和季节性菜品而闻名，20 世纪 80 年代，这种新的饮食方式开始流行，野生食物在全美各地越来越受欢迎。在美国西海岸，野生蘑菇市场的新兴恰好见证了林木业的衰败，第一批职业蘑菇猎人中，很多人曾经是伐木工人，他们对森林了如指掌，也需要挣钱养家。如今，蘑菇猎人更多来自新进移民，尤其是越战结束后逃离本国的东南亚难民，而近年来，蘑菇猎人基本是拉丁裔移民，主要来自墨西哥，也有来自其他中美洲国家的。道格是少数仍在这个行业中打拼的白人蘑菇猎人之一。后来，有人曾告诉我，道格堪称蘑菇猎人中的猎人。

9 月下旬，旱季已经结束，卡斯卡迪亚短暂的夏季正式开始，采猎蘑菇活动从山区转移到沿海地带，森林中弥漫的大雾和潮湿的空气像打翻了的浓稠油漆一般厚重。清晨，茂密的灌木丛上布满晶莹剔透的露水。万籁俱寂中，针叶树的针叶缓慢掉落，蘑菇猎人把这种森林地带称为"落叶线"，采猎蘑菇首选这种地带。我告诉道格，我想跟着他，看看他是如何采猎蘑菇的，说不定我还能亲自动手尝试商业采摘。如果说我对他的工作感兴趣会让他感到意外的话，他并没有直接表现出来。"我会带你采摘蘑菇，"他淡定

　　　　　蘑菇猎人：探寻北美野生蘑菇的地下世界

地说道，就是消防员或喷气式飞机飞行员说话时的那种淡定，"但你要明白，这可不是在森林里闲逛。"在便利店里，道格又续了一大杯咖啡（咖啡是他在野外的主要营养来源），然后开始制订采摘计划。我们站在便利店外，一边喝着咖啡，一边望着天空，只见西边厚厚的云团像等待通过船闸的船只一样堆积在一起，几缕阳光划破天际，大地像深吸了一口气，在未知和犹豫之间徘徊。"今天不会下雨，"道格最后决定，"反正暂时不会。"我们上了他的别克车，沿着 101 号公路向北行驶。

20 世纪 50 年代，穆雷·摩根写了一本关于西雅图的通俗历史书，书名为《木材滑运道》（*Skid Road*）。他在书中写道，华盛顿州的奥林匹克半岛是美国本土大陆的最后一片荒野，并列举了居住在此的形形色色的反传统人士，如"当代的梭罗、穿着防水帆布裤的马克思主义者、以海带为食的人、主张单一税制者、理论和实践相结合的自由恋人，以及脾气性格迥异的森林消防员"。半岛以水为界，或者说以水为障，东临普吉特海湾，西濒太平洋，北望胡安德福卡海峡。在地壳运动作用下，大部分地区凸起上升，最终形成了奥林匹克山脉冰川密布的锯齿状山峰。奥林匹斯山海拔不到 8000 英尺，是该山脉中的最高峰，但由于奥林匹斯山距离遥远，人们有从它周边山脉的山顶才能远眺到它。奥林匹克半岛几条充满传奇色彩的鲑鱼河流均发源于冰川山脚，尤其是埃尔瓦河、霍河、奎茨河和奎诺河。我曾背包徒步穿越这片森林茂密的河谷，在河流里钓北美鳟鱼，并冒险抵达奥林匹斯山的岩石冰碛深处，这里距离霍河徒步路线起点约 25 英里。这是一片反差巨大的地区，奥林匹克国家公园中的高山十分干旱，是小群金雕（*Aquila chrysaetos*）的绝佳栖息地，它们主要猎食晒日光浴的旱獭（*Marmota*），而山下的雨林则是温带最潮湿的地带之一，部分区域年降水量可达 200 英寸[1]，即 16 英尺上下，是普通游泳池深度的两倍，堪称真菌的天堂。这里雨林高耸、昏暗、壮观，并不适合人类栖居，陡峭险峻的山脉也成为阻挡陆路旅行的天然屏障，因此，奥林匹克半岛是美洲大陆最后被欧洲人定居的地区之一，也就不足为奇了。1889 年，美国边境关闭的前一年，苏格兰人詹姆斯·哈尔博尔德·克里斯蒂（James Halbold Christie）率领一支由牛仔和准探险者组成的杂牌军，成为第一支穿越奥林匹克半岛山峰和山谷的探险队，并且是在冬季。这支探险队的成员大多是野外探险的新手，有勇无谋，出发前他们喝光了所有的威士忌，然后沿着艾尔瓦河谷前进了 5 英里。之后，他们造了一艘驳船，乘船前行。接下来，驳船沉没，他们被迫租了两头分别叫作多莉和詹妮的骡子，拉动修整后的驳船逆流而上。多莉从 400 英尺的悬崖摔下，一命呜呼，詹妮拉了几周的船之后也拉不动了，他们只好把它放生。几个月后，这支由西雅图新闻社赞助并冠名为"新闻党"的探险队伍到达奎诺特湖附近奥林匹克山脉的另一侧，并给赞助商发去电报，要求吃上一顿热饭大餐。如今，在夏季，周末时背包客可以沿着当年同样的路线徒步旅行。

　　奥林匹克国家公园占据了半岛的大部分地区，整个园区面

1　1 英寸 = 0.0254 米

　　　　　　　　蘑菇猎人：探寻北美野生蘑菇的地下世界

积近 100 万英亩，公园内森林密布、山脉起伏、河流纵横。西奥多·罗斯福总统对奥林匹克国家公园的最初构想，是用于保护陆地上最大的马鹿亚种，即现在大家熟知的加拿大马鹿[1]。当公园最终被西奥多·罗斯福的表弟富兰克林·德拉诺·罗斯福写进法律时，园区面积被削减了一半，林业利益集团成功地将最有利可图的森林林木保留区划在园区之外。曾经的大片温带雨林如今只剩下了博加奇尔、霍、奎茨和奎诺尔特等区域，在公园边界之外，巨大的树木成片倒下，绵延数千平方英里。对于伐木工人或木材大亨来说，即使到了 20 世纪 20 年代，奥林匹克半岛的森林资源似乎也取之不尽，用之不竭。第一批定居者和伐木工只能使用斧头和锯子砍伐树木，一棵底部直径 10 英尺、高度超过 200 英尺的花旗松，高度几乎可与金门大桥的桥面平行，砍伐需要好几周时间。砍伐后的树木最开始由骡队运出，后来使用机械设备（19 世纪末，大型蒸汽动力绞盘的应用开启了工业化伐木）。20 世纪初，铁路极大促进了伐木业的发展，美国经济大萧条时期，燃气链锯的出现为森林写下了墓志铭。今天，当你沿着 101 号公路自驾穿过奥林匹克半岛时，沿途的风景让你在感叹美国奋斗精神的同时，也会让你陷入沉思——正是这种奋斗精神令美国陷入无限贪婪和过度消费的恶性循环。

环保主义者竭尽全力减缓森林砍伐的进程，但无力回天，直到 20 世纪 80 年代，美国兴起一场名为"森林斗争"的反伐木

---

1 俗称为罗斯福马鹿。

抗议活动，环保主义者才得以借《濒危物种法》以保护西点林鸮（*Strix occidentailis*，一种鲜为人知且濒临灭绝的鸟类）为名保护森林免受砍伐。西点林鸮在原始森林中狩猎和筑巢，研究人员发现它们种群数量的减少与原始森林消失几乎处于同步。

在通往阿伯丁城（城市口号是"随心所欲"）的道路旁，曾经有一栋房屋，房屋前院里有大量生锈的伐木设备。一幅用胶合板制作的大型西点林鸮画悬挂在一棵树上，画中的西点林鸮头上有一个光环。西点林鸮画传达的信息似乎比较模糊，但对于当地居民来说，他们很清楚这幅画的内涵。霍奎姆城和阿伯丁城各位于两岸绿树成荫的霍奎姆河的一侧，半个世纪前曾经繁荣一时，商店、餐馆林立，城内甚至还有剧院，经济基本依靠林木业，而现在此地最具知名度的一点可能是涅槃乐队主唱库尔特·科本成长于此。如今，城市中心的建筑大门紧闭，一派萧条，周围的山坡光秃秃的，仿佛在诉说着昔日的辉煌。霍奎姆城曾因举办"伐木工游戏日"和"伐木工比赛"（滚圆木、扔斧头、套圈、削树顶和"热锯"比赛）而名噪一时，现在来这里的游客更多是受"鲍尔曼盆地滨鸟节"的吸引。整个太平洋西北地区的森林小镇也多是这种境况。这些森林城镇要寻求发展，基本上还是要回归森林本身，不是林业开发，而是以户外休闲为主，恢复鲑鱼溪野钓，以及恢复开发被林木业称为"非木材产品"的系列产品，如野生食用菌、药材和野生花卉等。

道格在过去很长一段时间从事伐木工作，他记得 20 世纪 80 年代时，他曾参与砍伐海滨地区的原始雪松。现在看来，他对自己曾经从事的伐木工作并无骄傲之感，但他也告诉我，伐木工作具有仪式感，伐木工人是森林中的王者，伐木队中的队员彼此就像一起上战场的战友，他们团结一心，普通人也许永远无法理解伐木工的工作和伐木工之间的紧密关系，成为一个原始森林伐木工人与加入一个会员制的俱乐部并无差别。这项工作十分危险，但报酬也很丰厚，伐木工在森林中砍伐巨型花旗松和巨云杉（*Picea sitchensis*），下工之后在森林中打猎、钓鱼、捕兽、露营等。他们中许多人在反森林砍伐抗议活动中失去了原本的高薪工作，除了森林环保主义者，没人希望终止森林伐木。在奥林匹克半岛，一个人要么直接从事林木行业工作，要么认识林木行业的人，几乎人人都或多或少与林木行业有关联，而不少商店橱窗里，手工制作的标牌上写着：本店受林木行业资助。

"话说回来，我们的确不应该砍伐所有树木，"他说，"你见过褐色的小溪吗？我说的不是春季冰雪融水时的小溪，而是每次下雨后流淌的褐色小溪。从山上冲下来的水中含有大量沉积物和垃圾，从而导致鲑鱼卵大量窒息而死亡。"作为蘑菇猎人，他学会从不同角度看待森林，树木、鲑鱼和蘑菇都是森林的一分子。"这就像一张蜘蛛网。"道格告诉我。晃动蜘蛛网的一角，蜘蛛肯定会感知晃动。采猎蘑菇与砍伐树木或网捕鲑鱼没有什么不同，这是一项野外工作，从事这项工作的人需要对大自然有深入的了解，并愿意吃苦。"但是，"道格说道，"采摘蘑菇不会伤害任何人，只要方法正确，就不会。"

道格对于自己在打猎、钓鱼、木工方面的技能十分自信。他会津津乐道地给你讲故事，告诉你哪条河里有大量的银鱼，到了秋天，他会猎杀马鹿，并会分出一整条后腿与你分享。他会告诉你他发现了原始雪松树根，他打算把它做成床柱（因为最近他的前妻拿走了所有家具）。和他坐下来喝一杯——与其说是一杯啤酒，不如说是一杯 7-11 便利店的咖啡——你会觉得他是一个不折不扣土生土长的乡村大男孩，即使你这么看他，他也并不介意。事实上，道格是在西雅图南部雷尼尔海边一个治安混乱的社区出生和长大的。小时候，他挂着钥匙上学，放学回家后自行回家开门，他童年时大多在街上玩耍，因为与父亲相处不来，所以他刻意与父亲保持距离。十二三岁时，他差点丢掉性命。那天，西雅图突遇罕见的暴风雪，他独自一人在外面玩雪橇，结果被树枝刺穿颈部，鲜血直涌，他想办法自己站起来，用围巾包住伤口，走了两个街区到达一家急诊室，然后倒地昏迷。

那次濒临死亡的经历并没有改变他的人生轨迹。十五六岁时，他犯了很多事，虽然罪行都不太严重，没有被送去少管所，但还是被送到得克萨斯州的一个牧场——类似于劳改学校的地方——接受管教。到达的第一天，他就和另一个孩子把农场的卡车偷开出去兜风，结果那竟是校长的车。他恶行不断、劣迹斑斑，直到某天，他面临两个选择：要么去蹲监狱，要么去参军，他选择了后者，被送到阿拉斯加接受基本的军事训练。当谈到他在军队服役的三年时间，他说："那是一段很美好的岁月。"服役完后，他回到华盛顿州的家中，又开始陷入人生困境。白天，他在喀斯喀特山脉以东的雅基马农业社区干农活，晚上参加派对。20 世纪 80 年代，雅基马除了是著名的苹果产地，也是全美设立缉毒局办公室的最小城市之一，因为墨西哥外来工给这个小城带来了源源不断的毒品。道格开始接触毒品可卡因，他发现自己不能像其他所谓"娱乐型"吸毒人员那样对毒品拥有"控制阀"，他的朋友也不能，在他记忆中，他的那些朋友后来大多死于非命，要不是吸毒过量，要不就是艾滋病或者车祸。到了冬季，他在车程一小时外的山区滑雪场工作，马赫兄弟[1]曾在那儿进行奥运滑雪训练。道格说，有一天，他喝醉了，和整个美国国家滑雪队的人干了一架，当天他就被解雇了。他回到雅基马，更加沉迷于吸食毒品，不能自拔。他记得，20岁出头时的某天，他参加祖母的葬礼，葬礼上他毒瘾发作，全身冒汗，眼冒金星，他这才幡然醒悟，决定痛改前非，开始戒毒。他给匿名戒毒会打电话求助，后来他找到一家戒毒康复中心。"他们知道我急需帮助。"道格的毒品生涯从此画上句号。成功戒毒之后，他驾车一路向西，逃离这片伤心地，一天后，他到达位于美国西海岸的韦斯特波特市，从那时起，他一直居住到今天。

在韦斯特波特市，道格曾做过一段时间的商业渔民，甚至一度拥有自己的渔船。有一年，他去加利福尼亚的新月城捕捞首长黄道蟹（*Metacarcinus magister*），他犯了一个错误，把支票寄回家，他不在家期间，在他家举行的不间断的派对上，有人吸毒被抓——一些药效强劲且很容易利用廉价的家用产品制造而成的毒

---

1 马赫兄弟是美国华盛顿地区著名的滑雪运动员，曾获得奥运奖牌。1984年2月19日，这对双胞胎兄弟分别获得了奥运会滑雪比赛的金牌和银牌，成为历史上第一对参加同一项奥运比赛并获奖的同胞兄弟。

品，如甲基苯丙胺（冰毒的有效成分），开始在乡村地区泛滥。道格回到家的第二天，银行就收回了他的船。"我觉得自己是个失败者。"他告诉我，车窗外是波涛汹涌的太平洋。"失去房子是一回事，失去船……在别人眼中，是一事无成的人。"此后，道格放弃捕鱼，和第二任妻子离婚，成为一个全职半巡回蘑菇猎人。

我们驱车来到位于海边的莫克里普斯镇附近，继续向内陆行驶，沿着一条碎石路进入一片私人林地。道格称这里为摇头鼠的领地。在以保护西点林鸮为名的森林砍伐抗议运动开始之前，摇头鼠们一直收入颇丰，他们砍伐沿海森林地带中巨大的北美圆柏，将砍下的原木切割成小段，使用机械切割器制造出世界上最好的木瓦。北美圆柏密不透水，因此是十分理想的建筑木材，可用于外墙、露台和其他外部建筑。随着森林砍伐的终止，摇头鼠对那个过去时代的遗留物做最后的清理——他们就像是餐厅后面的垃圾箱拾荒者，在成堆的垃圾中挑拣食物。道格更喜欢另外一个比喻，他说，他们就像寻找化石的古生物学家，发掘时代的痕迹，然而这个时代却已被历史抛弃。他们四处寻找古老的雪松树桩，甚至掘地三尺也要把它们挖出来。他们拖出饱经风霜的原木和树枝，长得弯曲或直径太小的原木——30年前可能因为伐木工人换班而被遗忘的原木——现在被当作宝贝加工成盖屋板。道格说，这种雪松腐木也是蘑菇的生长地之一。

我们开车来到一片开阔地，只见一栋栋小木屋环绕着一个破旧不堪的小磨坊，犹如蜷缩在一个即将熄灭的火堆旁。这个地方看起来就像一个19世纪的淘金小镇，遗世独立于荒野之中。我见过一些早期伐木热潮中城镇的照片，这里看起来和那些城镇并无两样。我们见到一些仅有一两间房的小木屋，一些木屋的一侧，拖车就直接停放在泥土中，现在，十几个烟囱正往外冒烟。有人出于审美情趣，把在树林中捡到的废品摆在一起，有锈迹斑斑的锯条，有老旧的木制标牌，还有钉在树桩上的玩具娃娃头。开车路过此地的司机，如果汽车爆胎，基本上都会犹豫要不要去木屋敲门求助。我们从磨坊前驶过，透过木屋敞开的门，能见到木屋里谷仓式的室内，有的屋子里还有人，这些人就是摇头鼠，道格向他们挥手致意，一个正在锯东西的人向道格点头示意。"做这行确实很辛苦，"道格感叹道，"如果锯子断了，你可能一根手指就没了。我认识一个人，有天上午干活他不小心切掉了自己的一根手指，他把伤口缝合好，下午继续干活。他很能吃苦，这种情况大多数人得喝酒才忍得过去。"

经过摇头鼠社区之后，我们拐入另一条岔路，这条岔路几乎无法通行，岔路两边桤木的树枝把车蹭得砰砰直响。此时，车行驶到一个像浴缸一样深的水坑前，道格要我屏住呼吸，然后猛踩油门，一时间水花四起，溅到了引擎盖上。我们驶过水坑，前面的道路越来越窄，窄到变成羊肠小道，我们不得不停车。下车后，我们检查车况，只见散热器上冒出阵阵水汽。道格用手指划过水汽，然后舔了舔。"不用担心，只有水，"他拍了拍他的别克车，"蓝猪对我很好。"

我们到达今天的第一个采摘点。"采摘点分两个阵营，"道格向我解释，"友军和敌军。"我不知道我们现在去的是哪一个。他检查了他那少得可怜的装备：一个十分陈旧的 5 加仑有盖油漆桶，一把从一元店买来且已经找不到刀鞘的牛排刀，车后备厢还有几个方形塑料篮，类似那种超市里常见的购物篮，但是没有提手。我知道篮子正成为一种稀缺物品，采摘者、买家、餐厅都需要篮子，篮子也被定期地来回交易。蘑菇采摘者一直在寻找便宜的篮子，每个篮子平均可装下 10 到 15 磅的蘑菇，就像农产品盒子一样，篮子可以叠放在汽车后座、冷库，甚至可以放在一种经过改装的背负驮板上，可以让人背负好几个篮子穿越丛林。某些亚洲国家和美国境外地区生产制造这种背负驮板，只是生产速度还不够快。

我留意到道格没有携带地图、指南针和 GPS，我甚至怀疑他是否携带了徒步旅行者必需的基本装备，他连饮用水都没带。我问他是否曾经在森林中迷路或过夜，他回答：从来没有，我很惊讶他是如何做到这一点的。他对这片森林了如指掌，仿佛整个奥林匹克半岛都是他的沙盘。我信誓旦旦地说他肯定有迷路的时候，道格想了想，坚定地回答他从来没有遇到过迷路的问题，而且他也毫不惧怕森林中的动物。"只有两次我遇到过危险动物。"他说，一次是遇到一群凶狠的郊狼（*Canis latrans*），它们向他逼近，当时正值夜晚，他穿行在森林中，又没有带手电筒。他朝这群郊狼吼叫，想吓跑它们，但适得其反，此举反而激怒了它们，狼群开始向他猛扑过来，他只好挥舞一根大棒自卫。幸运的是，他的朋友们听到了吼叫声，知道他遇到了麻烦，赶忙提着灯跑进树林驱赶狼群。我告诉道格，放在几年前，我可能不太相信他的故事，因为郊

　　　　　　　蘑菇猎人：探寻北美野生蘑菇的地下世界

狼被认为不会主动攻击人类，但最近在加拿大发生了一个女人被一群郊狼咬死的事件，这让我对他的故事将信将疑，也许动物会随着种群数量的增加而兽性大增。

"好吧，"道格说，"我向上帝发誓，我说的话句句属实。"道格最近开始信教，尽管他说他所信奉的宗教更像一种改良的灵修主义（后来，我们分别时他告诉我，他对于十几岁时去天主教改造学校的最好回忆就是甜蜜的初恋）。道格没有继续谈及他在森林中与动物的第二次危险遭遇，他说要留到以后我们围炉夜话讲鬼故事时再说。他一手拿着水桶和刀，腾出另一只手，拨开挡路的灌木丛，往森林深处前行。一路走来，我们穿过好几种不同树种的树林，从沙龙白珠到卵叶越橘（*Vaccinium ovatum*），然后是幼龄雪松和异叶铁杉混杂的茂密树林。这片森林历经工业伐木的劫难，之后又得到保护性恢复，所以显得杂乱无章。透过树木之间的空隙，你可以瞥见一些巨大的古老树桩，周围的新树在它们的映衬下显得十分矮小，这些老树桩是第一次森林砍伐的遗留物，它们曾经是森林中的树木之王，现在却以不同的腐烂状态残存于森林中。有一些树桩的直径堪比车库大门，树桩上依稀可见锯开的槽口，在前工业时代，伐木工用横切锯锯断这些千年大树。一株株小树紧紧地簇拥在这些古老树桩周围，就像讲故事的老人身边围坐着一群孩子。

我跟着道格进入森林深处，此时我很清楚他就是我一直寻找的蘑菇猎人，因为他愿意与一个门外汉分享几乎不为外人所知的行业秘密。我们边走边拨开灌木丛，灌木上水珠一直在滴落，那情景像极了落水狗的身体在滴水。尽管林中道路湿滑，道格依旧迈着大长腿大步流星地向前走，跃过一根根圆木，跨过捕捉野兽的陷阱。这片黑森林在过去的100年中曾经遭遇两三次砍伐，现在森林茂密，但却极为不堪，一幅典型的被工业化摧残的破败景象。这里曾经生长着巨大的北美圆柏，但现在多是细长的铁杉和花旗松。森林中荆棘密布，随处可见丢弃的伐木屑。道格在树林中穿梭自如，犹如溪中水流，他完全不受荆棘、木刺的影响。我努力跟着他，但很快我就落后了，完全见不到他的身影。森林里的空气令人窒息，声音也传不远。我四下扫视，没有发现他，我脑海中顿时闪过一个奇怪的念头：也许这是个传统，就像在军队里，老兵会恐吓惩戒新兵，所以他是故意甩开我、让我自个儿在森林中无头苍蝇一般转悠，考验我是否能找到出路。没有比在森林中迷路更可怕的事情了，我感到心脏怦怦直跳，疯狂地敲打着我的肋骨。这时，我听到前方传来道格的声音。他在等我，原来我错怪了他。

在一个小山丘的山顶，我们并肩站在一根倒落的腐木上，脚下布满青苔的树干中长出了十几株小树苗。我们向并不太深的山谷望去，只见眼前一大片植物腐殖质层，各种植物郁郁葱葱，绿意盎然，潮湿的地表上冒出好几百个乳白色的蘑菇。看着如此丰厚的回报，我们感觉像解开了一个困惑已久的谜语。"这只是一小块蘑菇生长地。"道格说。

道格在西海岸各处都能找到蘑菇生长地块，事实上，他忘记的地块比大多数采摘者知道的地块还要多十倍。当你跟随道格穿过沙龙白珠、美洲越橘和原始雪松林时，其实跟随的是一个开辟森林蘑菇小径的寻路人，就像马鹿、鹿和熊拥有各自的森林路径。这些路径直接通往蘑菇生长地，蘑菇最终被他一磅一磅地装进桶里，随后又被装进篮子里，再按重量出售给买家，以此换取报酬，换来的钱给汽车加油，然后再开启新的森林蘑菇采摘之旅。每块蘑菇生长地都不同，这里是一片雪松沼泽，是本季度采摘卷缘齿菌的第一个地点。

蘑菇采摘者对于每个季节之初都十分重视，首先，他们可以采摘新的蘑菇品类，打破长时间采摘同一种蘑菇的单调乏味，更重要的是，新的蘑菇品类卖价更高。最先掌握蘑菇行情的人总是能给采摘者带来最好的价格。各家餐厅的厨师们为了自家餐厅能够最先提供这种季节性的山珍美味，心甘情愿支付高昂的价格。道格希望这次采到的卷缘齿菌能卖到每磅 6 或 7 美元，这比鸡油菌每磅 4 美元的市场价高出好几美元。

选择新的蘑菇品类带来的另一个好处是可以感受风景的变化。对于像道格这样的人来说，人生很大一部分乐趣来自森林，这当然不是为了钱，大多数采摘者靠采摘蘑菇谋生，赚取一点额外收入，支付日常开销。任何体力劳动都不可能让人致富，采摘蘑菇也不例外。但当我拨开一根美洲越橘的树枝，俯身跪在一片漂亮的铁线蕨（*Adiantum*）丛中，从苔藓上摘下 3 只卷缘齿菌，在那一刻，我觉得蘑菇采摘还是挺不错的职业。置身于大自然，远离喧嚣，自己给自己打工，这种体验还真不赖。

"疯狂的人们，嗯，是人们发疯了吗？听起来像城市里才能发生的事情。"道格擦了擦眼角的汗水，说道，"我应该去上大学。

每天我醒来的第一件事，就是思考我今天去哪儿采蘑菇。我没有什么遗憾。有多少上过大学的人能以在森林里玩乐为生？当然，有些日子，凌晨三点闹钟就开始响，比如明天。"道格告诉我，明天，他计划去北边他认为最好的一个蘑菇采摘点，路途遥远，他需要在天亮前赶到那里，要赶在其他采摘者或者说没那么勤快的采摘者之前。他上周已经去过，在那儿摘到一些蘑菇。他确信，明天会有大量的蘑菇。

今天是卷缘齿菌日，至少对新手来说是这样。在众多野生食用菌中，卷缘齿菌并不特别受人关注，虽然它不像鸡油菌、美味牛肝菌和羊肚菌是豪华宴会上的珍馐，但在野生食材中仍然占有一席之地。卷缘齿菌属于齿状真菌，北美的商业蘑菇采摘者经常采摘两种齿菌，其中体形较大的属卷缘齿菌，被称为蘑菇采摘路线上的"播撒机"，因为它的短茎上会长出一个手掌大小的菌盖，而体形较小的属脐状齿菌（*Hydnum umbilicatum*），被大家称为"肚脐"，虽然它体形娇小，但"肚脐"可以在森林地表生长出巨大的群落。餐厅厨师喜欢"肚脐"，因为它们样子可爱，摆在盘中特别精致。"播撒机"和"肚脐"都有"甜品蘑菇"的称号，尽管它们的味道更多是辣而不是甜。卷缘齿菌口感复杂，不同的人可能品尝出不同的味道，如同品尝好酒或巧克力。卷缘齿菌具有丁香、肉桂和黑胡椒的味道，再加上大多数野生蘑菇所特有的泥土芬芳，因此无论是搭配诸如烩饭、砂锅菜和奶油酱等配料丰富的厚重菜式，还是如清炒蔬菜等清淡的菜肴，卷缘齿菌总能与之相得益彰。

"注意，"道格蹲在我身边，说道，"割蘑菇的时候要干脆利落，像这样。"他挥舞着他的大比首扫过一丛卷缘齿菌，动作十分轻巧，蘑菇从茎基分开，落入他张开的手掌中。切口光滑，菌盖下的齿状部分清晰可见。卷缘齿菌是新手最容易识别的可食用野生蘑菇之一，它们没有菌褶，而是有一排齿状结构，形似刺猬的刺。卷缘齿菌的颜色以奶油色和粉橙色为主，这样的颜色有时会让人把它们与鸡油菌混淆，只有到采摘时，菌盖下方的小刺暴露出来，人们才能断定是卷缘齿菌。卷缘齿菌的白色肉质致密而紧实，锅中烹煮后，个体依然保持完好，但是它们容易出现淤痕，所以采摘者需要特别小心。卷缘齿菌生命力顽强，能够经受住寒流、严霜和小雪的袭击，这种耐寒性也意味着它们可以长时间储存在野外或冰箱中。卷缘齿菌是餐厅十分青睐的冬季优质野生食材，而此时大多数野生食材还处于冬眠状态。

"割卷缘齿菌时要割干净，"道格再次说道，"别把泥土带回家。"只要一桶卷缘齿菌中落入一点泥土，泥土就会进入卷缘齿菌的小刺，几乎无法清理。有缺口或破损的卷缘齿菌菌柄会出现丑陋的淤痕，切割时若不注意，淤痕同样也会出现在菌盖上。

虽然我采摘卷缘齿菌已经有几个年头，但对于我来说，它们只是一种偶然获得的大自然馈赠。卷缘齿菌不像鸡油菌那样分布广泛，而且我发现的卷缘齿菌生长的位置都很随机，很难对它们的生长地做出明确的区分。对于我来说，它们是每年秋末我能获得的一个惊喜。我个人最好的蘑菇采摘地点位于北瀑布国家公园瑟夸勒密山隘附近的一棵原始铁杉附近，这里差点沦为木材采伐地，旁边有一个非正式的射击场，枪迷们会带着他们的半自动步枪在此打靶。尽管枪声很响，但此地的野生动物似乎感觉这些人没有威胁，我每次在这儿采蘑菇的时候，会遇到一些大型动物，如熊、马鹿、鹿等，还有乌鸦，以及神秘的森林老鹰。海拔4000英尺以上的陡峭山脉中，卷缘齿菌成片地出现在松柏的根部和熊尾草（*Xerophyllum tenax*）丛中。有一次，我在一英寸深的新雪里采摘卷缘齿菌，它们棕褐色的菌盖斜着从皑皑白雪中冒出来，尽管天气不好，但它们看起来像在热烈地交谈。有一年，这块地根本没有蘑菇，我四处打听原因，但没有人知道，蘑菇确实是一种谜一样的生物。

最近，我在奥林匹克国家公园的艾尔瓦河流域徒步时，发现了卷缘齿菌，"新闻党"探险队曾穿越过此地。我从徒步道入口向里走了10英里，来到一片阴暗潮湿之地，在一块苔藓地中发现了卷缘齿菌。虽然我本应从这次发现中自己总结出一些蘑菇采摘的经验，但还是需要道格的解释和说明。卷缘齿菌一般生长在这样的环境——笼罩在凉爽的沿海雾气中的阴暗而潮湿的森林，森林中有大量腐烂的雪松（*Cedrus*）树桩。道格告诉我，要特别留意森林中的裂缝。鲜绿的苔藓繁茂地生长在未被沙龙白珠和美洲越橘占领的小块潮湿地面和腐烂原木上，这些原木看起来就像隆起的土堆或坟堆。卷缘齿菌就生长在原木的缝隙里、腐烂的树桩洞里和地下水渗出的上涌边上，它们或成群生长，或单独生长。我突然想到一个重要的问题：业余蘑菇采摘者常常按照树木的树龄区分蘑菇生长地，而不区分活树和死树。我一直认为卷缘齿菌喜欢靠近古树生长，现在我明白了，所谓的古树不一定是活树。走在道格找到的这片雪松沼泽地中，感觉泥土好像在脚下移动，深褐色和近乎红色的雪松树枝从黝黑的泥土中破土而出，犹如被拖至水面的沉船。即使是已经死亡的雪松，完全腐烂也需要至少一两百年时间。在这片沼泽中，随处可见死亡和濒临死亡的雪松，有的是过去森林伐木遗留下来的，有些是死亡与重生的自然循环的一部分，这种自然循环已经持续数千年，自从海洋第一次从这里退去，雪松林从淤泥中开始了漫长的进化。

卷缘齿菌是我吃过的最美味的食物之一。我曾参加过一次牛肉品尝会，手拿着铅笔和印有复杂的牛肉分级标准的纸张，试吃不同品种的牛肉，有草饲、有机，还有和牛。所有牛肉都被烤至相同的熟度，以便逐一对比。我特别喜欢吃牛排，这些都是最好的牛排，然而那晚我印象最为深刻的却非牛肉：白瓷勺子里盛有嫩煎过的野生蘑菇，有卷缘齿菌和鸡油菌，并配有马斯卡彭奶酪和一些新鲜草药及香料，这是在品尝下一轮牛肉之前清理味觉用的餐间小菜。我记得我一口吞下，然后惊得差点从椅子上摔下，蘑菇竟然和牛排一样浓香馥郁，回味绵长。"这是什么？"我问坐在我旁边的人，不过，所有人都忙着切牛肉，没人愿意为了一片不起眼的蘑菇搭理我。

"你喜欢怎样烹制卷缘齿菌？"我问道格。他想了一会儿，说他已经七年甚至八年没有吃过卷缘齿菌了。"我都不记得它们是什么味道了！"这是我在这个行业遇到的多个具有讽刺意味的事情之一。野生蘑菇相当于现金，它们被采摘、堆放在篮子中，然后被售卖。卖掉的每一个蘑菇从此归买家所有，除了那些偶尔用来交换或者送朋友的蘑菇。

我们在沼泽地中艰难地行进，小心翼翼地踩在倒地的树木上，再跳下走在柔软的苔藓地上。卷缘齿菌从森林地表上的各个角落和缝隙中蹦出来，从原木下钻出来，从腐烂的木材纤维中长出来。道格用他那把一美元的匕首割下蘑菇，确保每个蘑菇的菌柄都切得整整齐齐，这样污垢就不会落入桶里。他非常在意自己在蘑菇行业的名声，他自豪于自己总能提供干净漂亮的蘑菇，不干净的蘑菇会被返货退款的，而他采摘的蘑菇一般不需要怎么清洗就可以被送往餐厅。买家喜欢处理手法干净的采摘者，通常每磅会多付一些钱。一篮子干净整洁的蘑菇会为所有人节省时间和金钱。

然而，采摘速度极为缓慢，一个小时过后，道格只采到五六磅——差不多值40美元——而且这块地的蘑菇也即将被采完了。显然，蘑菇生长季还没到来，这也是一个十分重要的信息。他告诉我："我一半的行程都在探路。"他可能会等上一个星期或更长的时间，再回到这里。许可证呢？我问他，需要许可才能来这里采摘蘑菇吗？"瞧，这就是我说的，这是一块友好的采摘地，没有人会在这儿找我们麻烦。从我入行以来，很多事情已经发生变化。二十年前，你在森林中拿走任何东西不需要任何许可证，而现在，你在风中放一个屁都得要许可证。"

我们一边走，一边抓身旁的卵叶越橘莓往嘴里放。"你喜欢这些浆果吗？"回到车上，道格问我，我说当然。"我也喜欢，它们让我充满活力，它们的成分里一定有好东西，因为秋天时，我吃了这些浆果，早上起来感觉能在森林里跑上一整天。"卵叶越橘，就像蓝莓等其他越橘属（*Vaccinium* spp.）一样，富含抗氧化剂和其他营养物质。我们曾经仅从木材和金钱的角度来看待森林，但事实上，森林蕴藏了数不胜数的野生食物和药材，其中许多直到最近才被科学界所了解。

道格在一个篮子里铺上报纸，小心翼翼地把一桶卷缘齿菌倒入篮中。我们驾车沿着来时的路返回。道格一时心血来潮，决定把车停在一个摇头鼠的棚屋前，想看看他的老朋友和曾经的伐木伙伴是否在家。换作是我，打死都不会独自一人去到森林边缘探访这些棚屋。我看了看道格，想从他的表情中寻找一些线索，这是在考验我吗，还是在做戏？我们看见约翰尼坐在一张拉兹男孩[1]的躺椅上，正读着一本有关大麻种植的书。他的椅子放在棚屋的正中间，四面墙中的三面堆满了几乎所有约翰尼需要的东西——食物、啤酒、书籍、杂志等，伸手就能拿到。与那些用红木树桩挖空建成的旅游景点小木屋完全不同，这可能是我见过的最小的家，上层阁楼里的一个未铺好的床垫就是约翰尼的床。他穿着条纹棉布的连衣裤工作服和牛仔布衬衫，见到我们到来，他缓慢站起身来，他的衣服看起来似乎一个多星期没有洗过，油光闪亮的污垢映照着从他家大门斜射进来的光线。他眯起眼睛，前额上有一道难看的棕色伤口，有几英寸长，大概是约翰自己胡乱缝合的。他跟着我们走到外面，那里有说话的空间，灯光下，他眨了眨眼睛。火坑旁

---

1 La-Z-Boy，美国现代设计学派与著名家具品牌。

一个 50 加仑的桶里全是空啤酒罐，小菜园里布满了五颜六色的旱金莲（*Tropaeolum majus*），道格拔下一朵红色的花朵，放到嘴里吃了起来。"告诉你，在西雅图，这些花可以卖 5 美分一朵。"

约翰愣了一会儿，说道："你不是在糊弄我吧。"

"我以上帝的名义向你保证。"

"我总能从你那儿学到些新东西，道格，这种花在我这儿可是杂草。你还在采摘蘑菇吗？"

"是的，采卷缘齿菌，但今天采得不多。"

约翰歪着头，四处张望。一辆皮卡停了下来，前面坐着两个神色不定的人。道格挥手打招呼，他对每个人都是如此。那两人没有看我们，只是坐在驾驶室里等着。我们过来后，车窗摇了上去，他们的眼睛还是避开我们。

"回头见，约翰，少喝点酒。"道格说道。我跟着他回到车上。"皮卡里的那俩家伙成天只会喝酒、抽烟和吸毒。我一秒都不想在这里多待，我们走吧。"

我们开车离开了这个摇头鼠社区。"不管怎样，今天我们去的是一个'友军'采摘地，"道格认真地向我解释，好让我理解，"接下来我们将去一个'敌军'采摘地。"

第三章　牛肝菌日

能否联系上道格是一件很随机的事，因为他没有手机，也没有电子邮箱。有时他会使用他在韦斯特波特市室友的手机。他的这位室友自称做过股票经纪人和纪录片制作人，之前曾在海军服役，后来在一次海军潜水事故中负伤，现在靠伤残救济生活。其他时候，道格会从朋友或亲戚那里借一部手机来用。电话总是在奇怪的时间打来，来电显示往往是被屏蔽或限制使用的号码。尽管这很令人无语，但当另一端的声音冒充游戏节目主持人或国税局的工作人员说话时，这就很难让人不开心了。"您好，请问您是库克先生吗？祝贺您，你赢得了……"听到这，无论怎么忙，我都会放下一切，和道格去到野外共度一天的采蘑菇时光，甚至前往不被欢迎的位于私人领地中的蘑菇采摘地，也无所顾忌。

道格望了望车窗外的海边岩柱，叹了口气。曾经，太平洋是名副其实的太平。他指着近海的一些岩柱，说道："像今天这样的平静日子，你会看到一些大石斑鱼从那儿蹦出水面，这可是钓鱼的好日子。"道格对他过去商业打鱼的经历很自豪，他的两个儿子现在也都在阿拉斯加捕鱼，对此他却并不十分高兴。他对我说："打鱼是一个纯爷们的工作。"但我想知道他是否真这么想。道格喜欢钓鱼和挖蛤蜊。他的捕蟹船在被银行收走之前一直是他最为珍视的财产，所以，即使捕鱼是可以想象的最危险的工作之一，我也很难相信他竟然不同意两个儿子以捕鱼为生。我们开车途经一片黏土海滩，道格时不时地停车，下车查看海边的裂缝或礁石寻找海味，最后我们来到一片树林与沙丘的交会地，这里堪称过去与现在的交会点，道格的工作生涯在此几乎完全得以展现。此地西临大海，东靠森林，随处可见标示私人领地的标牌。他转过身来看着我，一双棕色的眼睛睁得大大的，眼神似乎是在告诉我什么是势不可挡。"我在这块地方采蘑菇快25年了，几个烂标牌挡不住我。"

海岸边的树木看起来像被炮弹炸过，暴风雨从太平洋上袭来，冲击着海岸线，树木被夹杂着海沙和盐分的狂风剧烈拍打。暴风雨每年如期而至，长年累月，即使是最坚固的树木也经不起如此折腾。海边山坡上的树一棵棵歪歪扭扭地生长着，就像醉酒的球迷中场休息时跌跌撞撞地走下看台台阶，然后一把滑倒。这样的破坏性景观几乎再难恢复如初。

岸边，一排矮小的云杉（*Picea*）下生长着不少松树，树身扭曲，看起来饱经风霜，却也倔强着直立起树身。满地是石南，钉在树上的标牌看起来很新，就像破旧的房子刷上了一层新漆，与周边的植被形成鲜明的对比。这片海滨私人领地最近易手，新主人急不可耐地宣布，对于这片土地的管理也将是全新的。我们下车，走上海滩，然后转身面向陆地，周围一个人也没有。"别担心，我不会让你惹上麻烦的，跟着我走就行。"我们走过一个又一个沙丘。我跟着道格走的是一条小路，这条路显然是他自己走出来的。我们穿过一片海滩灌木丛，然后进入一片扭叶松（*Pinus contorta*）和云杉的树林，直到无法前行——一道 6 英尺高的高强度钢丝栅栏将私人领地与公共海滩隔离开，栅栏顶部是一串串绷紧的带刺铁丝网，仿佛栅栏地的另一边是一所监狱。

道格在栅栏前停了下来。"我就是从这儿钻进去。"他若无其事地说道，仿佛这是一件很自然的事情。他指了指被扭弯的栅栏处，那里有一个小入口，刚好容得下一个人勉强钻过。沿着栅栏的阴暗处长满了金黄色的鸡油菌，熠熠生辉。目光再放远，我们看到山坡上也长满了各种各样的鸡油菌，它们有着各自的绰号：荧光鸡油菌、彩虹鸡油菌、桃子鸡油菌和云杉鸡油菌。与太平洋西北地区最常见的花旗松林鸡油菌不同，它们与云杉——特别是滨海地区的巨云杉和高山地区的银云杉（*Picea engelmannii*）——有菌根共生关系，灯光下会闪烁出强烈的霓虹色彩。在一些蘑菇爱好者眼中，它们是北美最漂亮、最美味的鸡油菌，学名是 *Cantharellus cibarius* var. *roseocanus*（暂无中文名）。我们在一旁发现了一只粗壮的美味牛肝菌，这令人欣喜不已。美味牛肝菌是蘑菇中的王者，它从来不会低调，粗壮得像树干一样的菌柄破土而出，菌盖随着雨水的增多逐渐膨胀，菌盖宽大，呈扁半球形，看起来像一个奖杯。品质优良的美味牛肝菌只在最适宜的环境中生长，要不就是深山老林，要不就是专属海滩区域。

我眯着眼睛，仔细查看周围环境，这片矮树林里漆黑一片，犹如黑夜降临。我耳边传来阵阵海浪声，鼻子里满是海水咸涩的味道。道格环顾四周，目光如同一个正在抢劫的银行劫匪。前一周，他一直在另一个他特别喜爱的蘑菇地块采摘蘑菇，但这个地块最近换了新的主人，据说是某某家族的子孙，但道格不记得这个新主人具体来自哪个家族、做什么生意，新主人还雇了一整队保安看护他的新庄园。我想到，这一举动可能更加刺激像道格这样偷采蘑菇的人。有一次，他带着一个朋友，从远离庄园主建筑的一个隐秘角落溜了进去，桶里很快就装满了蘑菇，道格认为万无一失，这时他们听到了一个声音。"嘿，你们俩，站在那儿别动！"他们立马撒腿在树林里飞奔，落荒而逃，朋友的桶也掉了。道格紧紧抓着朋友，奋不顾身地穿过灌木丛，还得不掉任何东西，这和道格最喜欢的电影之一《危险游戏》中的情节如出一辙。道格听到无线电中呼叫支援的声音，因此他决定和朋友分头逃跑。出乎意料的是，保安们依然穷追不舍，这些保安确实不是省油的灯。就像在赛场上飞奔的兔子一样，道格带着后面的追兵疯狂地转圈，并开始拉开和他们之间的距离，就在他即将从灌木丛中逃离时，他摔倒了，蘑菇四下飞舞。来不及收集战利品，他索性放弃了桶和蘑菇，越过路边的黑莓树丛，最终甩开保安。尽管没有被抓到，但他称这是一次"得不偿失的胜利"。那块地从此被排除在他的蘑菇采摘地点名单之外。

有那么一刻，直觉告诉我道格会凭借他那瘦高的身躯翻过铁丝网，但他没有那么做，而是转过身来，沿着栅栏踱步。

"放心，今天不会让你惹上麻烦的。"他再次说道。

我和他都很觊觎栅栏另一边较远处一只硕大的牛肝菌。黑暗中，它的轮廓看起来就像一个放在底座上的汉堡包，个头大得惊人，肉质想必也一定鲜美。"我向你保证，整个山坡上都是美味牛肝菌，而他们这些人对此一无所知，不知道自家后院里藏着宝贝。"说完，道格莞尔一笑，嘴上两端的胡子也跟着抽动起来。看得出来，他是强忍着没有越过栅栏去摘那个唾手可得的大蘑菇。我想自己动手采摘，而且我越看这只孤零零的美味牛肝菌，想想它附近或许有更多同类，我就越有冲动违法越界。

"在中情局，他们把信息叫作什么？"道格最后问道，打断了长时间的沉默，长时间的沉默往往是行为不端的前奏。

"情报？"

"对，情报。我们在这里得到的是情报，现在正是牛肝菌的收获季节，我们明天去另一个蘑菇采摘地点。"他穿过灌木回到海滩，阳光下，他站得笔直，凝视着眼前广阔无垠的铅灰色大地，大海和天空看起来就像一个上面放着需要擦亮的锡酒杯的盘子架。"是的，明天我们去一个新的蘑菇地块，我们将一日为王。"眼前的壮阔海景似乎令道格神游到了某地，突然，他猛地转身，大步流星地走向海滩。

回到车上，他到处翻找一个用来制作烟斗的苏打水易拉罐，但没有找到。在执法部门看来，除偶尔的非法闯入之外，这可是道格的一大恶行。几年前，他被诊断为帕金森病，现在已经吸食大麻成瘾，大麻有助于让他保持平静。他吸食大麻时，身体没有颤抖，手也不晃。我问他为什么不直接从医生那里获得医嘱和医用大麻处方。道格苦笑着说，这事很复杂，涉及退伍军人事务部、律师、医生，他还顺势表达了对官僚机构的强烈不满。他似乎更愿意做一个不法之徒，即使这意味着他不得不用易拉罐吸食大麻，为了避免被警察发现，还得在车里放一根雪茄，以掩盖优质大麻又甜又臭的气味。毕竟，他是一个蘑菇猎人，警察知道几乎所有的蘑菇猎人都吸食大麻。

在车里前前后后找了半天都没找到之后，道格接受了他一定是扔掉了最后一个易拉罐的事实，他又回到那块所谓"有敌意"的蘑菇采摘地，手伸到栅栏另一边，摘下一个鸡油菌，然后回到车上。"我打赌你从来没有见过有人这样做。"他把一根细树枝穿过鸡油菌的菌柄，戳出菌盖，然后在菌盖上挖出一个小碗，将一片小的绿色大麻芽叶装了进去。道格竟然用蘑菇抽大麻，他说得没错，我第一次见人这样抽大麻。道格抽完大麻之后，我们驾驶汽车沿着灰蒙蒙的太平洋黏土海滩上到101公路，返程回家。

第二天，这是一个秋日的早晨，阳光忽明忽暗，就像一个旋转的镍币。我在阿伯丁市的沃尔玛遇见了道格。这次他的朋友杰夫陪着他。杰夫蓄着胡子，眼睑肥大，梳着一个灰白的马尾辫，年龄和道格差不多。他也曾是一名商业渔民——直到有一天，一根锋利的鱼线划过甲板，扯掉了他20英尺的小肠。杰夫给我讲述那次事故，2004年，他曾在科德角海岸捕捞鲭鱼，在一次捕鱼作业中，渔网里兜住近100吨的鱼，导致连接渔网的滑轮断裂，杰夫被叫去修理滑轮。他正要把最后一颗螺钉钉进那个滑轮。"我听到有人喊'鱼线断了!'。断了的鱼线几乎把我一分为二，我失去了三分之一的内脏。"他躺在甲板上的血泊中，鲜血混合着海水，浑浊不堪，当时他已经被诊断为临床死亡。他告诉我，彼时彼刻，他感觉自己似乎走进一条蒙上"一层水纱"并闪烁着微光的隧道，他来到一个路口，四周飘浮着黑色的幽灵。他明白，要么留在此地与幽灵为伍，要么继续前进。正当他要做出决定时，耳边传来翅膀挥舞的呼啦声，两个天使把他放在一张铺满羽毛的床上，并飞快地送他来到一家奇怪的医院。"医院的顶层有一个人，他是看守人。我开始咳嗽，并感到窒息，他说：'如果你不停止咳嗽，你就会死。'我说我嗓子疼。"接下来，他就什么都不知道了。等他醒过来时，他发现自己躺在一家真正的医院，他活了下来。然而，他的捕鱼生涯也结束了。一年后，他的老朋友道格唆使他来到西海岸采摘羊肚菌，从那时起，他就一直从事蘑菇采摘。

我们驱车向北前往奥林匹克国家公园。道格指着天空中呈 V 字形阵列飞过的五只沙丘鹤（*Grus canadensis*），说道："它们处在一个喷气流中，只需要拖着尾巴飞就可以了。"语气中带着一种近乎渴望的羡慕。我们在 101 公路上行驶了一小时，之后又进入森林地带。道格很熟悉奎诺特印第安人保留地正南方的这一带，他告诉我，州政府曾计划砍伐这片森林，并且是用一个让人匪夷所思的烂借口，称这片森林妨碍车辆交通安全。有人写信向政府抗议，但没有结果。在预定砍伐日的前一天，道格和一个朋友穿着迷彩服在天黑后潜入，拆掉他们能找到的每一个测量标记。伐木工人到达现场后发现一片混乱，无奈之下只得放弃。这之后，政府认为不值得与当地人作对，于是取消砍伐。道格说："这是我唯一一次采取非暴力反抗的行动。"我想了想，告诉他，我可能会对政府砍伐森林这件事做一些事实调查，不是因为我不相信他，而是因为我认为这是一个很有趣的事件。他叫我尽管查，"你什么也找不到，"他说，"因为政府一直在掩盖事实。"

伐木工人与以非木材产品为生的人之间并无严格界限。与道格一样，许多蘑菇、浆果、花卉绿植以及各种药用植物和真菌的采摘者曾经就是伐木工人，他们对森林了如指掌，也永远无法忘怀森林给他们带来的刺激感。"你要知道，砍伐这些古老的大树着实刺激。"道格曾经告诉我，"当你砍下一棵千年老树，它会开裂、发出噼啪声……"杰夫就没有道格那样对森林伐木既爱又恨的矛盾心理。"我讨厌伐木工人，"他说道，但语气并没有什么恶意，"是他们毁了捕鱼业。"

与他们俩一起户外活动，让我看到了男性之间的兄弟情谊，那种在学校宿舍、渔船、军队中普遍存在的兄弟情谊。道格和杰夫对彼此的缺点和弱点了如指掌，并经常就此互相揶揄，当然基本上都是一些善意的玩笑话。他们谈论女人、足球，以及更多的女人。两人的婚姻生活都很失败，他们无休止地互相抨击对方的前妻和肉体上的罪孽。

"我们不需要什么臭老婆。"道格喊道，双手抓住方向盘，加速前进，仿佛一时失去了理智。我们坐在他的大别克车上，晃晃悠悠的，感觉像在坐船，车速之快一度让我暗暗思考如果翻车该如何自救，直到道格想起了车里还有违禁品。他踩下刹车，杰夫则点燃了一支雪茄。道格指着路边一个破旧不堪、看起来像经历了不止一次森林野火的小酒馆，说道："我去那儿给你弄点免费雪茄。"

"千万别拿免费的东西，伙计。"杰夫在后座上说。

于是，车驶离了小酒馆。"要不我讲讲我曾在那儿艳遇一位女士的故事？"

"有胡子的那个？是的，你说过 100 次了。"

"她的胡子确实挠得我痒痒。"

"我就说吧，天下没有免费的午餐。"

"别去那个地方，"道格对我说，"说真的，那里的人都不是好人，全是穷凶极恶的大老粗。见鬼，我就是个大老粗，但你知道我的意思。"

"你和他们半斤八两吧。"

"我说的是那种红脖子大老粗，最坏的那种人。"道格面无表情地看着我。"你知道我对红脖子大老粗的事只是在开玩笑。"我说我明白。"因为我不想让你误会。"道格习惯让我知道他不是认真的，仿佛我这样一个天真无知的、上过大学的人会抓不住他话语中那些微妙的点。他时常转移话题，长篇大论地谈及他吸食毒品和玩弄女人的经历，末了他又会加上一句"这段掐掉，别写在书里"，每每如此。"啊，该死，你都记下来了啊，好吧，你想怎么写就怎么写吧，反正我不在乎，我什么都看得开。"他大笑起来，但他刻意没有露出满嘴的坏牙，他比较顾忌他的牙齿。

我们在半岛上往北开了一段路，想去看看一块鸡油菌采摘地，结果发现有人比我们捷足先登。我们只能采摘他们剩下的蘑菇，零零星星只有大约 8 到 9 磅，但我们偶然发现了一些刚冒出来的美味牛肝菌。它们长得很快，比鸡油菌快得多，而且很可能几天前那些人在这儿采摘鸡油菌时，它们甚至还没破土而出。那天我们在那个不友好的私人领地中的蘑菇采摘点见到那只孤零零的美味牛肝菌，给我们提供了一个关键信息：现在正是收获美味牛肝菌的季节。

美味牛肝菌属牛肝菌科，是牛肝菌科中最受欢迎的种类，其特点是菌盖下有孢子组织。与典型的带有菌褶的蘑菇不同，牛肝菌有多个孔状管腔，从而形成类似海绵的结构，这些管腔释放出生殖孢子。美味牛肝菌是意大利以及俄罗斯、波兰和其他东欧国家最令人垂涎的野生菌类。俄罗斯人称它为 beliy grib，即白蘑菇，因为它的肉为纯白色；德国人称它为 Steinpilz（石头菇），法国人称它为 cèpe，英国人称它为 penny bun（小面包蘑菇），意大利人将美味牛肝菌和其他一些密切相关的牛肝菌统称为 porcini，这些基本上都是美味牛肝菌公认的商业名称。餐厅老板们很乐意花大价钱在菜单上印上 porcini 这个令人回味无穷的意大利语单词，意思是"小猪"。在意大利，几乎所有头脑正常的人都像跳台上的游泳运动员一样，紧紧盯着牛肝菌季节开始的发令枪。农产品市场上，人们对于对各个种类和等级的牛肝菌摩拳擦掌、趋之若鹜。除了那些从意大利进口的价格昂贵的小包装干牛肝菌外，北美各地广泛生长有牛肝菌，但大多不为人所知。我最喜欢的牛肝菌出自夏末的瀑布山国家公园，这种牛肝菌肉质紧实、味道鲜美，如果条件合适，生长数量极为惊人，但这种情况并不多见。它们的成熟时间是一个谜，即使专业的蘑菇猎人也不一定能准确预测。到目前为止，最令人期待的收获季节，也是最可预测的，是每年的海滨采摘季。

每年秋季，在华盛顿州海岸，通常从10月初左右开始——尽管有时早至9月中旬，这取决于何时降雨——美味牛肝菌会大面积出现在海滩边缘地带，甚至在沙丘上生长，当然，美味牛肝菌的生长与沙没有任何关联。牛肝菌与巨云杉和扭叶松存在菌根共生关系，这两种树都生长在海滩附近，并发展出根系，从地下蔓延生长至沙丘下层土壤。随着季节的发展，这种菌群稳步向南推进，月末进入俄勒冈州，感恩节前进入加利福尼亚北部，一直向南到蒙特利半岛。牛肝菌的生长范围也许曾经延伸至西北海岸的各个角落，但现如今，大部分的牛肝菌生长地已经消失殆尽，要么被改造成高尔夫球场球道，要么被推平用于修建海滨公寓。那些还没有被开发的牛肝菌生长地，现在也已经被张贴上改建告示。要在海滩采摘到牛肝菌，几乎只能去沿海的州立公园，其中许多公园禁止采摘蘑菇。加州的牛肝菌生长地非常有限，加州政府已经制定了相关法律，禁止采摘者随意进入。

与鸡油菌和其他种类的野生蘑菇不同，美味牛肝菌的保质期非常短。如果不冷冻存储，肉质会变软，而且在蘑菇分拣过程中如果有遗漏的虫子，虫子会在美味牛肝菌中迅速繁殖，这对于蘑菇销售者来说是大忌。存储和运输是落基山脉的美味牛肝菌的一个潜在问题，尽管人们可以在高海拔的草地和山区发现大量的牛肝菌，特别是在科罗拉多州和新墨西哥州，但将它们带出山区并进入市场销售却困难重重。落基山脉的美味牛肝菌比西海岸的同类野生菌更早出现，通常是在 7 月和 8 月的季风期，而此时在丹佛国际机场，即便是阴凉处，温度也经常达到 90 华氏度（32 摄氏度）。商业蘑菇采摘者想要将落基山脉的美味牛肝菌运出去，就必须避开破坏蘑菇的高温，这是他们所面临的众多困难之一。因此，市场上销售的野生菌大部分来自气候凉爽的西海岸地区。

近年来，东南亚移民开始涉足滨海地区蘑菇采摘，这让习惯于独享这块区域的蘑菇采摘者们深感不安。道格说："我再也不掺和这里的蘑菇采摘了。"他承认，他已经没有耐心等待这片沿海地带的蘑菇生长成熟。"亚洲人找到他们的蘑菇采摘地之后，可以耐心地围着蘑菇踱步，一直等到蘑菇长至可以采摘。"这虽然有点夸张，但也并非过分夸张。一旦破土期开始，牛肝菌会快速而疯狂地生长，与鸡油菌不同，它们成熟得快，快到你可以在几天内拍下它们从肉眼不可见的细胞团发育成体形硕大的蘑菇的延时视频。快速生长带来了一个问题，但也可以说是一个机会：一块蘑菇地可能一天之内被采摘干净，但 24 小时后，它又会长出新的野生蘑菇。野生蘑菇采摘原本就竞争激烈，而采摘牛肝菌竞争更为激烈。采摘者们翻天覆地地寻找蘑菇，找到后将这块地占为己有，并广而告之。道格不和其他人争抢滨海地区的蘑菇采摘地，他会去更远的内陆地区采摘，虽然那里的菌群更少，但与其他采摘者的竞争也更少。

有朝一日，牛肝菌复合体中的众多种类是否会被真菌学家一个个整理出来，尚不得而知。现如今，无论是在新世界还是旧世界[1]，许多关联密切的蘑菇品种被纳入同一个物种名下，这种分类组合很可能会随着先进的 DNA 测序技术革新而改变。仅在北美，科学家正在深入研究好几种牛肝菌，包括一种有深红色菌盖的落基山脉牛肝菌和一种有浅棕褐色菌盖的西北牛肝菌。目前，一个主要产自西南地区松树林的土丘牛肝菌（*Boletus barrowsii*）已被授予独立的物种地位，而另一个可能是世界上已知最大、主要发现于加利福尼亚海岸的美味牛肝菌变种，现已被命名为 *Boletus edulis* var. *grandedulis*[2]。去过意大利并且品尝过意大利牛肝菌的爱好者一般都不太待见北美牛肝菌，他们会迅速指出这些大多与针叶树有菌根共生关系的北美种类，味道都不如硬木牛肝菌，特别是那些生长在栗子树周围的牛肝菌。当然，他们可能不知道的是，在意大利，看似珍贵的美味牛肝菌其实大部分是从波兰和中国进口的。

无论未来的真菌学家对牛肝菌分类是否有新的研究成果，也不论它以什么命名出现，牛肝菌会一直受到大众的追捧，这是一个不争的事实。将牛肝菌切碎，抹上橄榄油，放在炉上烘烤，再加上一点调味品，是新鲜牛肝菌的经典烹饪方法。牛肝菌有一种独特的坚果味，搭配奶酪汉堡或克洛斯蒂尼面包食用，味道极佳，如果再加入少许黄油和奶油，味道将更让你欲罢不能。当然还有著名的牛肝菌干，在美食市场上，一年中大部分时间你能买到的牛肝菌都是干菌，因为存储时间和虫咬等种种原因，市场无法出售新

1　新世界（指的是哥伦布发现美洲）的范围包括亚非欧美四大洲。旧世界泛指亚非欧三大洲。

2　俗名高脚凳（Barstools）。

鲜的牛肝菌。但也无妨，牛肝菌干有一种泥土的芳香，这足以吸引蘑菇入门爱好者了。把鼻子放在一袋牛肝菌干中，然后吸气，你会闻到森林和蘑菇生长地的泥土气息，这是一种浓郁、粗犷并带有烤焦味的气味。我喜欢把干牛肝菌研磨成粉末，为了不与裸盖菇属（*Psilocybe* spp.）混淆，我称其为"神奇蘑菇粉"，然后加入温水，调制成汤汁。牛肝菌汤汁是我的独家奶油鸡油菌汤的秘密配料，也是我的自制红酱中的底料，制作牛尾肉酱，我也必加入牛肝菌汤汁。每年，我都要用上好几袋"神奇蘑菇粉"，并在生日、婚礼和新生儿洗礼等场合把它们当作礼物送人，因此，我每年都需要寻获大量的牛肝菌。

严肃的业余蘑菇猎人通常知道去哪儿寻找牛肝菌，而新手会感到困惑，这一点可以理解——采摘牛肝菌需要做足功课，了解所在地区的牛肝菌与哪些树种存在菌根共生关系，这些知识对于采摘牛肝菌至关重要。在太平洋西北部，与牛肝菌存在菌根共生关系的树木主要是云杉和扭叶松；在加利福尼亚海岸地区，通常是糙果松（*Pinus muricata*）和辐射松（*Pinus radiata*）；在落基山脉地区的是云杉；在东北部地区的是各种针叶树，某些情况下，是硬木树。不过，在这些地区中的任何一个地方，都可能存在其他蘑菇宿主。你需要知道何时为牛肝菌的繁殖做准备，起初，你会看到一些零星的蘑菇冒出来，接着，它们会遍地生长。一块好的牛肝菌生长地产出的蘑菇数量，甚至会多到你都无法采摘完。牛肝菌经常会与毒蝇鹅膏（*Amanita muscaria*）——一种长有标志性白色疣的红色菌盖蘑菇——共同生长。我所见过的这两种蘑菇的最大个体，出现在同一个地方——位于怀俄明州一个十分偏僻的地块，在那儿，蘑菇沿着一条林中鳟鱼溪流生长，数量之多，让我感觉好像在徒步穿越一个奇境。

没有哪个国家和地区比意大利更热衷于食用牛肝菌了，但我还没有亲自体验过这种旧世界的蘑菇狂热。我的一个朋友最近在托斯卡纳旅行，他有机会在当地猎采牛肝菌。他在一个名为"高个子男孩"的老式乐队中担任贝斯手，我最近在一场演出中见到他，他当时正在舞台上尽情地演绎美国蓝草二人组斯坦利兄弟的知名歌曲《猪圈里的猪》，我二话不说跳上舞台，问他在意大利采牛肝菌的事，他一点也没惊讶，只是咧嘴一笑，继续弹他的贝斯。

道格说这里是他最喜欢的牛肝菌采摘地之一，他认为这块地将会有持续两周的蘑菇产量。在此期间，他每隔一天就会来摘新长出的蘑菇，这种感觉就像玩弹球机中奖，红球不断地滚出来。这块地位于霍赫印第安人保留地附近，事实上，它可能就处于霍赫印第安人保留地范围之内。道格和杰夫似乎都不确定，但他们也不关心。奥林匹克半岛的土地由州政府、联邦政府、印第安人和私人共同拥有，土地所属界限模糊，通常无标牌竖立，每一块所属地都有各自的规则，而涉及蘑菇采摘的规则往往模棱两可。奥林匹克国家公园、奥林匹克国家森林和几个荒野地区属于联邦土地，它们都有自己的法规，州土地包括州立公园和自然资源部地区，私人林地也有自己的规则，尽管作为免税土地，它们应该向公众开放，但似乎没有人知道私人林地里到底是什么情形。

我很快就了解到，商业采摘者对于这些形形色色的规定并不感冒。绝大多数蘑菇是在公共土地上采摘，这些蘑菇采摘地由地方政府、州政府、联邦政府和部落组织联合管理，而大多数管理人员对管辖范围内的生态、环境历史、真菌种群一无所知或知之甚少。相关规定涉及采摘区域、采摘数量，以及许可证等，在蘑菇猎人看来，这些规定完全是任意武断的，比规定本身（这些规定很少公布，甚至在网上也不易搜索到）更难掌握的是制定这些规定的过程和政策目标。木材利益方与环保主义者之间的长期斗争，导致了克林顿时期西北森林保护计划的出台，该计划最终主导了美国工业林业向生态林业的重大转变，而其中一些政策就是这个转变的结果，"可持续发展"这个词频繁出现。而对于蘑菇采摘者而言，他们认为，采摘蘑菇与从树上摘取果实并无差异，只要不伤害地下的菌丝体，真菌第二年可以继续产生更多的蘑菇。然而事实是，许多关心环保的人，包括环保主义者，把蘑菇看作一种有限的资源，就像鱼类资源一样，担心其会遭到管理不善与过度开采等破坏，尽管没有确凿的数据支撑该观点，他们把商业采摘者看作掠夺资源的乌合之众。由于采摘者随着季节巡回转移，而且他们中许多人不会说英语，所以在关乎其生计的议案中，他们自身几乎没有发言权。毫不奇怪，他们看到了"老大哥"们的重拳在发挥作用，这些规定似乎只是为了约束他们，而不是单纯以保护生态资源为目的。采摘者们处于社会的边缘，所以很多情况下，他们完全无视这些规定。巡警和当地的其他官员往往自己也不清楚规定的具体内容，他们有更重要的问题要处理，比如处理偷猎大型动物、户外冰毒工厂、木材偷盗，以及开罚单和收取营地费用以扩充资金短缺的国库。

我们驶离高速公路，上了一条蜿蜒曲折的道路。自去年秋季以来，这是道格第一次来到这个采摘地点。他时而加快车速，时而又减慢车速，仔细搜寻着熟悉的地标。看着一排排整齐的树木，树龄几乎一样，他确定这是一块私人林地，与公共土地有着完全不同的监管机制。"全是国王的鹿！"他大叫道。他对私人林地的反应一向如此，"全是国王的鹿"暗指中世纪的一条法律——禁止除皇室以外的任何人在某地打猎。我们经过木材公司的林地时，他喜欢对着车窗外大喊"全是国王的鹿"。理论上，只要不是处在伐木期，私人免税林地应当向公众开放。实际上，越来越多的地点被封闭，仅向购买通行许可证的人或购买门票的游客开放。在奥林匹克半岛，土地所有者们采用红绿颜色标记林地开放状态，大门入口处若有绿点标志，则意味着道路开放，而红点则意味着封闭。道格说，越来越多的道路被画上红点标志，他认为，很多情况下，关闭道路是为了给马鹿狩猎者提供方便，因为这些人会为特权付费，这就是道格口中所说的"全是国王的鹿"。

我们沿着颠簸的道路继续前进，驶往此行的目的地。这个地点十分隐秘，几年前道格研究牛肝菌生长环境时，发现了这个采摘点。他仔细勘察这片区域，确认自己的判断正确无误。他说，这是一片完美的蘑菇生长地，牛肝菌产量惊人，那些根本不符合蘑菇习性的愚蠢规定也吓不倒他。当我们转过路口，道格发现路边还停着一辆车，这让他沮丧不已。"好吧，我的天！"他吼道，口里爆出一连串粗俗的脏话。我们跳下车，当然，无论如何，我们会带着桶。

"你们两个去那边，"道格说，指了指前方的一个角落，"我去看看还有谁不请自来参加聚会。"

杰夫皱着眉头，回答说："你把聚会毁了还差不多。"

"我会好好处理的。"

"也许根本不是采蘑菇的人。"我说道，担心会发生冲突。

"我就说我是摩纳哥王子。我来和他们谈，如果需要支援，我会大喊。"话音刚落，道格径直走向这个采摘点的中心地带。这是一片云杉再生种植园（即人工林），所有的云杉都是在老的云杉被砍伐后种植的，这可能发生在近一个世纪前。道格和杰夫称其为"繁殖"。这些树的大小都差不多，呈网格状分布。不像一般的鸡油菌那样生长在冷杉密布的山涧，路程艰难。人很容易穿过这一片树林，但树林里很暗，阴森森的。我们走到远处的一个角落，穿过一排排云杉树，地上布满了毛茸茸的苔藓，仿佛给森林地面铺上了一层地毯，我们很快就在灌木丛中发现了牛肝菌漂亮的棕褐色菌盖。

这是一片茂盛得让人叹为观止的美味牛肝菌群。鸡油菌堪称黑暗森林中美丽的金块，但美味牛肝菌更弥足珍贵。我采摘美味牛肝菌多年，但每一次发现它，依然会兴奋不已。我们置身于这片面积达几英亩的次生林，开始着手采摘美味牛肝菌，这种兴奋感会出现 100 次。让我吃惊的是，一些树上可以生长出三四个甚至十几个美味牛肝菌。它们以经典的蘑菇形态从灌木和苔藓中冒出来，有着钟形的菌盖和粗大的菌柄。纵向切开美味牛肝菌，你便可以得到一个完美的蘑菇轮廓。它们个头不大，肉质紧密，落在我们的桶里时发出噗噗声，这声音听起来就带劲。我们采完一个，修剪掉脏兮兮的菌柄尖，再接着处理下一个。蘑菇买家会对牛肝菌进行分级，像这样的年轻牛肝菌被称为1号，价格最高；2号一般比1号大，也比1号软；3号，也叫"干菌"，是过了壮年的牛肝菌，它们被切成片，晒干后可食用。当我的桶快被装满时，脉搏也随之加快。我在森林里飞奔，眼睛紧紧盯着地面，一心想着下一个目标。我忙得不亦乐乎，甚至都没意识到自己染上了一种"病"，我得了"牛肝菌热"。

一小时后，道格再次出现。"没啥威胁，"他说道，"就一个墨西哥人和他的妻子。"他告诉我们，他与这对夫妇交谈甚欢，甚至还教给他们一些清洗蘑菇的小窍门。他看了他们的桶，发现他们只采摘了2号蘑菇，这种等级的蘑菇通常只能让采摘者赚到1号蘑菇一半的钱，有时，这个阶段的2号蘑菇已经长虫，根本不值钱。1号是我们的主要猎物，是刚刚成熟的蘑菇，有些只有几英寸高，它们的菌盖往往隐藏在灌木丛中，几乎看不到，必须有火眼金睛才能发现它们。一旦发现一个牛肝菌，你需要仔细查看它附近的区域，如果你在一棵树上发现了牛肝菌，在这棵树周围能发现更多的牛肝菌。

道格说："这就叫'失之东隅，收之桑榆'。"虽然我们去那块鸡油菌采摘地无功而返，但我们在那儿意外地掌握到一个重要信息——现在正值牛肝菌旺季，而且持续至少好几周，正是这个信息让我们带着牛肝菌满载而归。"但是你等着，"道格提醒道，"杰里米会给我们找碴儿的。"他说的杰里米是我们的买家。"他会找各种理由挑刺。对杰里米来说，我们的蘑菇永远都不够好。"道格告诉我不要想歪了，"你知道，我和他是朋友，我们会一起采摘蘑菇，但当他戴上"买家帽子"时，会有他的顾虑。"

"买车要花钱，"杰夫说。"买房也要花钱。"

"是的，"道格说，"也许去巴哈马度假。"大家都笑了起来，然后道格告诉我，他只是开玩笑罢了。"我们喜欢杰里米，他是个直来直去的人，只是喜欢揶揄他一下，你懂吗？"

据我所知，采摘者和买家之间的关系还是很复杂的。

几个小时后，我们采完了这片地的蘑菇，是时候和买家见面了。买家开着一辆空的面包车从西雅图出发，驱车两个多小时到达这里，把车装满野生蘑菇后，再返回西雅图，将蘑菇贩卖给全市的餐厅。此时，道格来了兴致，他把车载收音机调到内地某处的一个海盗电台。

听着晦涩的灵魂乐曲，我们向南行驶，再次经过那个看起来十分破旧的小酒馆。"今天真是我们的牛肝菌日，"道格说，"我们得停下来，去那个酒馆喝上一杯，就像过去我们砍完杉木后一样。"但是，灰蒙蒙的午后光线渐渐退去，天色越来越昏暗，他只好放弃这个念头，继续驾车前行。"等我们拿到卖蘑菇的钱之后，再去别的地方喝个痛快。"他把收音机调成一个新闻节目，如往常一样，节目正在播送全球各地的坏消息。他说道："能在电台表盘上找到国家公共广播电台的采摘者不多。"杰夫对此嗤之以鼻，说他是嬉皮士。"我没意见，"道格说，"这里的大多数人都是阿拉伯人。至少那些白人，他们中几乎没人交税。"24 小时之内，采摘好的蘑菇会在农贸市场上出售。蘑菇甚至被放在嫩绿的蕨类植物上出售，旁边搭着一张羊皮纸，上面用优雅的字体写着每磅 30 美元，又或者被装在篮子中，摆放在城里闹市区十几家不同餐厅的橱窗里展示。橱窗对着繁华的人行道，穿着长外套的路人经过，纷纷驻足打量橱窗里的蘑菇菜单。

黄昏时分，我们驶进位于阿伯丁和霍奎厄姆以南的华盛顿州雷蒙德的滨海小社区。雷蒙德是一个林业和渔业小镇，人口不到 3000。1900 年时，这个小镇是现在的两倍大，之后经历长年的衰落，逐渐转变为旅游小镇，但来这儿的游客却十分稀少。我们把车停在小镇住宅区一幢外观整洁的房屋后面，一辆日本跑车和一辆大型美式越野车占据了砾石车道。屋内，一个越南男人盘腿坐在厨房的地板上，脚边摊开的报纸上放着一叠按个头排列的美味牛肝菌，他正一丝不苟地清理着蘑菇。道格和杰夫站在后门外，每个人都在等待买家。

看到屋里那些完美无瑕的美味牛肝菌，我想知道买家会如何评价道格和杰夫的蘑菇。道格告诉我，他素以提供最好的蘑菇而闻名业内，但这次他的蘑菇在品质上很难超越我在这家厨房看到的蘑菇，顿时，我替道格——我的新伙伴——捏了一把汗。与此同时，屋里一个名叫桑、年龄约四十岁的男人，正耐心地用铅笔刀刮去菌柄上的每一点泥土，削去每一处小瑕疵。他挥舞着一块泡沫，把它当作硬毛刷清洁菌盖，他面前的报纸堆满了木碎和肮脏的蘑菇屑。清理后的蘑菇看起来干净完美，让人想要像咬苹果一样咬上一口。

我走出房间，想去看道格和杰夫在做什么。买家已经到了，他们正在卸货。正如我所担心的，交易进行得并不顺利。买家看了看篮子里脏兮兮的美味牛肝菌，然后又看向另一个篮子，摇了摇头。"现在，杰里米……"道格正要说话，买家打断了他，掏出一个沾满泥土的牛肝菌拿在手里，高高举起，直接打脸道格。道格转过身去，他和杰夫站在车道上，嘴唇紧闭，双手插在口袋里，耸着肩，似乎在抖掉夜晚的寒意。买家又接着查看其他篮子。

　　"需要好几个小时来清理这批蘑菇，"买家最后说，"明天是比赛日。可以一边看比赛，一边清理美味牛肝菌。"他称了一下篮子的重量，然后把它们装进了货车，他甚至懒得给蘑菇分级。"来吧，伙计们，"他说着，从钱夹里拿出一沓100美元和50美元钞票，他数着钞票，准备分发给在场的蘑菇猎人们，"我知道你们下次会做得更好。"交易结束后，买家着急地收好秤和一叠空篮子，走进屋内。采摘者们把钞票塞进牛仔裤口袋里，他们没有数钞票，甚至没有看钞票。对他们来说，这一天结束了，尽管并不是一个快乐的时刻。越来越多的采摘者陆续到来，他们把车停在车道上，在街上闲逛。想到可以在镇上搭顺风车回去取我的车，我决定暂时留下来，观看蘑菇的评级过程。我向道格和杰夫告别，他们与我匆匆握手后，驾车前往韦斯特波特市，他们的车排气管消声器坏了，即使车转过拐角消失在视线之外良久，我依然能听到排气管发出的轰鸣声。

　　　　　　　　　　　蘑菇猎人：探寻北美野生蘑菇的地下世界

第四章　蘑菇买家

千万别称杰里米·法布尔为控制狂，他会以固有的直率告诉你，这是他一整天下来听到的最愚蠢的事——他实在听到了太多愚蠢的事。然而，在接下来的几个小时里恰恰需要控制情绪，因为他正在用学到的非常规方式进行蘑菇交易，而且是在一个完全陌生的地方。

但和他交易的蘑菇猎人并不是陌生人，他们只是碰巧说着完全不同的语言。法布尔是一家名为"觅食和发现"食品公司的老板，他把便携式电子秤放在桑的厨房柜台上，先用一个空篮子将秤归零，然后开始工作。他风风火火地在厨房里来回走动，就像某人喝了太多咖啡，也许还吃了几块糖果，尽管他瘦得像把耙子。当他不和桑说话时，他喃喃自语说了一大堆当天忘记做的事情或者午夜过后回家要做的事情，我感觉他就是一个活人记事便签。几分钟内，收购蘑菇的消息就遍了整个街区，不一会儿，桑的家后门排好站着一队人，队伍里大多是亚洲男性，每人手里都提着装满蘑菇的篮子：金黄色的鸡油菌、菌盖如垒球般大小的牛肝菌、猩红色的龙虾菇，以及长相奇特的绣球菌（*Sparassis* sp.），五颜六色、琳琅满目的蘑菇像极了涨潮时被冲上岸边的各种物件。采摘者们陆续到来，有柬埔寨人、老挝人、赫蒙族人、棉泰人。这是法布尔来雷蒙德的主要原因：今晚从这儿收购几百磅蘑菇（也许超过1000磅），明日转卖给西雅图的餐厅，售价超过15,000美元。这个社区的居民主要是第一代东南亚人，他们几乎一年四季都在长期居住的西北太平洋地区采猎蘑菇。这些人的家园几乎都遭受过战争，他们中的许多人曾经是军人或成长于军人家庭，你可以通过他们身上的文身看出他们的军人背景——动物、神灵、僧侣咒语，这些神奇的文身赋予了他们抵挡子弹和遁形隐身的能力。他们曾是反共分子、叛军、游击队战士、美国支持者，最后统统沦为难民。他们大多来自农村，把家安置在森林和大山中，这对他们来说轻而易举。过去，作为军人和难民，他们在丛林中以野果、青蛙、老鼠，以及任何充饥的东西为食，有些人当时还是儿童，有些则已为人父母，带着自己的孩子背井离乡，远渡重洋来到一个新的国家，他们以家庭为单位在森林里猎取野生食物。所有人，甚至连他们的竞争对手，都不得不承认，东南亚人是一流的蘑菇猎人。

法布尔重视同亚洲人建立和培养关系，他的生意取决于此。你只要结识一个亚洲人，这个人在西海岸的整个家族网络很快就会显露——在萨克拉门托的姐姐、在威德的叔叔、在斯普林菲尔德的继兄弟，不一而足。每个人都有自己熟悉的蘑菇种类，他们在夏末采摘美洲越橘，将熊尾草（*Xerophyllum tenax*）和沙龙白珠制作成花饰，将药用植物出口到中国。正是东南亚人完善了森林季节性蘑菇采摘营地的构想。松茸采摘期间，俄勒冈州中部会出现大量帐篷，数千东南亚人聚集于此。他们在穴纽、布鲁金斯和威奇佩克等地露宿扎营。他们的营地逐渐成为美国边境上的老式定居点，同时保留了东南亚本土文化的活力。

法布尔和这群东南亚移民闲聊了好几个小时，有时他像是在自言自语，一边口中念念有词，一边将蘑菇分类、评级和称重，然后从钱夹中取出一张张崭新的 100 美元、50 美元和 20 美元钞票，支付给采摘者。这样的工作需要人对数字极其敏感，同时需要对暗藏玄机的交易保持高度的警觉。桑的妻子丝蕾准备了一锅米饭，而他的岳母查伊则在厨房里来回走动，同每一个人打招呼和闲聊。桑是越南人，他的妻子是柬埔寨人，对于高度部落化的越南人和柬埔寨人来说，他们的婚姻结合并不寻常。他们在美国初次见面时，桑用丝蕾的母语高棉语夹杂着蹩脚的英语与她交流。丝蕾和她母亲英语都很好，她们是从波尔布特大屠杀中幸存下来的难民。我多多少少了解波尔布特和红色高棉的历史，后来我也聆听了丝蕾和她母亲完整讲述她们的经历，她们的经历让我感叹人生无常，我们只能选择与上天妥协。桑 36 岁，丝蕾 35 岁，桑身体健康，但看起来比他的实际年龄苍老 10 岁，他脸上虽然皱纹不多，但皮肤僵硬。丝蕾身材娇小，强悍泼辣。他们一共生育了 3 个孩子，丝蕾在上一次婚姻中已经有一个儿子和一个女儿，俩孩子都才十几岁。桑的岳母查伊显然很享受她作为一家之长的地位，她拥抱完法布尔之后，蘑菇评级开始了。

由于蘑菇评级在他的房子里进行，桑自然排在第一位。让他没想到的是，他那一篮子看起来漂亮整洁的牛肝菌遭到了昆虫侵蚀——哪怕是一只微小的害虫也能破坏一篮子蘑菇。有一种昆虫会在蘑菇上跳来跳去，被采摘者称为"跳虫"；另一种被称为"茎虫"，是一种苍蝇的幼虫，这种苍蝇被人叫作"牛肝菌苍蝇"。"茎虫"从蘑菇柄的底部开始，一路向上蚕食蘑菇。还有一种"帽虫"，它们擅长通过菌盖钻入蘑菇下面的海绵状管道。甚至还有一种在其生长的最初阶段肉眼几乎不可见的蛆虫，只有切开蘑菇，并在蘑菇内部出现微小的黄色斑点，才能判断蘑菇已被这种蛆虫侵蚀。

桑的蘑菇正在被评级，桑的脸上勉强挂着笑容。他戴着一顶道奇卡车球帽，穿着一件绿色和蓝色交织的格子工作衫。法布尔用刀切开一个漂亮的牛肝菌，切开的两半蘑菇还没落到砧板上，就已经被他扔到一堆"虫蛀"牛肝菌中。在我看来，那只牛肝菌的菌肉呈白色，还挺干净，不至于被归类为"虫蛀"，我注意到桑也多看了一眼。作为旁观者，我本应保持中立，但我发现很难不对蘑菇采摘者的艰难处境感同身受，我希望他们的辛勤劳动得到回报。就像看着拳击手在拳击场上搏斗一样，我发现自己对每一个蘑菇的评级都会产生本能的反应——当一个蘑菇最终被放入秤上的篮子中，我如释重负，而当它没有被放入，我又感到惋惜沮丧。除了看热闹，我爱莫能助。法布尔按照自己的标准对蘑菇评级，始终没有一个采摘者提出异议。

但情况并非总是如此。某日，我看到法布尔与3个墨西哥采摘者争论得不可开交。"你想把这只蘑菇评为1号吗？"他问其中一个墨西哥人。"是的，没错，1号。"法布尔告诉他，如果他明天再来，他会把它评为1号蘑菇。墨西哥人对接下来的一个蘑菇的评级提出异议。"看看这白色部分。"他说道，指了指蘑菇的孔隙，法布尔同意将它评为1号。然而，法布尔在蘑菇评级标准上的摇摆不定正成为一个问题，他接着拿起一只又大又软的牛肝菌，因为这只很可能被"虫蛀"，法布尔半推半就地将它标为2号。为了不让那墨西哥人难堪，法布尔甚至没有把它切开，但那人却颇有微词。"这个是1号。"他嚷道。法布尔怒了，二话不说切开蘑菇，手起刀落，里面果然有虫子，蘑菇被扔到了一边——被评为3号蘑菇。目睹这一情况，一同而来的另外两个墨西哥采摘者拿着他们的篮子知趣地离开了。

"他们为什么走了？"法布尔问道。

"他们不想卖给你。"

"我又不会亏待他们。"

"你付多少钱？"

"21美元，这是个好价钱，对吗？明天把他们叫回来，我会给你们的蘑菇一个好的评级。"但法布尔说的这番话来得太晚，开发新货源和严格评级之间的微妙平衡已经被打破。

但在桑这里，情况就完全不一样，即使法布尔评级严格，也无人抱怨，否则，蘑菇猎人们可以转身去阿伯丁卖蘑菇，车程才半个小时。看到又一个干净漂亮的牛肝菌被扔到一边，如同上面提到的那个墨西哥采摘者一样，我也想提出异议，但我话还没说出口，法布尔指着菌盖上一处肉眼几乎辨认不出的黄斑，不耐烦地说道："相信我，到明天，这个蘑菇会让虫蛀得稀巴烂。你想在餐厅里吃到一个虫蛀的烂蘑菇吗？"采摘者若有所思地点了点头，他们对法布尔言听计从。评级低的蘑菇被挨个切开，收集好，然后晒干，按照新鲜无虫蘑菇价格的几分之一出售。"它们有虫。"桑说道，眼睁睁看着利润随着遭丢弃而堆积的蘑菇越来越多而缩水。第一笔交易结束时，我已经劳心费力，不得不喘气休息。其他十几个采摘者静静地排队等候评级，还有更多的人正在赶来。大多数采摘者是男性，他们排成一排，而他们的妻子则在厨房岛台的另一边等待着。男人们面无表情地看着法布尔把牛肝菌切成两半以寻找虫迹，他们的妻子则努力保持冷静，互相窃窃私语，她们的面部表情——连同贩卖蘑菇的利润——随着评级的高低而起伏不定，像极了狂风中的帆板。

法布尔看起来很累。这时，丝蕾走了过来，拍了拍他的肩膀，说道："杰里米，你需要找一个老婆。"其他几个女人顿时咯咯笑了起来。她们喜欢法布尔，觉得他高大、英俊，而且成功，更重要的是，他有关系，这是她们注重的男人重要品质之一。法布尔认识不少西雅图的重要人物——餐厅老板、厨师、餐饮业者——他的生意蒸蒸日上和这些人不无关系，然而，他没有妻子，孑然一身。法布尔毫不理会女人们的诌媚的笑脸和秋波，他切开蘑菇，评级，在付款收据上记下统计好的数字。今天，他为 1 号蘑菇（新鲜、结实、无虫蛀的美味牛肝菌）每磅支付 13 美元，为 2 号（成色不太理想的成熟蘑菇）每磅支付 6 美元，而干蘑菇只有每磅 1 美元 50 美分。有的蘑菇猎人挣到 234 美元，而有的只挣到 95 美元。尽管桑采到的牛肝菌长满了虫子，但他仍清理出 100 多只还算干净的牛肝菌，一个不算太糟的结果，不过，由于他的厨房被用作收购点，他会额外得到一笔佣金。

"汽油太贵了。"桑埋怨道。

法布尔紧接着桑说道:"桑,这辆道奇大排量皮卡杜兰戈是你自己想买的。"对于镇上的许多新移民来说,大皮卡是体现身份地位的一种标志。曾经,你可以从一个蘑菇采摘者驾驶的车辆判断出他的富裕程度,比如改装货车、旧皮卡或掀背式车。时过境迁,现在的采摘者,特别是东南亚的采摘者,即便经常光顾一元店,他也有可能开一辆闪亮的丰田塔库马皮卡。

桑说他的车需要一个新的变速器,并告诉法布尔他正考虑去西雅图购买一个二手变速器。"800美元,9万英里。"

桑想试探询问一下法布尔的意见。法布尔满脸疑惑地看着桑,说道:"猜猜我这辆面包车多少钱,桑?"屋子外的车道上,法布尔那辆1992年产的阿斯特罗面包车与停在那里的大多数车辆相比,相形见绌。

"杜兰戈是辆好车!"桑信誓旦旦地回应道,语气中带着一丝不悦与失望。他还有一辆尼桑3000跑车,跑车和大皮卡是美国梦的一部分,至少是车轮上的美国梦。

"确实,而且开起来更好。"法布尔敷衍道。

桑到是完全同意这一点。"很快就能开了。"他苦笑着说。

法布尔继续问道:"那你是怎么去蘑菇采摘地的?开查伊的车吗?"

桑羞愧地点点头,他沦落到要开岳母的车去采蘑菇。

法布尔虽然身高不到6英尺(约1.83米),但在一群东南亚人中依然鹤立鸡群。他身形消瘦，四肢修长，说话和做事是一个风格——雷厉风行，有时甚至是突如其来，即使连续几天通宵达旦地交易蘑菇，他仍然如运动员般反应迅速。他年龄约三十多岁，留着一头波浪形的棕色头发，两只眼睛距离很近，嘴角突出。道格喜欢招惹法布尔，有时叫他"老鹰钩鼻"，甚至"那个鹰钩鼻的犹太混蛋"，法布尔对此并不介意。当他以 70 英里 / 时的速度驾驶着汽车奔驰在高速公路上时，他说道："我喜欢金钱的感觉，我是犹太人，金钱刻在我们的骨子里。"他经常这么解释，在西雅图当一个纽约犹太人是一件很新奇的事情，更别说在华盛顿州的森林里当一个犹太人。法布尔很享受他的"恶名"，他像一个典型的自作聪明的纽约人一样，与蘑菇猎人们谈笑风生，这只是他与其他买家不同的特点之一，此外，他还来自不同的种族，拥有不一样的教育背景和社会地位。

在常人看来，法布尔从事粗野的野生蘑菇贸易确实是不走寻常路，但没人否认他比任何一个人都努力工作，出于职业道德，他单枪匹马、四处搜罗最好的野生蘑菇，并推向市场。他的足迹遍布北美西北地区，经常独自采摘蘑菇。他从采摘者那里收购蘑菇，他喜欢与他们交流，他插科打诨的方式不会让任何在华盛顿、俄勒冈和加利福尼亚三州交界地区采摘蘑菇的人感到不快。东南亚人是很好的同伴，你可以和他们一起聊八卦，他们都有一个大家庭，换情人、离婚、家庭变故对他们来说司空见惯，他们喜欢聚会。法布尔对待非英语母语人士，特别平易近人，他会帮助他们学习英语和解决财务问题，甚至会帮助他们融入美国的生活。他极力劝说桑送孩子们去上大学，并经常嘲笑桑对于汽车的选择，他希望他的节俭能够影响到桑。表面上看，尽管法布尔是一个爱憎分明的实用主义者，但他并非不近人情，他笃信努力工作就会有回报的人生法则。法布尔发自内心地希望和他合作的采摘者们能够成功。有时，他的慷慨也会让他付出代价。有一次，他告诉我，他好心把手机借给一个东南亚女人打电话回家。"结果她竟然用我的手机打到老挝，花了我 80 美元通话费，她还真不客气。"他说以后再也不想见到她。

接下来评级的是鸡油菌，鸡油菌主要由桑妻子那边的家人采摘收集。桑的继子已经 18 岁，穿着一件篮球衣，从卧室里走出来，仿佛刚睡醒。"你的女朋友在哪儿？"法布尔跟他开玩笑说。

"我们应该问你同样的问题。"丝蕾对法布尔说。

法布尔一笑置之，说道："我每次见到他，他身边都有一个新女孩！"男孩比他父母高得多，身体很结实，他揉了揉眼睛，尴尬地皱起了眉头。他说英语时没有口音，他显然对蘑菇贸易毫无兴趣，对他来说，更重要的事情是他不能加入社区大学球队打球，需要想办法解决。

"他为什么不上学？"男孩离开房间后，法布尔问丝蕾，他无法相信这个作为第二代移民的男孩，竟然自我感觉良好到要放弃上学。

丝蕾摇了摇头，答道："他不喜欢学校。对他来说，如果不能打篮球，那人生还有什么意义？这是他的想法，我没这么想。"丝蕾的英语在这个大家庭的所有成年人当中是最好的，她刚大声用柬埔寨语讲了一个电视相亲节目挑选男嘉宾的笑话，在场的女人们听完，再次窃笑起来。

法布尔摇了摇头。"真是脑子进水了。"他说。

"他是这么说的，"丝蕾继续说，"但没人支持他。"她用手肘领着我来到另一个房间，房间墙上挂着镶框的照片，是她的家人和她年轻时的照片。1980 年，丝蕾随家人移民来到美国，她说当时只有 6 岁，她说话时很平静，神情就像房内墙上那张挂画里安静平和的菩萨。"当时我们一路走到泰国。我父亲先到，因为国内有人要杀他，那些人追杀我们，我们逃了出来，但他们抓住了我哥，把他绑起来，问我爸、我妈和我在哪儿。我哥哥拒绝回答，他们就杀了他。"之后，他们一家从泰国逃往菲律宾，一个当地教会担保人帮助他们辗转到达加拿大，然后来到美国。他们从北卡罗来纳州搬到加利福尼亚州，最后在华盛顿州安顿下来，在那儿丝蕾遇到了桑——一个从未亲眼见过美国大兵生父的越南私生子。菩萨图像旁有一张桑父亲的照片，照片中他父亲身着整齐的军人制服。

"有时再谈起这段逃亡经历，我依然感到恐惧。"丝蕾说，"我目睹了人间的一切黑暗，我们踩在死尸上，越过雷区，到处都是坏人。"丝蕾给我看了一张红色高棉占领吴哥窟之前的照片。我们回到厨房，她指着一张自己年轻时的照片，声音提高了八度，说道："你知道当我来到美国时，我还是个名人呢！我是柬埔寨的舞蹈家。"照片中，她和其他五个年轻女孩站在一起，身穿闪亮的红色连衣裙，脚穿黑色高跟鞋，脚踝和手腕上戴着贵重的手镯，头上戴着金色的头饰。她 3 岁的女儿靠着照片下面的墙坐着，用一个塑料碗正吃着干麦片。法布尔站在一旁给蘑菇评级，与采摘者交谈甚欢。查伊最后一个完成了蘑菇的评级和交易，她点完钞票并收好，踮起脚尖，在法布尔的脸颊上狠狠地亲了一口。

回到西雅图，某日我在农产品市场的野生食材摊位前碰到法布尔，摊位上一个柳条篮子里堆满了牛肝菌，菌盖闪闪发亮，甚是诱人，每磅售价 20 美元。一旁的小黑板上列出了在售的野生蔬菜品类，包括豆瓣菜和药用植物等，全都存放在冷藏箱中。我自己也收集了许多这样的可食用野生植物，尽管很难想象贩卖野生植物还能挣到钱。法布尔在顾客经过时经常与他们打趣，用他的三寸不烂之舌说服他们掏钱购买以前从未了解过的野生食材。他告诉我，平日他会安排几个青春靓丽的女孩在摊位前销售蘑菇，但她们今天休假不在。后来，我去他家拜访，家前门上方挂着一副金色标牌，显示这栋木质别墅属于艾德威尔德家族。法布尔赤着脚，用手肘推开门，见到我时，他也没怎么点头致意，一只手拿着一块肥美的 T 骨牛排（昨晚吃剩的，现在当早餐），另一只手拿着厚厚的一沓钞票。我提到我弄到了几份关于他的新闻报道，报道里他是一个"害羞""沉默寡言""难以捉摸"的人，他对澄清报道对他的描述丝毫不感兴趣。他告诉我，他不太关心别人怎么看他（我后来才发觉，他其实在说谎）。另一方面，他承认自己喜欢钱。他刚数过手中那叠厚厚的、崭新的钞票，这叠钞票放在地下赌场 21 点庄家的手中似乎更合适，或者，正如这笔钱的最终去向，放在一个把野生蘑菇、蔬菜和浆果带到市场的人满是泥土的手中。全美最好的餐厅都觊觎这些野生食材，法布尔依靠贩卖野生食材从他们那儿赚到了钱，用于支付这栋别墅的抵押贷款。这栋漂亮的别墅位于一个高档小区，小区中类似的住宅售价近百万美元。法布尔心中的问题是，他的生意最终会不会为他带来丰厚的投资回报，这样他到退休时能够买下一个设施齐全的森林木屋，没有人打扰他，一个人"坐在自己的门廊上，一边喝着威士忌，一边打枪玩"。我心中的问题是，贩卖蘑菇怎么可以这么挣钱，甚至可以支付房屋贷款？

你得吃苦耐劳，法布尔经常这样说。他驱车往来于西北地区，花费大量精力建立起自己的蘑菇业务网络，他将收购的蘑菇直接卖给餐厅或农产品市场，蘑菇收成好的时候，他也会亲自去野外，和采摘者们一起工作，努力增加收益。他会告诉你，勤劳吃苦是在这个行业赚钱的唯一方法。他在家中地下室经营自己的蘑菇贸易公司，把采集好的蘑菇储存在一个通常只有餐厅才配备的步入式冷库中，除了专门的冷库，地下室里能用的地方都被用来存储蘑菇。一踏入这个地下室，扑面而来的是浓烈的蘑菇的气味，闻起来像潮湿的天气里割草机割下的草屑。一袋袋羊肚菌、美味牛肝菌、龙虾菇和其他干蘑菇堆满了地板，新鲜的蘑菇堆积在冷库中等待装运，周围散落着成堆的运输纸箱和邮件。

法布尔主要经营所谓的"生鲜蘑菇市场"。虽然他也会烘干和冷冻一部分蘑菇，但他的大部分收益来自直接向餐厅出售新鲜蘑菇。在这一方面，他的商业模式与其他野生食品供应商不同，特别是与和中间商合作的批发商完全不同。大公司建立了大型仓库，将货物运往世界各地，他们同时管理多个实地采购商，并将购买的大部分蘑菇进行烘干处理。这些公司都十分低调，主要是为了维持这个行业的隐秘属性。即使他们有自己的网站，也会湮没在海量的搜索结果中。业务开展主要靠口碑，整个太平洋西北地区这类较小的公司基本都与批发商做生意。还有一些像法布尔这样独立运作的公司，他们更愿意建立自己的业务网络并采用直销模式，虽然销售额不高，但利润率却很高。业务联系在很大程度上也取决于个人，如果一家餐厅对某份订单不满意，法布尔会通过自己的人脉获得信息，并努力改善。就像现在每个有长期发展愿景的企业人一样，他执着于提升客户服务和客服满意度。以法布尔的公司为例，最终的评判者是那些品尝蘑菇的餐厅顾客或家庭烹饪人士。美国农业部曾经批准大规模人工种植一种有机绿色蔬菜，这种蔬菜因为被一群野猪污染而可能携带大肠杆菌，因此许多消费者转而寻找一种更纯粹的"纯天然"食品以丰富餐桌。野生食材远在大农业的范围之外，按照有机食品的定义，它们属于有机食品的范畴，但它们的味道无法通过人工种植复制。法布尔认为，每个大城市都至少需要一个像他这样的商人——一个对山珍野味了如指掌的商人。

成为这样一个森林商人是法布尔的第一招。他在长岛长大，自称年纪很小时就来到纽约这个花花世界闯荡，并开始对天然食材和全现金业务产生浓厚兴趣。17岁时，父母把他送去戒毒所，尽管那时他并不对毒品上瘾，而只是为了赚钱。他在佛蒙特大学主修林业，然后又转学去了位于纽约海德公园的美国烹饪学院。他一生中的大部分时间都在餐厅工作——小时候在廉价小饭馆和快餐店打工，后来到更高档的餐厅，如伯灵顿的佩里鱼餐厅。从美国烹饪学院毕业后，他搬到西部，在西雅图的很多餐厅都工作过，如雷氏船坞餐厅、莎丽芬那餐厅和现在已经倒闭的布拉萨餐厅等，然后又在西雅图东郊著名的香草农场餐厅工作。在香草农场餐厅期间，他给获得詹姆斯·比尔德大奖[1]的知名厨师杰里·特伦费尔德当学徒，正是特伦费尔德教会了法布尔在高级烹饪中使用野生食材。香草农场餐厅是最早大力推广野生食材的餐厅之一，该餐厅常年位列太平洋西北地区前十佳餐厅。也就是在这个餐厅，法布尔遇到了他最亲密的朋友之一——马特·狄龙，狄龙后来通过创立自己的餐厅品牌而扬名美国餐饮业。法布尔还与另一位女性野生食材爱好者克里斯蒂娜·崔共事，这女孩有着一双明亮的、会说话的眼睛和富有感染力的笑容，后来成为了他的女友。

　　法布尔和崔曾经结伴进行荒野探险，足迹遍布华盛顿州，他们经常徒步穿越大山和森林，寻找鲜为人知的野生食材。法布尔在香草农场餐厅一直干到副主厨。在这期间，他还在出租阁楼的狭小空间里小规模偷偷种植大麻，虽然已经不再吸食毒品，但种植大麻满足了他对金钱的欲望。几年的时间里，他种植并出售了好几株大麻，直到前室友威胁说，如果他不支付封口费就去举报他。法布尔没有照做，他拔掉所有的大麻，从此金盆洗手，改做合法生意。

1　有"美食界的奥斯卡"之称的詹姆斯·比尔德奖（James Beard Awards）一年举办一次，该奖项是美国餐饮业含金量最高的专业奖项，旨在表彰美国餐饮界的杰出厨师、餐厅、美食作家及其他专业人士。

在香草农场餐厅工作期间，他花在户外活动上的时间越来越多。他把野外收获带回餐厅，并把它们纳入餐厅晚餐特色菜谱中。很快，法布尔就有了"野生食材猎人"的名号。2001年，他和克里斯蒂娜·崔一起创办了"觅食和发现"食品公司。他们的创业经历，说起来和微软、亚马逊的创业故事差不多，崔的车库被用作创业场地，他们为香草农场餐厅以及西雅图地区的许多其他餐厅提供野生食材。一年后，法布尔从香草农场餐厅辞职，专注于他的野生食材业务，而崔当时决定再次出发旅行，继续追求她对野生食材的探索，他们从此分道扬镳。由于崔的离开，以及随之而来他俩恋情的结束，法布尔完全控制了这家初创公司，但道格和其他人喜欢称崔为"逃跑新娘"，而法布尔一直称崔不仅是他最好的朋友，而且是"觅食和发现"的核心和灵魂。崔是一个十分纯粹的野生美食爱好者，那是她的信仰。她迷恋野生食材的独特品质，因为它们是大自然的馈赠，而不是现代农业产品。她的厨艺体现出她的中国与瑞士血统，她会随着季节变化就地选取食材。与法布尔不同，她并不热衷赚钱，但出于对野生食材的热爱，她又创办了一家名为"荨麻镇"的餐厅，这家位于西雅图的餐厅提供的午餐，很可能是全美所有餐厅中野生食材占比最高的。

商业野生食材猎人在生活中很难处理好人际关系，这是法布尔在后来几年里的总结。进入野生蘑菇买卖这一行以来，他的收入比较稳定。尽管有互联网泡沫，但西雅图正处于繁荣时期，在高科技资本的推动下，西雅图建造了配备伸缩屋顶的棒球场、足球场，以及新的歌剧院，各种奢华的高级餐厅在贝尔敦和安妮皇后等时尚街区比比皆是，以迎合西雅图新兴年轻富裕阶层的挑剔口味——他们不仅希望吃得好，还希望吃出风味。

6月一个温暖的早晨，桃子和樱桃的气味比蘑菇来得更加馥郁浓烈，我和法布尔在野外待了整整一天。"你什么时候回家？"在我离开前，玛莎问我，我无法回答。众所周知，法布尔会在森林里连续消失好几天。我认为当日是本年中最长的一天，我们应该会在夜幕降临前回家。他难得给自己放了一天假，这次是开我的车。他穿得像个Y世代[1]的滑雪者（运动衫、宽松的军裤、褪色的T恤衫，全身服装没有一丝绒毛），在往西雅图以东开了一个小时之后，我们进入山区，这时他让我靠边停车，他要下车撒尿，更重要的是，他可以借机驾车。法布尔已经习惯了每周开车十几个小时，明显感觉他在副驾驶座上坐立不安，他跷起双腿，沾满污垢的手指不断地敲打着膝盖。我们驾车沿着2号公路行驶在北瀑布国家公园近乎垂直的崇山峻岭之中，翻过史蒂文斯山口[2]，然后下降到哥伦比亚高原东坡平缓的山谷中。之后，我们转向北部，沿着从冰川峰流出的一条汹涌的河流继续前进。冰川峰是一座死火山，这里有一片以这座山峰命名的荒野，被称为冰川峰荒野。有人认为，如果说美国国家公共土地是一顶皇冠的话，那这片荒野之地就是

---

1 Y世代（Generation Y，1981—1996）指1981年至1996年出生的人。"Y世代"乐观自信，执着坦率，有主见，知识面广。对"Y世代"而言，自主创业已成了他们生存的安全网，他们借助互联网成长。

2 1910年该山口附近发生了一场可怕的雪崩，致使一辆大北方公司的客运列车冲出轨道，造成96人死亡。

皇冠上的宝石。但我们今天不会进入这片荒野，法布尔把车停在森林中一条碎石公路边上。这是一片"多用途"林地，"多用途"是美国森林管理局称呼此类公共土地的术语，虽然远非原始森林地区，但这里通常不会被工业伐木侵扰。这片"多用途"林地不仅深受徒步旅行者的喜爱，马术爱好者和越野车爱好者也经常造访此地，在这里也能偶尔见到几个伐木工和矿工的身影。这里不是原始森林，也不是林场，通常来说这种森林比较适合野生蘑菇生长繁殖。森林中有不同树种和树龄的树群，受外界干扰有限（仅限于山路开辟和选择性伐木），但这种环境为什么适合蘑菇生长，具体原因我们也无从知晓。一些人试图从理论上解释，这片林地之所以成为野生食用蘑菇的生长天堂，是因为野生蘑菇在一定程度上受到周边自然演化的影响，成为可食用的野生物种。这些物种在人口栖居地可以生长得很好，而在山径和其他"边缘"地带发现野生蘑菇，也不足为奇。

法布尔随后下车，我还没来得及背上我的日用背包，他就一头钻入了树林，我急忙跟上。法布尔在家或办公室时，可能会局促不安、略显笨拙，而一旦踏入森林，立马变得神采奕奕、开朗健谈。他迈着修长的双腿，轻松跨过脚下的各种坑洼，像猿人泰山一样攀爬于森林斜坡上的藤蔓之间。我奋不顾身一路小跑，还是被他甩在后面，好不容易在一棵巨大的雪松前追上了他，大口地喘气。他见状说道："你可能想象不到春天的牛肝菌是多么喜欢雪松。"他说得没错，在业务方面，法布尔向来好为人师。与我和道格、杰夫一起采摘的生长范围更广的秋季牛肝菌不同，春季牛肝菌（*Boletus rex-veris*）只生长在西海岸的内陆山区、喀斯喀特山脉以东、蓝山山脉以及内华达山脉的东侧。这些地方气候干燥，本来不太适合喜好潮湿的雪松生长，春季牛肝菌通常生长在西黄松（*Pinus ponderosa*）和冷杉（华盛顿州的大冷杉和加利福尼亚州的白杉）周围。我们看着这棵巨大的雪松，只见它的树根暴露于地表，从树干蔓延开来，就像巨人的脚上拉长的脚趾。我仔细观察树根周围，没有发现任何蘑菇的踪迹。法布尔脸上浮出一丝冷笑，他弯下腰，随手拂去一层树枝和碎屑，顿时三只肥硕的牛肝菌淡红色的菌盖映入眼帘，每一只都差不多有半磅重，在棕色背景的衬托下，这三只牛肝菌显得格外突出。法布尔把它们从泥土中扯了出来，用小刀修剪末端。对法布尔来说，这一单就价值近30美元。

我们继续探访更多的单棵树木，收获满满。法布尔在他的脑海中绘制了一整幅牛肝菌生长地图，所有这些牛肝菌生长地都与单棵树木关联，他甚至给每棵树取了名字，他能说出每个地块的邮政编码。我这才明白，将蘑菇生长地熟记于心是多么重要。业余蘑菇采摘者主要依靠地图上的记号和手持 GPS 设备记录采摘地点，而最好的商业采摘者在自己的脑海中有一个采摘点地图册。有一次，法布尔在俄勒冈州的锡尔斯特收购羊肚菌和春季牛肝菌，几个来自雷蒙德的熟面孔来到他的收购点，他们是春季采摘的新手，只有一些牛肝菌可以出售，没有什么让人眼前一亮的新货。法布尔建议他们专注采摘美洲越橘，并且以他特有的直率让他们彻底死心，说道："你们不会在牛肝菌上赚到任何钱，你们需要经过

3 到 4 年才能开始赚钱。的确有人说，牛肝菌就长在森林里，随便摘就是。但其实你们根本不知道它们长在哪棵树下。也许那棵树底下就有 5 磅，要不你们去试试？"这几个采摘者听完，一边蹲在路边抽烟，一边左思右想。他们停在一边的大切诺基拉雷多越野车，空转的发动机发出巨大的轰鸣，备用轮胎被绑在车上方行李架上。

不忍看他们白来一趟，法布尔掏出几张钞票，劝他们下个月建一个美洲越橘采摘营地，甚至提出如果他们同意向他独家出售美洲越橘，他可以替他们支付 500 美元购买采摘许可证。"今年，我需要大量收购美洲越橘。去年我没能买到足够多的美洲越橘。你们去买采摘许可证，钱我来付。我会带着啤酒和香烟过来，和你们一起露营，听起来不错吧。"这几人驾车离开后，法布尔转过来问我："你觉得我说得有没有道理？他们采摘美洲越橘，挣的钱更多。"

在很大程度上，春季牛肝菌堪称北美野生蘑菇文化的缩影。生活在加利福尼亚北部的意大利裔美国人，特别是那些定居在加州北部沙士达火山附近的麦克劳德和邓斯穆尔等社区的人，100多年来一直采摘这种被称为"春之王"的蘑菇，因为这种蘑菇让他们想起了心心念念的意大利牛肝菌。然而，"春之王"直到 2008年才被命名为 *Boletus rex-veris*（字面意思即为春之王牛肝菌）。一般来说，我们很难在动植物界中找到一种人类经常食用却没有生物分类学名称和官方物种描述的可食用物种。事实上，科学只是刚刚开始研究和了解几代食菌者——mycophagists 意为食菌者，源自一个艺术术语，即口口相传的蘑菇传奇。

春季牛肝菌在好几个方面与秋季牛肝菌不同。它们生长的环境和依附的树木不一样，春季牛肝菌喜好群生，甚至可以从同一菌柄上生发，它们基本上是下位生长，这意味着菌体的大部分生长在地下。春季牛肝菌的肉质和口感接近欧洲牛肝菌，这使它们成为美国西部欧洲移民最喜爱的蘑菇品类，其浓郁的木质香气尤其吸引欧洲移民。烹制春季牛肝菌的一个经典方法是，将其切片后，用橄榄油和大蒜腌制，在炭火上烤制，最后搭配新鲜的春季蔬菜摆盘上桌。烤制好的牛肝菌外表金黄、肉质白净、口感紧实，难怪意大利人称其为"穷人的牛排"。最近，随着春季牛肝菌的价格上涨，钱包不太鼓的人可能更愿意吃腌制的纽约烤牛排。

和法布尔第一次采摘野生蘑菇，我跟着他翻山越岭。他在森林中行进速度之快、对树木之熟悉，让我惊叹不已。我们驾车去了喀斯喀特山脉东坡的五六处森林地点，在每一处地点，法布尔会探访特定的树木群。从一棵树到另一棵树，一路上我们挖出不少大个牛肝菌。这并不是碰运气，业余蘑菇猎人可能会根据蘑菇生长地，或凭感觉，或者干脆什么都不做，来选择采摘地点，而法布尔不同，他往来于多个采摘点，快速而高效。我一边走一边连珠炮似的向他提问。森林里到处都有他的采摘点，每一个地点都有特殊意义。他把最喜欢的一个采摘地点称为"晚春牛肝菌采摘地"，位于布莱维特山口 4500 英尺以上，在那儿可以俯瞰西边白雪皑皑的斯图亚特山脉。大多数年份，只有到 7 月牛肝菌才会出现。他与前女友崔户外露营时，偶然发现了这个地方，从他谈论这个地点的言谈举止，我可以看出，法布尔想起了年轻时的自己。那时他 20 多岁，无忧无虑，他的厨师生涯也才刚刚起步，没日没夜地在厨房里干活。这里是他和朋友们的世外桃源，他们来此休闲放松，点燃一堆篝火，围坐在一起，喝上几杯啤酒，醉了就席地而睡。他可以连续好几个小时凝视斯图亚特山，看得出神，望着山体上巨大的花岗岩和覆盖的冰块，他在头脑中浮想那里的雪沟和冰洞会是一番什么样的景象。秋天，落叶松在针叶掉落之前，将这儿染成了灿烂的金黄色；春天，森林地表上一片花团锦簇，单花七筋姑（*Clintonia uniflora*）、总序鹿药（*Maianthemum racemosum*）、委陵菜（*Potentila sp.*）等各种野花争奇斗艳。苍鹰在林中飞掠，搜寻毫无警惕的道氏红松鼠（*Tamiasciurus douglasii*），和在木头上迷迷糊糊、叽里咕噜鸣叫的松鸡。他和崔发现这里的时候，恰逢牛肝菌的生长旺季，他们在露营地外采摘了大量的春季牛肝菌，这次经历让他终生难忘。这也让他想起了位于南边峡谷边缘的另一块蘑菇采摘地，那里响尾蛇和红尾鵟横行，这是另一个露营点，位于森林斜坡上的一个水潭附近，那里到处有"马鹿出没"标志，没人会想去那个地方。在那附近一个朝南的、不太潮湿的山坡上，法布尔和崔采摘了一些野葱、蘑菇和野生香料，烹制了一道美味的春季山野炖品。他正回忆着往事，突然面色一沉，说道："就这样，不说了。"我问他其他采摘地点的情况，他也闭口不谈。回家的路上，法布尔显得闷闷不乐，他问我，除了蘑菇，我还有没有其他兴趣爱好，于是我们聊起了棒球。

观摩野生蘑菇的评级犹如欣赏一部歌剧，尽管在这一行讨价还价是禁忌。通常情况下，结束一天的采摘后，蘑菇猎人们会逗留在收购点观看蘑菇评级，互相闲聊，分享好的菌群、新的采摘地以及各地价格等信息。（如果买家为此能准备一大箱免费啤酒和苏打水，那就更好不过了。）美国林业管理局出台了一份技术报告，提议把蘑菇收购点改造为教育培训中心，采摘者可以在此学习英语，了解公园封闭管理的相关法律法规，还能沉浸式地体验当地文化习俗。从另一个角度看，收购点也可以是一个部落中心，具有相似背景的人聚集在这里，分享本土文化。我陪同法布尔收购蘑菇的时候，多次见到这种部落活动。一位打扮精致的老挝妇女提着篮子来到收购点，她穿着粉红色的天鹅绒运动服，涂着鲜艳的口红和睫毛膏，戴着大号环形耳环。她可能喝了酒，但我不太确定，只见她朝着排队的老挝男人们挤眉弄眼，并做出几个下流的手势。另一个女人是柬埔寨人，她穿着一件长长的、毛茸茸的红色连帽毛衣和一条黄色花纹的绿裙子，胸前缝着一个巨大的、莫名其妙的数字"7"。法布尔对她说，她看起来很漂亮。"都是1号蘑菇！"她兴奋地叫道，每个人都在欢呼。法布尔拿起小刀，她低声咕噜着，具体说什么也听不清楚。站在桌边的一个人问法布尔是否想知道她说了什么，他回答说："当然。"

"她说，她害怕你会切到自己的手。"法布尔承认他确实很累，说他会慢慢地、仔细地给蘑菇评级。"我已经工作了很长时间，你知道吗？开车来回跑。她现在又说了什么？"

"她说她是半个中国人。"

"我公平吗？"

"你很公平。"那人说。

用"无商不奸"形容蘑菇买家也许并不过分，你如果试着与他们交谈——尤其当你只是一个好奇的路人，而不是采摘者——你很可能会热脸贴冷屁股。我很感谢法布尔让我一窥他的世界，这对我来说是个意外之喜，其他业余蘑菇猎人知道我认识法布尔后，会向我打听很多关于他的事情。一直以来，采猎蘑菇这一行被披上一层神秘的色彩，诚然这也是它的魅力之一。然而，法布尔对于分享他的蘑菇知识却出奇地慷慨，他毫无保留地分享蘑菇采摘地点，甚至透露一些行业秘密，如生长蘑菇的特定树种、文献中没有记载的蘑菇生长地、蘑菇的保存和烹饪方法等。相比之下，西北地区的另一个知名蘑菇大买家，他无论如何不会与你敞开心扉、分享秘密。网上查不到他的业务，一位采摘者给了我他的手机号码，我试着用手机联系他，问是否可以与他见面聊聊，他十分警觉，马上问我怎么得到他的手机号码。我解释说，我想去他的一个收购点，观摩一下蘑菇收购，不会妨碍任何人的工作。"你到我这儿观摩，我会感觉像是警察盯着我，"他对我说，"我无法接受。"我心想，这话说得真奇怪。

诚然，我们生活在一个秘密越来越少的世界。然而，秘密只是蘑菇采摘这个行业的一部分。我朋友说，他们打算盗用我的蘑菇地图，从而掌握我去过的所有蘑菇采摘地，我莞尔一笑，说我将带他们去探访其中一个采摘点。不过，与朋友一起去采摘地和与道格或杰夫甚至法布尔一起去，体验完全不一样，道格他们带我领略的蘑菇世界远远超出了采摘地本身。法布尔带我见他的采摘工，带我参观他的地下室仓库，甚至让我目睹更多行业细节，如蘑菇的包装和运输送货等。为了扩大业务版图，他正在开发纽约市场，最近还把西雅图的一名新员工派驻到东海岸打前站。他还雇用了两名新员工，专门负责处理公司一些不太能见光的业务。如果一个人辞去国内一流餐厅的副主厨工作，去追求"昙花一现"般的野外觅食，你一定觉得这人疯了，然而这正是乔纳森的所作所为——这和他的新老板法布尔10年前的举动如出一辙，巧的是他们曾经供职于同一家餐厅。年初，法布尔招乔纳森入伙，作为新员工的他仍处于熟悉业务的阶段。我们站在乔纳森的老东家香草农场餐厅一尘不染的厨房里，而他（与法布尔一样也是从美国烹饪学院毕业）则与他的前同事（现在是主厨）正聊天叙旧。当今的美食界高手如云、竞争激烈，对于处于这种氛围中的顶级厨师来说，乔纳森的举动可能会让人觉得幼稚，是软弱的表现。那要怎么做呢？送一盒蘑菇给以前与他竞争主厨位置的对手？这肯定说不过去。但既然他打算放弃厨师的职业，为什么还要去美国最有名的烹饪学校学习烹饪？

听乔纳森解释，他的理由如同一块刚洗过的白色桌布一样简单直白。他说他已经结婚，有一个5岁男孩，他想多陪陪儿子。作为餐厅的副主厨，他每周要工作80个小时，回到家时，家人们都已经入睡。在法布尔那儿工作，他可以正常上白班，薪资待遇不变。事实上，法布尔给他开的工资待遇比餐厅还要高。天然野生食材让乔纳森感到兴奋，他觉得这份新工作很前卫。当然，他的日常工作涉及的业务大多枯燥无味，如清洁和包装产品、跟踪订单、送货等。此外，他有机会参观西雅图最好的餐厅，更重要的是，他能够经常与法布尔一同去野外工作，实地学习野生食材交易的知识，毕竟，那些都不是普通食材。在森林里，他可以接触到松露、牛肝菌、桤叶唐棣（*Amelanchier alnifolia*）和蕨类植物，犹如置身于美食店货柜。在家里种植西红柿或辣椒，和在太平洋西北地区云雾缥缈的山林深处发现大自然的隐秘花园，完全是两回事。

为香草农场配送货物是一天中最重要也是最繁杂的工作。这家餐厅正举办名为"真菌学家之梦"的年度蘑菇品鉴活动。今天乔纳森送来了一盒 10 磅重的黄金鸡油菌，一盒 10 磅重、包含 1 号和 2 号蘑菇的牛肝菌，还有一些不太常见的蘑菇，如绣球菌、松乳菇（*Lactarius deliciosus*）和油口蘑（*Tricholoma equestre*）等。香草农场的老板名叫罗恩·齐默尔曼，他穿着漂亮的黑色外套，正在检查他到货的蘑菇订单。

"昨晚我们举办了一场野鹿大餐。"他告诉我，言语中充满了他对自己的餐厅能够提供山珍美味、饕餮大餐的自豪。他一位老顾客周末在华盛顿州东部的一片山艾树林中射杀了一只野鹿，并包下了整个餐厅款待朋友和家人。齐默尔曼说道："我们就在这处理了那只鹿。"这时，一个厨师拂袖而过，手上端着一个托盘，上面是几块调好味的排骨。"这可不是那只鹿的排骨。"齐默尔曼连忙说道。另外一个厨师拿起一盒苹果，我们从柜台上的一个碗里抓了一把绿葡萄，往嘴里塞。齐默尔曼用手捋了捋鸡油菌，像海盗挑选黄金战利品一样，嘴里嘟囔着："这都是森林中的宝贝……"

回到车上，我告诉乔纳森我从当地的屠夫那儿订购了1磅小牛胗，准备将它们与半磅的鸡油菌搭配烹饪。乔纳森喜欢小牛胗，并建议我用鸡汤和草药水煮。我打算煎，这是标准的做法，煎出来的小牛胗外焦内嫩、别具风味，而且煎也能去除内脏的腥味。乔纳森建议用烤箱烤制一些根茎类的蔬菜，同时用另一个锅烤制鸡油菌，将烤好的蔬菜、蘑菇与小牛胗混合，整道菜的汤汁会非常浓稠。他解释说，这道菜并不适合所有人，当然也不适合容易反胃的普通食客。不过，对于真正喜欢小牛胗的人来说，这种入口即化的顺滑口感会让他们欲罢不能。我想知道乔纳森是否每天都要和人聊做菜。近年来，香草农场等高端餐厅因聘用身上有摇滚文身的坏小子名厨，而越发走时尚餐厅路线，但像乔纳森这样的美食极致爱好者，像那些去意大利度假只是为了前往皮埃蒙特寻找松露的人，他们追求的核心仍然是美食。

我们送货的下一站是胡安妮塔咖啡馆，我们送去了一箱10磅重的野生豆瓣菜和一箱鸡油菌。胡安妮塔咖啡馆位于西雅图郊区柯克兰的华盛顿湖北岸，十多年来一直是当地小有名气的乡村酒吧，主厨霍丽·史密斯2008年获得了詹姆斯·比尔德大奖。她看到豆瓣菜时，整张脸瞬间亮了起来，急不可耐地撕开袋子，挑出一根，顺着茎部啃了起来，她闭了会儿眼睛，假装晕厥："我只是单纯喜欢这东西。"

我们今天最后一次的送货，与前两站形成了鲜明的对比。在停车场，我们没能找到才签约没多久的新客户的餐厅后门，只好拎着箱子穿过街边的门，直奔厨房。我们见到女老板，连忙向她点头示意，生怕给她添乱。厨房里，一位厨师正在处理一大桶肉丸，向一锅西冷牛排和洋葱浇上炖煮好的浓汁，他没有注意到我们，这时乔纳森说了一句："嘿，你好吗？"

"忙着呢！"厨师大声应道，他身材高大，臀部比上身还宽，长着一张娃娃脸。他从肩上取下一块抹布，拍在身后的柜台上，然后从乔纳森手中一把接过收据，啪地一下把它贴在墙上，然后草草写出他的名字缩写。他把那盒豆瓣菜踢到一边，让助手把蘑菇拿走。今天的活已经完成，我们回到面包车。在厨房工作压力不小，这一点毋庸置疑。"那个人总是这样，"乔纳森说，"几周前的一天，我们一点半到了这儿，他告诉我们下次一点之前过来。上周，我们中午送货，他说那也不是个好时间。"

假期前，我为我的家人争取到了参加法布尔在他家举办的晚餐派对邀请。我的孩子们自己坐在火炉前，玛莎和我在厨房里给法布尔帮厨。前天，他从冰库取了20磅喇叭菌，一种在华盛顿州十分罕见的野生蘑菇，他说这是他休完假期去北加利福尼亚之前准备的最高水准的蘑菇大餐。现在，他几乎放弃华盛顿州，每隔几天就驱车前往俄勒冈州尤金市收购鸡油菌。他并不真正理解人们对鸡油菌的痴迷，为了强调这一点，法布尔递给我一盘刚出炉的面包片，说道："你说过你不太喜欢吃黄脚鸡油菌[1]。"我随手拿起一个开胃菜，三下五除二吃完。的确，我说过不喜欢它，黄脚鸡油菌

1　此处为俗称，拉丁名为 Cantharellus tubaeformis，中文名为管形鸡油菌。

有时被称为冬季鸡油菌，是黄金鸡油菌[1]的近亲，外形呈管形，菌柄空心。我一直认为它没有太多菌肉，现在我发现自己错了。尽管黄脚鸡油菌个头纤细，但它的味道却很特别，口感细腻，混合了淡淡的薄荷味和水果味。像许多野生蘑菇一样，它的味道很难用语言描述。法布尔翻炒了一下锅。"我加了酱油，把它们和肝脏混在一起炒。"出锅之后的黄脚鸡油菌，颜色呈深褐色，几乎无法辨认，像极了烤过的鱿鱼腕足或其他头足类动物。去超市从来不买肝脏的玛莎对这道蘑菇炒肝也啧啧称奇，低声对我说："回家你也试试做这道菜。"

法布尔打开一瓶波尔多白葡萄酒，小心翼翼地给一盘奥林匹亚牡蛎摆盘，这是一个客户送他的礼物。最近他收到了道格送来的一批红莓苔子（*Vaccinium oxycoccos*），道格现在没有车，就住在他家附近。道格从一个海边沼泽地收购了1000多磅无人问津的美洲越橘。道格没有在3周前的收获季节收购美洲越橘，而是先和卖家谈妥一个便宜价格，等收获季节过后，再来收购剩下来没人要的美洲越橘。这批美洲越橘比在感恩节前采摘、包装并运往全美各地的美洲越橘更熟、更甜。法布尔将几颗美洲越橘切成两半，用半个配上苹果醋和葱丝来搭配牡蛎。

法布尔的前女友之一艾莉森来了，艾莉森是个漂亮的金发女人，大约30岁，职业是保姆。他们今年早春才分手，因为当时法布尔每次都要离家数周采摘羊肚菌，这是他一年中最大的收入来

1　此处为俗称，拉丁名为 *Cantharellus cibarius*，中文名为鸡油菌。

源之一。那时他认为自己是在帮她，但现在他后悔和她分手，他想挽回她。

"你经常来这儿吃东西吗？"我问艾莉森。

她笑了笑，毫无尴尬之意，说道："最近没有。"

法布尔向我坦言，尽管他的这位前女友还没有准备和他复合，但他愿意努力挽回这段感情，就像他努力将野生蘑菇推广到市场一样。法布尔虽生性好动、个性粗鲁，但他却出奇地有耐心。最近，一种莫名的情绪总是涌上他心头：他渴望安定下来，组建一个家庭。"艾莉森会是一个好妻子，"在她来之前，他很认真地对我说，"而且会是一个好母亲。"我现在仍然记得自己30多岁结婚时的感觉，那时候，我不得不接受这样的事实：再也不可能在高速公路上彻夜行车，享受那一份逍遥自在了；当你有了一个1岁宝宝，越野滑雪再也不可能成为你最大的爱好。

"为了收购蘑菇往返于奥尔良尤金市，这种马拉松式的驾车，你还希望持续多久？"我问他。他回答说很快就会让员工代他出行。而且，为了扩大业务，他也需要一定程度地放手。

法布尔将马尼拉蛤蜊和海湾贻贝放在一起炖汤，加入烈酒，放入韭菜段，滴入少许清酒，撒上松茸薄片，用小火烹煮慢炖，然后将汤汁舀到碗里，浇在贝肉上。"这是一个经典的组合：松茸、蛤蜊和韭菜。"说完递给我一碗。不知何故，在我记忆中，似乎从来没有这个所谓的经典组合。但当我喝下这碗汤时，我顿时明白了他的意思，松茸有一种辛辣的肉桂味，在日本备受推崇，日本传统做法是用清酒、酱油、米醋等配料烹饪松茸，充分利用松茸的独特味道，这比西式做法和加入各种乳制品更能突出松茸的味道。在我一旁的玛莎喝了一口汤。"回家你也试试做这道汤。"她说。

最后一道菜是香煎童子鸡，用南瓜蛋奶酥装盘，黑松露肉汁浇汁。松露有高尔夫球般大小，摆在他厨房的砧板上。我闻了闻，浓郁的香味让我想起了熟透的菠萝和茂密的森林。法布尔并不是美国本土松露的拥趸，这些松露大多来自俄勒冈州和华盛顿州的次生林，但他也承认，好的美国本土松露可以和普通欧洲松露媲美，而意大利白松露是他的最爱。玛莎切开鸡肉，用叉子叉住一片松露，放入口中，她闭上眼睛，转向我。"我知道，"我连忙说道，"回家我也试试做这道菜。"

第五章　新边疆地带

当有人问我，从事野生蘑菇采摘和交易是什么感觉时，我努力在头脑中寻找合适的类比：和商业化捕鱼差不多？不，不完全一样。商业化捕鱼是一个有严格规程且高度组织化的行业。硬岩采矿？更加不是，正规采矿有正规资金投入。虽然我时不时听到有人把野生蘑菇交易与非法麻醉品交易相提并论，但我认为这两者相距甚远：首先，野生蘑菇交易合法，或者说大部分合法，但它与毒品走私又的确存在某些相似之处，比如，参与野生蘑菇交易的人更喜欢隐姓埋名，交易大多是地下进行；此外，这是一个完全现金交易的行业。话说回来，要找出一个与野生蘑菇交易完全类似的行业还真不太容易。在我来看，野生蘑菇交易更多的是一种合法且随心所欲的边疆资本行业，如今这样的资本行业大多已经消失，它也许是美国几近消失的大西部[1]的最后残迹之一。

我还清楚地记得在蒙大拿州与杰里米·法布尔见面时的情

1　大西部（Wild West）也称旧西部，指美国的边疆，包含了与美国在北美大陆扩张浪潮相关的地理、历史、民俗和文化。

形。当时，落基山脉的春天来得有点晚，他因为有事情要处理，我们不得不驱车前往米苏拉市寻找当地最大的银行。米苏拉是一个大学城，是落基山脉北部的文化中心，但当地的银行都是一些名叫"西部大山银行""蒙大拿州第一银行""农民州银行"的小银行。他认为这个地方很落后，甚至羞于启口他曾经考虑来这儿读大学。"那是一座雪山。"他指着远处耸立在灌木丛覆盖的山麓之间的一座大山说道，"海拔2600英尺。"一直以来，滑雪对他来说都有着极大的吸引力，现在他只要不工作，就会去滑雪。我们把车停在一家美国银行的停车场，停车场内空无一人。法布尔憎恨美国银行，可以说恨之入骨，但他别无选择，这是镇上除了富国银行之外唯一一家有西雅图分行的银行，而且他曾经发誓再也不在富国银行开户。"十分钟搞定，"他对我说，"你看表。"法布尔对自己的高效特别自信。

我们走进银行，法布尔快速扫视了一下，前台的两个出纳员正在玩手指，难以置信的是，大厅内的右侧分散坐着至少6名高级银行职员，每个人面前都摆着一张宽大的办公桌，人和桌子之间铺着一块蓝色地毯，像是沙漠中的弃物，他们似乎都在假装处理一些非常重要的事务。法布尔紧抿着嘴唇，努力克制不笑出来。如果他们真在忙，那可能是在忙着利用一些狡猾的抵押贷款方案再次诱骗客户。没人抬头看我们，但也许他们中有人已经闻到了法布尔的气息。法布尔看起来像个流浪汉，或者像个精神不正常的人。他已经一周没刮胡须了，头发蓬乱，衬衫和裤子连续穿了四天。他无所顾忌，大步流星地往前走，脚下的地毯盖住了那双沉重的靴子发出的脚步声。他做了一个小杂耍的动作，一只脚向前，双臂张开，喊道："有人可以处理我的业务吗？"脸上现出了灿烂的笑容。

离办公桌最近的一位职员抬头看了他一眼，摆出一副热情的样子，说道："我来处理。"

法布尔连忙接过话："我想在你们银行开一个最快、最简单的账户。"他摊坐在椅子上，伸了伸胳膊，他那蓝色"土拨鼠"夹克的两只袖子都已被撕破，手上沾满了黑色的泥土。

"对私还是对公？"

"对公，哦，不，对私，等等，它们什么区别？"

"如果是商务业务，必须是对公账户。"银行职员拿出一本小册子，依次展开五页、六页、七页，不停地数着，直到手中累积了厚厚的一沓页面。他开始列举各种不同之处，法布尔叹了口气。

"如果是对私账户……"

他急忙打断他："就要对私账户！"

"好吧，随你。"职员说完，折起手中的小册子。

开完账户后，法布尔看了看他的黑莓手机。"13分钟，"他沾沾自喜道，"也就多3分钟而已。"现在有了这个账户，只要他在西雅图的员工把当天的收入存入，他就可以每天提取五六千美元。接下来的一个月，他将成为美国银行在蒙大拿州汉密尔顿45英里处分行的每日客户。

比特鲁特山谷拥有令人叹为观止的自然美景，巍峨陡峭的山脉让我印象深刻，但是，从米苏拉到达比一个多小时的车程中，随处可见环境脏乱差的小镇，路上满是沙砾坑，路边是各种快餐店、奖杯陈列室、储物柜和霓虹闪烁的赌场，大煞风景。达比从一个古老的马车驿站转变成一个小众旅游目的地，法布尔打算去那儿收购尽可能多的羊肚菌，只要他新开的银行账户能负担得起流水。

早年，法布尔可以一个人进山采摘羊肚菌，或与道格这样的伙伴一起采摘。他每周需要采摘几百磅的羊肚菌，以满足西雅图餐厅对于羊肚菌的需求。现在，随着纽约业务的开展，批发商不断打来电话求购，法布尔面临着所有小企业一样的瓶颈：他必须扩大业务，以保住他目前的市场占有率。每个人都想要更成功，现在他的业务总营收正处于百万美元的水平，他不希望业务每年同比增长 20%，因为他确信盲目扩张是灾难的根源，但为了让客户满意，10% 的增长似乎是必要的，这意味着每周公司要完成高达 3000磅的蘑菇订单，即使是对于由熟练人员组成的小型采摘团队来说，这也是不可能完成的任务。要完成这样的大订单，只有一个办法：法布尔在镇上设立收购点，吸引那些来大天空之州[1]寻找羊肚菌的墨西哥和东南亚采摘者。

法布尔搭建好帐篷，竖起一块光滑的新夹层板（两块用胶带粘在一起的清漆木板，上面用黑字写着"收购蘑菇"，并画有羊肚菌和鸡油菌），而我独自一人去达比镇中心溜达。我走进路边的一家州立酒类商店，店员道歉说店里不销售啤酒，只销售烈酒。她说，几乎每年春天，大约从阵亡将士纪念日[2]开始，蘑菇采摘者都

---

1 蒙大拿州（Montana）的绰号是"大天空之州"（Big Sky Country），因该州无边无际的地平线而得名。
2 美国法定假期，为每年五月最后一个星期一。

会来到达比。在一个大的十字路口附近，一对夫妇正坐在一家名为"锯木厂酒馆"的酒吧外，喝着龙舌兰酒，各种越野车在一旁轰隆隆地驶过。一头骡鹿看了看路的两边，然后悠闲地穿过马路。市区里地标性的体育馆和标本馆看起来都关门了。在人民市场超市，我在啤酒货架旁遇到了一个柬埔寨采摘者，他戴着一顶羊毛帽，穿着海军蓝色的机械师夹克，胸前缝着一个印有美乐啤酒标志的补丁。他摇了摇头，说他只是随便逛逛，看看酒的标签，并非过来买酒，现在还不是喝美乐啤酒的时候。他今天摘了3磅蘑菇，他妻子摘了2磅。"5磅，有点少。"他有气无力地说道。

我买了6瓶啤酒，然后开车回到收购点，收购点设在锡杯溪旁边一家名为蓝巴克木工的橱柜生产厂的碎石地里。如今，达比的经济低迷，业主降低了橱柜生产厂的租金，而不是撤租。法布尔每周支付125美元的租金，对于业主来说是一笔不小的收入来源，而对法布尔来说，这也是一笔不小的成本支出，他需要大量收购羊肚菌，而且要尽快。在去蒙大拿州的途中，他在一个秘密采摘点做短暂停留，在深达一英寸的雪地采摘羊肚菌。通往该地点的道路坑洼不平，路上他的雪佛兰阿斯特罗面包车上引擎坏了。采摘完差不多100磅的羊肚菌，他回到车里，将面包车掉头，关掉引擎，让车顺着山路滑行下山。到了平地，汽车的发动机发出阵阵叮当声，不断喷出机油，他勉强将车开到了拆车场，以300美元的价格将这辆车永远留在了那里。法布尔有一支全由阿斯特罗面包车组成的车队，现在他换了另一辆阿斯特罗面包车开，但是这一辆也出现问题了。前一天晚上，在去比特鲁特国家森林公园露营的途中，车过热抛锚了。第二天早上，法布尔给车的水箱加了一加仑水，水很快就流到他脚边——散热器漏了，他不得已再次用空挡滑行下山。回到铺装路面，他一挂挡，仪表盘上的指针立即停在了红色位置，他气急败坏地连忙熄火停车。现在，这辆车被送到了一家修理厂，修理厂的老板是一对兄弟，缺少拇指和食指的那位负责记账，另一位负责修车。这两兄弟说话慢条斯理，让法布尔感到很不耐烦，临了他们还谈起腐败政客和一只狼杀死 120 只羊的新闻报道。狼的新闻可不是个什么好兆头，但法布尔喜欢狼，如果可以的话，他希望狼群重新占领它们以前的每一寸土地。

　　成本不断累积上涨，这可不是他之前设想的蒙大拿州之行。第一个晚上，他的收购摊位没有一个采摘者光顾。这也情有可原，毕竟他是镇上的新人，他的主要竞争对手几乎都来了，他数了数，这里至少有 7 个收购摊位，而且可能还有更多。他知道，这些蘑菇买家都在努力压低价格。严格来说，这种收购并不合法，因为这属于合伙压价。蘑菇的收购价格已经降到了每磅 8 美元，但采摘者提供的蘑菇数量却少得可怜，每个人也就带来 5 到 10 磅的蘑菇，能带来一整桶蘑菇的采摘者已经算相当不错。这完全不符合经济规律，在供应如此有限的情况下，价格本应更高，但话说回来，价格比以前的确还是上升了一些。买家最高能出到每磅 10 美元的收购价，但前一天晚上有人出到 11 美元，据说还有人出到 12 美元。采摘者们经常抱怨蘑菇收购价格波动大，指责买家串通一气，而买家认为这些说法纯属无稽之谈，劝采摘者们多了解了解什么是供需平衡。与大多数贸易纠纷一样，真相可能就是买卖双方各打五十大板。随着全球化的发展，商品的价格主要由国际贸易形势决定，尽管太平洋西北地区的野生蘑菇产量不低，但据估计依然只占全球市场份额不到10%，市场份额主要还是来自国民生活水平低下的国家。的确，买家有时会参与非法集体压价，密谋设定收购价格上限以及其他操控价格的手段。如果没有警方参与调查，很难取证买家的非法行为。更有可能的是，买家串通一气，彼此心照不宣地限价。所以，当像法布尔这样的买家打破这种平衡，其他买家会用微妙的方式表达他们的不满。他们会过来打声招呼，让法布尔这样的不速之客知道他们已经盯上他了，让他注意言行。

买家维持低收购价的另一种方式是强化采摘者的忠诚度。他们预先支付采摘者费用，让采摘者欠钱。买家会组建自己的采摘团队，把人员送到达比这样的小地方，给他们支付汽油费和伙食费，让他们成为专属蘑菇采摘人员，以偿还债务。这就是典型的边疆资本行为。

第二天，法布尔的面包车还放在修理厂修理，收购摊位还没开张，我们无所事事，因此决定开我的车去周边转一转，同时让其他采摘者知道镇上来了一个新买家。我们开车经过彩石镇，在去采摘点的路上顺路去西福克护林站办理许可证。一个戴着鼻环、头发内卷、看起来好像从未在森林中过过夜的金发女工作人员，递给我一张地图，并给了我一些表格让我签字。她的同事——一个年纪较大、身形壮硕的女性——看了一眼地图，略带不悦地说道："我让她复印另一张地图，最好的那张地图，她怎么还是复印了一张错误的地图！"

"我什么都不知道。"年轻女子说，同时在地图上向我展示合法采摘和非法采摘的区域。"那边是爱达荷州。"她指着说。

"你需要从他们那里获得许可证。"年纪大的女人说。

"他们不给许可证。"法布尔回应道。而且，从爱达荷州一侧进入采摘点的路线仍被大雪覆盖，而蒙大拿州一侧则是晴好天气。

"无论如何，你都需要他们的许可证。"

"为了一个他们不对外出售的许可证，大老远开车去爱达荷州？"我说。

"我想是的。"年轻女子漫不经心地说。

"的确很荒谬。"她的同事承认道。

"为了采摘几个蘑菇，先得这么麻烦拿到官方许可吗？"

年轻女子没有理会我的问题，她接着告诉我，我得将我采摘的每一个羊肚菌切成两半，以表明我是业余采摘，否则，我也得购买商业许可证。

"切成两半？那太可笑了，如果我想要羊肚菌完好无损呢？"

"不用理会，"法布尔说，"他们只是想把你惹毛。"

"你朋友说得没错，"年长的女人附和道，"这些规则确实很愚蠢。"

"当我没说。"年轻女子说。

如法布尔所说，商业蘑菇采摘者须每年购买许可证，每次大概花费1000美元，这对全美的国家森林有好处，但事实上，个别森林地区的管理者们并不想与蘑菇采摘者打交道，他们对大型动物狩猎者俯首帖耳、唯唯诺诺，却把蘑菇采摘者当成大麻烦。的确，某些蘑菇采摘者让这个群体蒙羞，尤其是那些在树林中留下脏乱的营地和遍地垃圾的采摘者。这种情况并不少见，我不止一次发现森林中随意丢弃的瓶子、罐子、塑料包装纸、空烟盒等各种垃圾。大批采摘者蜂拥而至，势必会给森林带来垃圾、卫生和森林防火方面的问题，防范和处理这些问题都需要人力和成本支出。有一年羊肚菌丰收季，华盛顿州的奥卡诺根国家森林公园聚集了大量的蘑菇采摘者，即使公园管理方采取了相关应对措施，将采摘者们疏导至两个集中的营地，公园仍然面临巨大的营地清理和恢复工作，更不用说由此产生的高昂费用。

不过，许可证仍然是让从事野生食材生意的人非常头疼的一个问题。有一次，在法布尔位于西雅图的公司，我遇到了一个叫比尔的采摘者，他在去海边的路上扔下了好几篮鸡油菌。比尔个头矮小，留着精心修剪的胡子，有一双清澈的蓝眼睛，他认为自己是一个即将消失的人种中的最后一个人。他说："我母亲说我是一个放浪不羁的人。"我们聊到许可证，他说他不屑于获取许可证，他也不交税。比尔说，他拒绝按规矩办事，因为他不相信政府。作为一个酷爱荒野生活的人，他认为林业管理局除了大肆敛财，只会破坏森林。"作为一个蘑菇猎人，我可以去我想去的任何地方，不受任何阻碍。我已经走遍了华盛顿州、俄勒冈州和爱达荷州的所有山脉，"他说，"我比任何一个林业管理局的护林员都更了解这些大山。"他给我讲了一个故事：他和道格在爱达荷州的福音驼峰附近采摘羊肚菌，在那儿他们随时都能碰到林业管理局的工作人员、县警长，甚至联邦调查局的人，因为那附近正在开展商业伐木，并逐渐推进至森林深处的无路地带。商业伐木引发了巨大的争议，镇上的商店橱窗里张贴着环保主义者抗议伐木的海报。"当时的抗议活动特别火爆，"比尔说，"环保活动的口号是'地球第一'，他们割开伐木用的液压软管，移走测量桩，镇上的人都很生气。我们没有许可证，我和道格分头行动。我开了一辆面包车，拉了一车蘑菇猎人。"那是一辆白色面包车，车身上有大块剥落的油漆，灰色底漆也露了出来。克里斯蒂娜·崔给这台车起了一个绰号："哞牛"。"我找到一个停放'哞牛'的地方，然后去公司，租了一辆闪亮的新车，刮了胡子，剪了头发，然后把车停在小路边上，像个徒步旅行者一样。"接下来的一周，他在这片采摘地上扎营，晚上把杰里米叫出来收购蘑菇。"第一个星期，我给杰里米带去了600磅羊肚菌。我告诉他：'你只要给我开一张6000美元的支票，我们就扯平了。'那一季我赚了3万美元，一分钱税都没交。"

"他说的是实话。"法布尔对我说。

离开护林站后，我们继续沿着比特鲁特河的西福克支流前进。法布尔正考虑是否要去爱达荷州边境一侧偷摘蘑菇。他认为，大多数墨西哥采摘者很可能不会冒险去那儿采摘蘑菇（怕被移民局抓到），而东南亚采摘者虽然在美国是合法居留，但他们害怕政府，所以也不敢乱来。我们转过一个弯，看到几十辆采摘蘑菇者的卡车和改装货车停在小河边上，大多挂着加州牌照。今年，锡耶拉山和夏斯塔山地区春季牛肝菌的收成很差，所以住在雷丁、萨克

　　　　　　蘑菇猎人：探寻北美野生蘑菇的地下世界

拉门托、斯托克顿和其他地方的柬埔寨人转向落基山脉寻找羊肚菌。在更远一点的地方，我们见到一些挂着俄勒冈州车牌的汽车，还有零星几辆挂着蒙大拿州车牌的汽车，后者可能是业余采摘者的车，或者是法布尔口中所说的"当地乡巴佬"的车。海拔越来越高，最高海拔是位于蒙大拿州和爱达荷州之间的垭口，达到7200英尺。我们在垭口看到了爱达荷州那边的情况，而且看起来不错。前年夏天，一场森林大火烧毁了数千英亩的林地。在我们眼前，烧毁的森林呈现出异样的美感：黑色、红色、绿色交替出现，通过颜色的变化，我们可以判断哪里的火烧得最旺或根本没有遭遇火烧。透过望远镜，法布尔发现一个看起来像温泉的地方，附近搭了几个帐篷，还停着几辆汽车。我们驾车越过垭口，只见道路两旁停满了破旧不堪的汽车，其中许多是他认识的华盛顿州的车牌，他之前判断（或者说希望）其他采摘者不会来爱达荷州，看来落空了。他阴沉着脸说："这下麻烦了。"这个温泉营地原本是一个非法的蘑菇采摘营地，我们停好车，见到一个将一头白发扎成发髻的老妇人。我们和她聊了几句。她开的是一辆犀牛全地形车，看起来就像一辆装了越野轮胎的高尔夫车。她说："跑山路就得开这样的车。"说完，她匆匆离开了。

"我喜欢她，"法布尔说，"我敢打赌，她当年一定很飒。"他不喜欢这儿有这么多汽车，说道："挤爆了。"镇上唯一吸引外边人来的只有野生蘑菇，春季蘑菇年份不好的时候，找不到蘑菇的采摘者全都跑来蒙大拿州西部，一双双沉重的靴子踩在森林土地上，几乎看不到小羊肚菌从地下冒出来。

我们只好离开此地，路上每见到一个采摘者，法布尔都会停车，告诉他们他刚到镇上，今晚会按每磅13美元的价格收购蘑菇。临了，他说道："通知你的朋友们。"在垭口远处，我们看到一辆老式的丰田皮卡正行驶在路上，司机放慢车速，摇下车窗——是一个白人男子，他是我们在这儿见到的第一个白人，45岁上下，两只手臂上有褪色的文身，胡须黑而卷曲，眉毛粗大。法布尔顺势和他打招呼。"我来自伊利诺伊州，"那人开门见山道，"我来这儿是为了和前妻重归于好，你知道，为了孩子。6个月前我失业了，有一天，她对我吼道：'你快给我滚。'我只是想弄到钱修好我的车，这样生活可以继续。"

法布尔二话不说，如数家珍般地开始列举蒙大拿州西部和爱达荷州各个羊肚菌采摘地的名称。包括水渠、森林巡逻公路、山脉等。那人仔细听着，睁得大大的眼睛，似乎在他脑子里打转，眼神中充满忧虑和恐惧。"你是一个有蒙大拿州车牌的白人，"法布尔最后说道，试图让他放心，"非法采摘对你来说没啥大不了的，别担心那个女人，没啥可怕的。"那人做了一个粗鲁的手势，我们驾车离开，把他留在扬起的尘土中，我们头脑中闪过一连串地点，兴许他能在那些地方找到足够的蘑菇，以消除他内心因违法采摘蘑菇而产生的恐惧。

如法布尔所愿，他到来的消息已经传开。当晚，法布尔的收购点前排起了长队。一个留着长胡须、穿着印有泰国皇家海军陆战队卡宾枪队T恤的采摘者把他整个营地的人员都带了过来，为此他能获得每磅多1美元的额外报酬，尽管他们和街对面的另一个买家在一起露营。法布尔称他为"傅满楚[1]"。这人一边喝着一罐库尔斯啤酒,亮出俗艳土气的戒指,一边与法布尔讨价还价,他想让法布尔按每磅蘑菇再额外给他两美元——美其名曰中介费,他手上摆弄着一个硕大的银质皮带扣,据他说,这个皮带扣是他在一次牛仔竞技表演中赢得的二等奖品。他仿佛是从电影中走出来的人物,一只手抓着皮带扣,一只手拿着啤酒罐。我完全有理由相信,从他踏上美国那一天起,到今天他可能已经看完所有的美国西部片。他狠吸了一口叼在嘴里的万宝路,法布尔多给了他几美元。

墨西哥人一车一车地赶来。"你好吗?"法布尔对一队墨西哥人的领头说,热情地和他握手。法布尔心情大好,甚至有点忘乎所以,这次他可以大赚一笔。那个领头出乎意料地干净利落,戴着一顶白色的牛仔草帽,他可能既是司机又是翻译。领头看起来有点不知所措,没准心想:这个白人疯子是谁。"我很好……"他试探性地说道,"我们认识吗?"

"你和你的伙计们想要喝点啥?苏打水?啤酒?我明天会带一个冷柜过来。"

领头看起来更困惑了。

"或者带女人?"法布尔继续说。

"你说女人?"

"女人。你想要女人吗?"

---

1 傅满楚(Dr. Fu Manchu)中文名应为傅满洲,是英国小说家萨克斯·罗默创作的傅满楚系列小说中的虚构人物。傅满楚的形象极为不堪,是一个瘦高个的秃头,倒竖两条长眉,面目阴险。

"女人？"领头问道，会心一笑，他的伙计们也爆发出一阵笑声。

"我明天会在这里。"法布尔说着，完成了交易。"价格是实价。"这群人都点了点头，墨西哥人就想听这个。"我今晚肯定会惹怒某些买家。"法布尔说道，不过他看起来还挺开心。

法布尔一篮接着一篮给蘑菇称重，依次向采摘者付款。此时，他留意到一辆卡车在他的摊位附近兜来兜去，他认出了司机就是他其中一位竞争对手。"等着吧，他最终会下车，和我当面谈谈，他没法不这么做。他会说，杰里米，你是怎么了？你不需要出这么高的收购价格。"但对于法布尔来说，多付一点钱，除了确保稳定的蘑菇供应外，还意味着他可以将能力较差的采摘者拒之门外，那些采摘量微不足道、采摘的蘑菇既不新鲜也不干净的采摘者，只会浪费他的宝贵时间。他说："一分钱，一分货。"卡车再次驶过时，他没有理会。

收购到蘑菇，法布尔总算松了一口气，尽管蘑菇品质并不太好，而且经过一个晚上的采购之后，他很清楚，蒙大拿羊肚菌采摘地满足不了他下个月需要的蘑菇订单数量。他给在雷蒙德的一个采摘者打电话，询问华盛顿那块采摘地的蘑菇情况——就是他的车抛锚的那块地，他在语音信箱中留下信息："我知道一个采摘地点，如果还没人碰那个点，那儿的蘑菇将会是绝杀。那块地超级小，加上你，最多两个人采摘就够了，再多带一个人，你就赚不到钱了。如果你用心保护和培育它，这将是一片完美的 100 英亩蘑菇采摘地。千万别告诉其他人，我是为自己留着这个采摘点，没人

蘑菇猎人：探寻北美野生蘑菇的地下世界

知道它。"好的羊肚菌采摘者知道如何养护采摘地，他们小心翼翼地穿行于采摘地，避免踩到蘑菇幼苗，他们用常青树枝和灌木枝叶遮蔽和保护未成熟的羊肚菌群。他们会花一整天的时间集中采摘个头最大、最新鲜的羊肚菌，然后再让这块地休养生息好几天。好的羊肚菌采摘者知道如何可持续地挣钱。

回到营地，法布尔生火做晚餐。为便于航运，他需要把所有篮子里的蘑菇都称重，再分别打包成13磅重的包裹，但由于这次采摘者众多，称重打包的时间比计划要长。临近午夜，法布尔晚餐还没吃到一半，天就开始下雨了，一开始只是落下几滴大雨点，随后而来的是落基山脉特有的倾盆大雨。他坐在营地椅子上，旁边是嘶嘶作响的篝火，他继续吃着牛排，盘子上已经开始积水，他的腿和胳膊也被雨淋湿了。吃完晚餐后，他站起身来，用油布盖住蘑菇篮子，在吊床上方的树木之间再挂上一块油布，然后穿着湿衣服钻进吊床，倒头便睡着了。

我钻进自己的帐篷，一想到法布尔工作一整天还要给我们做晚餐，内心便有点过意不去，我只能想这也许算是对他专业厨师出身的尊重。我决定，第二天晚餐由我来做。我曾经也是在这样的条件下学习家庭烹饪，毕竟在乡下，可以使用的工具少，能做的菜种类也有限，只能利用现成的野生食材改善。完美地煎炸来自高山湖泊的鳟鱼是野外生存的一项必要技能，在科罗拉多州徒步旅行时，我生平第一次做带馅的鱼，我剖开一条肥大的美洲红点鲑（*Salvelinus fontinalis*），用山杨树牛肝菌和野生蔬菜做馅，填满鱼的腔体。我和玛莎在北喀斯喀特山脉的一条冰川峡谷旁露营，晚餐我做了意大利面，并配上新鲜烹制的野生蕨菜。我学会了捕捉体形更大的鱼，并同时掌握了相应的烹饪技能：如何将三文鱼切片卤制和熏制，如何烹制餐厅出品级别的烤三文鱼。我开始阅读烹饪方面的书籍，做的第一道红葡萄酒浓汤就是为了搭配烹制银大马哈鱼。我开始研究法式酱汁，为烹制蛇鳕（*Ophiodon elongatus*）制作法式黄油汁，用海鲜高汤焖制岩鱼，为了烹制比目鱼，我自制黄金龙虾酱。春天到来时，饮荨麻汤是我们家的传统。我用荨麻和在自家后院摘的野菜做饺子、奶酪菜团子和意大利团子里的馅。每年阵亡将士纪念日，我们会和朋友们去山区露营，选用丰富的当季食材精心制作营地晚餐，我们把黑皮诺[1]和羊肚菌混在一起做成酱汁，用于烤制春季大鳞鲑鱼，用穿叶春美草（*Claytonia perfoliata*）、野生酢浆草和蒲公英叶制作沙拉，用秋季越橘果制作甜点。

　　随着烹饪技术的进步，我越来越自信。我受邀参加了一个朋友在施皮纳塞餐厅举办的生日聚会，享用了一顿难忘的意大利晚餐。第二天，我打电话联系这家餐厅，希望了解前晚吃的那道意大利面的做法，接电话的正好是餐厅主厨，起初我觉得很意外，然后意识到机会来了。主厨饶有兴致地告诉我整道菜的做法，叮嘱我这道菜的关键是将牛肝菌丁抹上一层焦糖，他还教我快速制作黄油香芹酱，最后将处理好的牛肝菌重新放入锅中。接下来是鸡汤，他建议我将鸡汤和其余的酱汁至少收汁两次，然后与新鲜的意大利面一起翻炒。我第二次做这道菜时，味道已经和餐厅出品

1　最受欢迎的葡萄种类之一，起源于法国勃艮第地区，用于酿酒。

的完全一致了。我越深入了解烹饪，越觉得自己在家就能做美食。野生食材为我打开了一个新世界，尽管我定期带回家的野生食材在市场上价格不菲，但它们值得我对它们的尊重，好不容易获得诸如野生象拔蚌（*Panopea generosa*）或一篮子毛茸茸的野生蘑菇这样的珍贵食材，我认为有必要好好加工烹饪它们，尽量发挥野生食材的内在品质，因此，我不断学习掌握各种烹饪技巧。

雨滴打在我的帐篷上砰砰作响，我蜷缩在吊床里，燃烧的篝火驱走了雨夜的寒意，我心里盘算着明天的晚餐该怎么做：晚餐要做得快，还要丰盛，法布尔不吃猪肉，所以我得买一些羊肉香肠，我在镇上的市场看到过有羊肉香肠售卖。我要把羊肠、白豆、洋葱、甘蓝和羊肚菌放在一起炖汤……想着想着，我睡着了。

3 个小时后，法布尔醒来，给我的斯巴鲁车装上了 500 磅羊肚菌。凌晨 3 点 45 分，我们上路了，一小时后，我们到达米苏拉机场，开始排队登机。有一家人一直盯着我们的羊肚菌，他们似乎很想知道这批特别的货物到底是什么。临近天亮，法布尔在纽约的唯一雇员亚伦给他打来电话，询问前一天是否有货物运往他那儿。没有。法布尔用他那特有的、让人听了反而更加不安的方式安抚亚伦："这地方就是一个动物园！北美的所有买家都跑来争抢数量少得可怜的蘑菇，狼多肉少，不过你放心，我今晚采购的货物将全部运往纽约。周五之前，我还会发过来至少几百磅。"

机场安检员是一位女性，头上箍着一个黑色束发带，她穿着跑鞋和运动袜，袜子几乎没到脚踝，露出健美的小腿。她对待法布尔十分漫不经心，法布尔却想着法讨好她。"我的工作就是让你的工作更轻松。"他说道，提出把几个篮子的重量和运费凑成整数，因为在匆忙返回营地的过程中，有些篮子的称重并不准确。"你必须和这些人成为朋友，"他低声对我说，"否则，他们可以让你吃不了兜着走。"提到拉关系这一点，他让我记得提醒他挑选一些羊肚菌作为礼物，送到达比护林站。

排在我们前面的是法布尔的竞争对手之一——杰伊，他也带着几乎相同数量的羊肚菌。杰伊是一名现场采购者，来自俄勒冈州库斯湾，他没有透露他的雇主身份。他穿着迷彩羊毛衫，戴着一顶卡车司机帽，上面写着"酒驾测试司机"。他对我说："这是一个不错的行业。"做过很多不同工作的人谈论他们最近的这份工作时都表现得乐观积极。"现在是交易最火爆的时候，"他接着说道，"所有的买家都在竞争，打价格战。我喜欢这种氛围。"他说还有更多的买家将在当天晚些时候抵达镇上。"有好戏看了。"他把最后一个篮子称好重量，放在推车上，准备去运输交通安全管理局。"祝你好运。"临走时他对我说。法布尔从货运柜台回来，说那个头上箍着束发带的性感女职员对他很热情，他打算约她出去，为什么不呢? 接下来的一个月，他几乎每天早上五点都会去她那个柜台发货。

在路边的一家星巴克，法布尔点了一杯冰绿茶，坐在扶手椅上，手里拿着一份《华尔街日报》，悠闲地跷起二郎腿。他向我挥动手里的报纸，说道："总有一天我会登上这家报纸的头版。名字我都想好了，第一个赚到 10 亿美金的蘑菇买家。"他用手机拨通了乔纳森的电话："伙计，你不会相信这是一个什么烂摊子。我很幸运，这里满大街都是采摘者，突然间，他们都跑来我的收购点。我的手机响个不停，昨天晚上光手机费都花了 5000 美元。"乔纳森向法布尔透露了一个最新消息：他们的竞争对手之一，位于波特兰的米库尼野生食品公司，已经将法布尔的羊肚菌价格压低了 1 美元，而且他们针对春季牛肝菌的收购价更低。法布尔确信他们要在西雅图的生鲜市场搞动作。最近，他的一些老顾客也向他透露了一个情况，他们有时不得已购买了米库尼的货品，但收货后却感到不满意。"米库尼想在我的地盘撒野，"法布尔停顿了一下，说道，"放马过来吧！"

又有一个电话进来，法布尔瞥了一眼他的手机，嘟囔着骂了几句，然后不情愿地接听电话。"让我告诉你，"他对电话另一头的批发商说，"今年的蘑菇收成不好。过了这周之后，你再来看看。我可以给你和餐厅一样的售价，但不能给你批发价，我给不了你任何承诺，我得优先考虑纽约，然后才是你，事实就是这样。"

他用黑莓手机不停地浏览电子邮件、短信和电话留言，几个小时后，前往蘑菇采摘点的时间到了，当时还不到早上 8 点。"我对今晚的交易有一种不祥的预感。"他冷不丁儿冒出这么一句。

我们开车回到山区，这次是沿着刘易斯与克拉克[1]路线，越过洛洛山口进入爱达荷州，此时正值春季，洛奇萨河咆哮着奔腾穿

---

1 刘易斯与克拉克远征（Lewis and Clark expedition, 1804—1806）是美国国内首次横越大陆西抵太平洋沿岸的往返考察活动。领队为美国陆军的梅里韦瑟·刘易斯上尉（Meriwether Lewis）和威廉·克拉克少尉（William Clark），该活动由杰斐逊总统发起。

过深达 1000 英尺的峡谷。法布尔曾经有一次在这样的高水位情况下划木筏横渡洛奇萨河，前往一个无法步行到达的采摘点。他说："我们划了 1 英里才到达对岸。"他那次同行的伙伴肯定吓得够呛。"是的，当时确实非常惊险。"法布尔咧嘴笑着说道，"但对我来说，那是一次史诗般的采摘。"我们左转进入一条他从未走过的路，当看到沿途有成片的野生蕨菜，他说道："也许有 100 磅。"当看到穿叶春美草，他说道："这下汽油钱赚回来了。"看到美洲越橘时，他又说道："我会派人过来这里。"海拔逐渐升高，每一处拐弯，路面都有雪阻挡，好歹我们都设法通过了，直到前方路面横着一棵银云杉，我们不得不停车。此地海拔约 7000 英尺。"你竟然没有带摆锯？"他问我，我带着各种露营装备，却没有工具可以锯开直径 2 英尺的圆木，对此他感到不可思议。我们只好下车步行，很快，路上的雪越来越厚，还混杂了泥土。他告诉我，羊肚菌采摘地就位于下一个山脊上。虽然这里仍然白雪覆盖，但从这一带生长的树木来看，我们没有走错路。他说："再过两个星期，羊肚菌就会消失。"但现在唯一的问题是，这里是爱达荷州，在这儿进行商业性采摘属于违法行为。

　　与镇上的大多数买家不同，法布尔尽量选择白天采摘，一是节约成本，二是因为能够在森林和山区工作是他当初进入这个行业的主要原因之一，尽管他刻意不把个人感情带入工作。做这一行需要面临很多问题，辛苦劳累自然不用说，还有资金缺乏、产量不足、银行低效等烦心事，而我的兴趣仍然停留在野生食材本身上。他说："这只是一个蘑菇。"但我对蘑菇的热爱却有增无

　　　　　　　蘑菇猎人：探寻北美野生蘑菇的地下世界

减。每当我在餐馆的菜单上看到蘑菇食物时，总会特别兴奋，之前在野外采摘蘑菇和餐桌上品尝美味蘑菇的场景又会浮现在我的脑海。有一次，法布尔带我在奥林匹克半岛采摘秋季蘑菇，他告诉我他喜欢亲自去野外采摘蘑菇的原因，他称这是他的"怪癖"，因为他总是采摘一些奇异的、鲜为人知的蘑菇种类，只有某些餐厅才会购买这些蘑菇。我跟随他来到一片人迹罕至的深山原始森林（就是环保主义者极力保护的那种原始森林），森林中生长着花旗松、异叶铁杉和北美圆柏，这些树高大挺拔，甚至还有欧洲红豆杉（*Taxus baccata*），一种不太常见的小型针叶树，具有抗癌功效，是诗人艾略特的最爱。我们采摘了一些松茸和卷缘齿菌，然后翻过一个皱褶地形，发现了一个山谷，山谷里长满了一种外形奇特的蘑菇，看起来像是热带海洋中珊瑚礁上的生物。美洲猴头菌（*Hericium americanum*）是卷缘齿菌家族的一员，从树桩上长出的菌块可长至篮球般大小，犹如一团巨大的白色小冰柱集合。在一棵被火烧过的花旗松下，法布尔发现了绣球菌属的绣球菌，有些重达几磅甚至更重，圆圆的外形类似珊瑚，菌体上有奶油色的褶皱，看起来像放在滤锅里沥干的大串鸡蛋面。

毫无疑问，绣球菌是北美野生菌中的异类，但却是味道最好的蘑菇种类之一，口感似坚果，质地松脆，经得起长时间烹饪。我喜欢文火炖绣球菌，然后把肉放在煮好的蘑菇上装盘，犹如吃鸡蛋面。大多数业余蘑菇猎人都会为发现绣球菌而欣喜若狂，哪怕只采到一个也会让人觉得不虚此行。仅仅一个小时的时间里，法布尔发现了七八个绣球菌，总共有 30 多磅。他会以每磅 10 美元的价格把它们卖给餐厅。这次丛林探险虽然让人胆战心惊，但总归可以拿到 300 美元的奖励。他说："马特会拿走这批蘑菇的大部分。"他提到的马特是他在香草农场餐厅工作时的老朋友马特·狄龙。此次蘑菇采摘之行的费用，包括汽油、轮渡、人工等，都由马特支付。这是半岛上秋季难得的一个晴日，即使在一天中阳光最强烈的时候，阳光也几乎无法照亮这片崎岖地形的沟壑和地褶。水平照射过来的阳光穿过原始森林，树干顿时明亮起来。法布尔停在林中一个遍布青苔的洼地中，背包里装满了蘑菇，说道："这就是我们生活在这里的原因。"我知道他说的原因与蘑菇并无关系。

那天在返回渡口的路上，在以 50 英里 / 时的速度驶过一个绿色水潭后，法布尔突然将车停下，他发现水潭里长满了豆瓣菜。法布尔把手伸进他的背包，找到一把垃圾袋和两把剪刀，他递给我其中一把。不到一刻钟，我们就采集了近 30 磅这种辛辣的野生芥末，用它们来做绿色沙拉，味道比人工种植的好得多。按每磅 7 美元计算，这一袋又值 200 美元。

几天后，玛莎和我心血来潮，驱车前往马特·狄龙的"巨云杉"餐厅，仅仅想看一下那儿的菜单，我们本打算在附近吃点东西，然后看场电影。菜单上有绣球菌与野生豆瓣菜搭配裸盖鱼（*Anoplopoma fimbria*）片，裸盖鱼可能是我最喜欢吃的鱼类。看到贴在褐红色的门边、用优雅的字体书写的这道菜菜谱，我知道我们必须留下来吃晚餐。玛莎皱着眉头看了我，然后又释然，反正她也不需要坐在一个黑暗的电影院里。餐厅等位需要一个小时，我们就坐在隔壁的酒吧一边吃牡蛎，一边喝麝香干白葡萄酒。突然间，这变成了一个似乎值得庆祝的夜晚，入座后，我们忍不住点了裸盖鱼和鸡油菌，鸡油菌是与欧防风（*Pastinaca sativa*）、旱芹（*Apium grave dens*）、甜菜和咸猪肉一起烹制而成的奶油烤菜。我对餐厅服务员说："我是一个蘑菇极客。"我们偷瞄了一下旁边一桌，这是一个四口之家，父母年龄比我们大，两个男孩约莫20多岁。他们一边分享着桌子上菜肴，一边兴奋地谈论着即将到来的选举。另一桌，两个男人正热火朝天地谈论着股市。窗台上摆着五颜六色的葫芦和小南瓜，煞是好看，橱柜中摆满了装有各种调料的玻璃罐，三角洲蓝调[1]低沉悠扬的旋律从天花板上隐藏的扬声器飘落下来。"瞧这些玫瑰果和石南花。"玛莎端视着我们桌子上摆着的造型奇艺的插花，说道，这夜已经升腾起一种让人意想不到的新意境。服务员给我们端上了一盘当地捕捞的胡瓜鱼，配以简单的柠檬欧芹调味。我们夹起几片嫩鱼片、舀一勺烤奶酪，依次放在烤面包上食用，服务员又给我们倒上一杯绿维特利纳葡萄酒。原本是最后一分钟的约会之夜，却意外变成了一场美食盛宴。玛莎从烤盘中挑出来一片鸡油菌和一块欧洲萝卜，放上少许奶油酱和面包屑。"再尝一口吧，"她恳求道，"在我动这道菜之前。"她从餐厅洗手间打电话给家里的保姆，说我们今晚回家会晚到。我们最后吃了用水煮梨和糖渍杏仁做成的巴斯克蛋糕。"我丈夫之前从来不吃甜点！"玛莎告诉服务员，然后急忙在账单上签字，这样我们

---

1 delta blues，又称街头蓝调，起源于美国密西西比河流域三角洲平原。

可以快点回家，不让保姆在家久等。

在结束本次户外之行返回蒙大拿州的路上，法布尔在洛洛溪边的柳树丛中发现了一头公驼鹿，这头公驼鹿的鹿角刚长出来，肉眼可见鹿角上有光滑的绒毛。他让我停车。"驼鹿是我最喜欢的动物。"他一边说，一边通过双筒望远镜观察。"熊太常见了。"这只史前巨兽呆呆地看着我们，起初它慢慢靠近我们的车，似乎很好奇，然后一下子被吓到，仿佛突然感应到危险的存在，然后撒开四肢，奔跑离去。"真可爱。"法布尔说，他承认自己有3只玩具驼鹿。遇到驼鹿是一个好兆头，与汽车修理厂的那片狼群形成了鲜明的对比。他对今晚收购点的情况充满信心，片刻之后，当看到他的黑莓手机上传来切斯的另一个电话，高兴劲头瞬间消失，又开始愁眉苦脸。他有意转手他的业务，他对我说："我没打算一辈子做蘑菇买卖。"他说道，仿佛连这样想都属于痴人说梦，但唯一的问题是找到一个合适的买家。他的竞争对手不会像他那样专门花钱开发新客户，而缺乏行业经验的人注定会很快失败，因此很难吸引到人收购他的业务。法布尔总结道，要想转手，唯一的办法就是连自己一起打包转出：一年无偿全职提供业务帮助，直至他全身而退。"一口价，120万美元，全部现金，装在一个公文包里，"他说道，想象着与某个竞争对手进行交易，"还把穿着丁字裤的妻子拱手让给我。"然后他带着人和钱，消失在加拿大不列颠哥伦比亚的荒野之中。

"说真的，如果我把生意转手，你可能几年都见不到我。我会去滑雪。"

修理厂还没有把面包车修好，兄弟俩解释说，汽配公司NAPA送错了散热器。"那就找一个对的，"法布尔坐在车里，反而冲我发火，"买个对的零件能有多难？靠谱的人都跑哪儿去了？"他从面包车里拿出一堆地图，一顶明亮的橙色猎人帽子，他把帽子戴在头顶上，俨然一副乡下人模样。"这是战争时期。"他故作正经地说道，然后勃然大笑。他计划在蒙大拿州逗留一个月，现在才待了一个星期，他已经神经紧绷、紧张过度，他需要约那个机场女孩出来。

　　那天晚上在收购点，一位柬埔寨妇女报告说，一辆挂着蒙大拿州车牌的白色皮卡一直在附近巡视，车上的人见到路上的亚洲人就喊话，说将逮捕采蘑菇的人。她问我们，最糟糕的情况是什么？最糟糕的是，她还带着孩子。法布尔摇了摇头，他经常从亚洲采摘者那里听到这种事情。卡恩从阿拉斯加那边打来电话，那块地终于开始长蘑菇了。过去的两个星期，法布尔雇他在当地勘察蘑菇生长地。直升机把他送到那儿，那是一个十分闭塞的地区。现在，他们必须决定是用充气筏将羊肚菌运出去，还是就地将蘑菇脱水、干燥，然后用直升机运送出去。当法布尔和卡恩电话讨论处理方案时，一个来自危地马拉的名叫马里奥的采摘者把我领到一边，马里奥一根接一根地抽着骆驼牌香烟，头上留着长长的马尾辫，戴着狩猎帽，围着蓝色印花领巾。他是这里的非官方管理者之一，监督和管理这里的相关事务。我以为他会因为我的出现而责骂我，毕竟，我是个没有相关利益的局外人，我抓紧了挂在脖子上的相机。"你的朋友为采摘者所做的事，"马里奥长吸了一口烟，认真地说道，"非常好，他做生意很公正，我想让你知道这一点。"

这周结束时，法布尔认为他拿到的货已经足够 2000 磅。收成还不错，这样他的生意可以继续维持下去，在此基础上，再增加 1000 磅就是纯利润，但他不想太过贪心。他俯身继续工作，他知道未来还有许多个夜晚，自己都会戴着猎人帽在蒙大拿州采猎蘑菇。

第六章　秋日香气

　　马扎马火山爆发时，宽达一英里、夹杂着浮石的火山灰以两倍于声速的速度猛烈喷发。马扎马山是一座海拔 12,000 英尺的地层火山，火山爆发将山体炸成碎片，整座山湮灭在岩石和岩浆中。爆炸产生的巨响震耳欲聋，数百英里之外也能听见。熔岩从火山口向四周流动，火山灰和浮石雨点般地掉落在太平洋西北地区 50万平方英里的范围之内，周边的山坡沦为一片焦土，覆盖其上的火山碎片高达 250 英尺。火山爆发将四周的森林夷为平地，泥石流将山地湖泊推到几英里远的地方。这是距今 7700 年前位于现今俄勒冈州中部喀斯喀特山脉的马扎马火山爆发时的景象。火山爆发不久之后，岩浆在自身重力的作用下缓慢移动，滑回火山爆发形成的巨大火山坑中。巨大的火山内爆遗留下一座完美的火山山体和一个深邃的火山口。斗转星移，火山口渐渐注满最原始、最清澈的山泉水，形成火山口湖，湖深接近 2000 英尺，湖水呈现出深邃的天青色。居住在该地区的克拉玛斯印第安人对这座火山有一个神话解释：天神斯凯尔对冥界之神劳非常不满，他们决斗以决定这座山的命运。

最终，森林恢复如初。首先出现的是灌木和杂草，尤其是颜色鲜艳的植物，如粉红色的柳兰（*Epilobium angustifolium*）和紫色的羽扇豆，然后是树苗——黑松、西黄松、冷杉和云杉等。森林逐渐繁茂，火山土壤下幸存的菌丝网络也发达起来。特别值得一提的是，有一种主要依附针叶林生长的真菌，在喀斯喀特山脉火山脊随处可见的沙质土壤中繁衍生息，这种真菌在马扎马死火山附近布满浮石的海岸上最为常见。位于大洋彼岸的日本也是"太平洋火山环"俱乐部的成员之一，日本人给这种火神真菌起了一个名字——松茸（*Tricholoma matsutake*）。

如果说探寻蘑菇的传说中存在一个极乐之地，那不得不提20世纪80年代末90年代初时，经验丰富的采摘者来到俄勒冈州喀斯喀特山脉采摘松茸，以为他们终于找到传说中的蘑菇极乐之地。这个事情因为年代久远，几乎鲜有人再提及，所以它终究只是一个传说。

索姆慷慨地与他的搭档福雷斯特·库克分好卖蘑菇赚的钱之后，将收据一把扔进了火里。火光下，他扇动着手里一叠崭新的20美元钞票，橙色的火焰照亮了福雷斯特的脸和手。有人从冰柜又拿来一件库斯啤酒，索姆弯腰说今天是个好日子，尽管开始得有点晚。他们到达营地来一个多月，一直以采摘松茸为主，今天也是照例采摘松茸。他们之间的合作是从半路开始，一起分担汽油、食物和露营装备。索姆熟知松茸的采摘地点且经验丰富，第二天的采摘地点完全由索姆决定。他第一次在森林里采摘松茸是十几岁时和母亲一起采摘，后来开始自己独立采摘。他这个叫作福雷斯特的朋友，曾是一个木匠，因为经济大萧条导致建筑业萎缩而失业，现在跟着他当学徒，学习松茸采摘。

摇曳的火光下，他们俩站在一起，看起来是一对颇为奇怪的组合。索姆是老挝人，身材矮小，长着一张小胖脸，总是笑嘻嘻；福雷斯特是个白人，身形高瘦，因为10年前嘴部被球击中，所以一嘴的断牙和缺牙。20年前，他们的这种合作关系几乎不可能存在，但在俄勒冈州中部著名的松茸生长区，情况已今非昔比。他们的另一个叫作托德的朋友，坐在火堆旁的树桩上，烤着他当天采摘的鳞形肉齿菌（*Sarcodon imbricatum*）。鳞形肉齿菌是一种与卷缘齿菌有亲缘关系的齿状深色蘑菇，菌盖上有美丽而复杂的花纹，形似鹰的羽毛。有些采摘者称它为巧克力卷缘齿菌，但这个名字有点误导性，因为与卷缘齿菌不同，鳞形肉齿菌味苦而不甜，这就是为什么托德把这种低档蘑菇烤熟分给大家吃。在我们身后，收购点的帐篷下堆放着300磅的松茸，松茸十分昂贵，我们根本不会把它们当作炉边小吃，甚至想都不会想。

松茸在日语中的意思是"松树菇"，日本的赤松（*Pinus densiflora*）正日益减少，以前盛产松茸。这种白色、带有菌褶的蘑菇，菌柄粗壮，菌盖上有丹宁色或棕色的鳞片，是日本最为珍稀的蘑菇。在日本，行业领袖们会在节假日向他们的商业伙伴赠送松茸作为礼物：精心包装的盒子里装着顶级松茸，并用蕨类植物和橙花装饰。作为赠礼，松茸最理想的情况是还未成熟，菌褶上仍然覆盖有完整的外覆幕——看起来像一根未受割礼的男性生殖性，也许这就是关键所在，对于富足的日本人来说，生殖崇拜是他们的一种癖好。当然，松茸之重要还在于它的特殊香味，这种香味被真菌学家戴维·阿罗拉（David Arora）在其那本奇特的田野指南《蘑菇解密》（*Mushrooms Demystified*）一书中描述为"一种介于'红辣椒'和'脏袜子'之间的强烈气味"，他的这段描述让我印象十分深刻。这种辛辣且带有霉味的气味，在日本被称为"秋日香气"。新鲜的松茸，气味可以瞬间弥漫整个厨房。

半个多世纪以来，由于一些不可预见的社会和环境因素，松茸在日本的产量不断减少。过去，在日本精细管理、类似开放性公园的松树林中，大量生长着赤松，而阔叶树则不断遭到砍伐，作为燃烧用的木柴，阔叶树的叶子甚至也被耙掉，留下开阔的松树林和布满松针的林地，这便是松茸的完美生长地。松茸喜好在并不肥沃、无其他灌木植物竞争的土壤中生长，这种林地在日语中被称为 Satoyama，意为村庄森林，这个名称也体现出自然环境与人类文明的平衡。据说，日本妇女可以脚踩木屐，撑着遮阳伞穿过 Satoyama 这样的林地。但如今，现代文明取代了林地，化石燃料的出现使人们不再需要砍伐阔叶树，而阔叶树反过来挤压赤松的生长环境。同时，一种来自北美的松树枯萎病席卷了剩余的赤松林，造成赤松大量死亡。今天，日本的松茸产量只有几十年前的十几分之一，许多人将这一事实等同于日本乡村文化的消失。

这时，美洲口蘑（*Tricholoma magnivelare*）弥补了日本松茸产量的锐减，它就像一个横空出世、拯救世界的超级英雄。这种与日本松茸极其相似的真菌种类具有同样浓烈的香气，从缅因州到加利福尼亚州都可以寻找到它的踪迹，在太平洋西北部的森林地带，尤其在喀斯喀特山脉中心地带贫瘠的沙质土壤中，可以发现大量松茸。"二战"前，日裔美国人在加利福尼亚的郊区发现了松茸，甚至在西雅图的绿湖社区中也发现了松茸，当时美国还没有开始大规模的森林砍伐。据说，美洲大陆有大量松茸的传言被传回日本，于是日本的一些蘑菇猎人亲自前往美国探寻松茸的踪迹，他们发现一些业余蘑菇采摘者在俄勒冈州中部干燥的松树林中采集羊肚菌和春季牛肝菌。他们喜出望外，并告诉这些采摘者，他们可以秋季再回来，寻找一种白色、带有香气和菌褶的蘑菇。到 20 世纪 80 年代中期，当地的蘑菇采摘者已经通过采摘松茸赚得盆满钵满，之后东南亚的移民也闻风而来。到 90 年代初，东南亚移民对于松茸采摘已经了如指掌，这让白人感到非常惊讶，然后，市场便开始陷入一片混乱。

从经济上讲，1993 年是美洲口蘑采摘者的狂欢之年。整个 80 年代，日本的经济一直高速发展，尽管当时的日本人不会想到之后的 90 年代将成为"迷失的十年"。富裕起来的日本人觊觎松茸，但由于日本本土的松茸产量有限，他们不得不到国外寻找。需求持续上升，买家开始了竞价大战，导致松茸价格疯涨，顶级松茸的价格曾一度达到每磅 600 美元，松茸淘金热从此掀起，许多东南亚人甚至携带枪支采摘松茸，不断有媒体报道森林中发生枪战等耸人听闻的新闻事件，营地中人满为患、鱼龙混杂、乌烟瘴气，给静谧恬适的月牙湖[1]地区带去了一种如 O. K. 牧

---

1 月牙湖是美国俄勒冈州克拉马斯县西北角喀斯喀特山脉东侧的一个天然湖泊。

场[1]大决斗一般的狂野西部风气。

月牙湖位于俄勒冈州中部的德舒特国家森林公园中，距离尤金两小时车程，中途需要穿过喀斯喀特山脉。19 世纪末，牛仔赶着牛群前往夏季牧场需经过此地，这一段路程对于牛仔来说并不轻松。如今，这里成为由钓鱼湖、远足小径和雪地摩托路线组成的大型休闲旅游胜地的一部分。湖泊因其月牙形状而得名，长5 英里、宽 4 英里，以盛产湖红点鲑（*Salvelinus namaycush*）而闻名，在没有正式纳入月牙湖区域范围的酒吧里，你发现它们墙上都挂有这种鱼。大多数蘑菇采摘者过去都住在附近流动的季节性营地，直到南边 20 英里处的小社区切马尔特的土地所有者们闻到商机，开始向他们提供租金更便宜的房屋。我探访该地区时，发现仍然有几十个采摘者驻扎在几乎废弃的月牙湖营地，其余人则住在切马尔特。他们就地取材，用黑松做梁，搭建帐篷和棚屋，上面再覆盖防水布，他们用丙烷为炉子和暖气提供燃料。在这里，商业性松茸采摘季在劳动节过后的第二天开始，持续到 11 月 6 日，为期两个月的密集采摘将决定 1000 多名巡回采摘者的未来前景和动向。

毫不夸张地说，许多采摘者早年都带着枪，他们用枪声在森林里传递信息（开一枪让伙伴知道自己的位置；如果有麻烦就开三枪），少数情况下，他们会因遭遇野生动物而开枪。他们中的许多

---

1 指 1881 年发生在美国西部的一起著名枪战（Gunfight at the O.K. Corral），交战双方是几名治安官和亡命牛仔，而 "Gunfight at the O.K. Corral" 也变成一个英语习惯用语，形容突如其来的小规模枪战或者殴斗。

人，在来美国之前，曾在自己的国家当过军人，一位长期从事蘑菇采摘的白人告诉我，枪支与争夺地盘没有任何关系。但是，一想到森林里到处有很少或根本不懂英语的武装蘑菇猎人，许多业余蘑菇采摘者会感到惶恐不安，很快就有传言说，民族部落主义、领地采摘、枪战和边疆资本主义已经在这片公共土地上生根发芽。多年来发生的一些肮脏事件（这些事可能不会让见怪不怪的城市居民感到惊讶）让许多人更加确信野生蘑菇贸易暴露出边疆资本中由来已久的暴力混战。1996年10月6日星期日的《西雅图时报》曾刊登这样标题的报道：《酒、钱、枪支共同助长野生蘑菇采摘的风险》。报道开头说："一个人在醉酒后开枪射向自己的妻子，没过多久，其他蘑菇采摘者全都搬出营地。"请注意，案件发生在人聚集的营地，而不是丛林。正如美国暴力犯罪的常见情况，参与者一般相互认识，因毒品、酒精、金钱、关系恶化或所有情况兼而有之发生暴力冲突。美国林务局对这一案件和其他若干引发轩然大波的冲突事件（其中很少有冲突是在采摘蘑菇时发生）进行及时处置，并出台相关法规以维持治安。自此以后，各方在某种程度上达成休战，并一直持续至今。

如今，采摘者们和蘑菇买家们大多不再理睬会森林枪战事件，这对做生意没有好处，当然，很多事情也被媒体渲染夸大了。道格亲口告诉我，"当年"他曾在月牙湖一带大打出手，他的这番话说明媒体对于领地采摘者们之间暴力冲突的报道至少有一定的真实性。"一方采摘者朝另一方头上开火，"他说，"为了把人吓跑。我有一把SKS突击步枪和一把中国版AK-47冲锋枪。每个人都有突击步枪。90 年代初那会儿，一支枪才卖 9 到 10 美元。"我之前以为他们是把手枪别在腰带里。"不，我们用步枪。听着，虽然用步枪不是我的风格，我这不是得入乡随俗嘛，对吧？那些家伙谈论的都是打劫这个人或打劫那个人，我就说：'不要和我谈这个。'我们得遵守游戏规则，我不会拿任何人的一分钱，也不会打劫任何人。这就像一个小的战斗游戏。这些人向我们开枪，不是向我一个人开枪，而是向和我们在一起的人开枪，我们要回击。他们的营地在山的另外一边。我们攻进了他们的营地，拿到了我们要拿的东西，并开始朝着天空开枪。我们大概打了 1000 多发子弹。那些可怜的柬埔寨人以为被越南人包围了。当时，这件事闹得很大，有些人觉得很好玩，当然不是我。那些罗马来的人真的很喜欢打枪。"

两天前，索姆和福雷斯特错过了一天的采摘，因为福雷斯特要回到位于韦德市的家中参加一场听证会。索姆开车送他，他们在第二天返回时设法挤出半天的时间采摘。如果是完整的一天而且天气好的话，他们可能已经摘了超过 1000 美元的野货，他们会尽职尽责地将它们悉数卖给一个叫作乔伊·柴蔚斯克的买家，乔伊也是老挝人，专门替批发商收购蘑菇，他坐在火堆旁，正通过耳机同他的老板通话。

乔伊扎着整齐的马尾辫，穿着皮凉鞋和带有白色赛车条纹的海军蓝运动服，靠一己之力撑起这个日渐衰败的森林蘑菇营地。作为营地里仅存的买家，他劝说营地管理人员降低租金，否则面对日益减少的客户群营地只能关门歇业，因为有传言说营地明年就会关闭。低廉的租金和电费，对于大多数采摘者来说是极具吸引力的，所以他们中很多人近年来都转去切马尔特。在这个离公路20英里的林区边缘地带，目前剩下的场地不多，大部分居民都将场地卖给了乔伊。对他来说，这是一个不用费脑筋的事情。城市里不能露营。乔伊曾经想成为一名建筑师，上高中时，他接触了野生蘑菇采摘。虽然现在来看辍学也许是个错误的决定，但他对从事野生蘑菇贸易并不后悔。但我心想，因为城市里不能露营就辍学？那还不如成为一名建筑师。

索姆跟着乔伊当学徒，学着做一名蘑菇买手，而福雷斯特又跟着索姆学采摘蘑菇。在把蘑菇卖给乔伊后，索姆接管了收购点的事务，乔伊则在火堆旁坐下来。索姆说，每个季节他都会挨个拜访所有的买家，观察他们挑选蘑菇的手法，最终选择会卖给谁。一个好的买家捏一捏松茸，就知道它里面是否有虫。这是一项必备技能，因为与牛肝菌不同，松茸不能被切开后再卖给挑剔的日本消费者。手劲太小可能会把一些不合格的松茸也挑进来，也就意味着要亏钱。现在索姆站在买方这一边，所以他试图将自己的手感练到最佳。但是，长时间将松茸捏来捏去，松茸可能会被捏坏，卖方下次也不敢再来交易；如果太放水，老板会说他不喜欢在货物中发现一堆被虫蛀的松茸。

另一个叫罗伯特的东南亚采摘者挨着乔伊坐在火堆旁，他口齿不清，睡眼惺忪，一副懒洋洋的姿态，属于那种你见过一眼但留不下任何印象的人。他旁边是托德，一位身材魁梧的白人，他是一名马鹿猎人，身穿迷彩夹克和黑色工装裤。他娶了一个老挝女人，在俄勒冈州南部的克拉玛斯县经营一家泰国老挝餐馆，他自己还担任厨师。餐厅提供一些常见的泰国菜，如咖喱、泰式炒菜和汤等，再加上一些老挝人最爱的食物，如被称为"拉布"的猪肉碎沙拉。托德递给我一个烤焦的鹰翅蘑菇。明天晚上，镇上会有一个佛教庆祝活动，托德、乔伊、索姆和罗伯特，他们都打算明天完成采摘和销售工作后去那儿参加活动，我也打算去。这个活动谁都可以参加。

"你有一个好鼻子，"罗伯特对我说，"你闻到了免费食物的气味。"明天的佛教活动上，一头活牛将被屠宰献祭，到时可以痛快吃牛肉。佛教人士认为，为了获取食物，与其杀死许多小动物，不如杀死一只大动物。托德说他会让妻子代替他去参加活动，这样他可以午夜采摘一些蘑菇。

"他会在那个采摘点扎营，"索姆笑着说，"真是个疯狂的白人。"

"我喜欢连着两天采摘，"托德解释说，"这样不会浪费汽油。"

"在我们到达那里之前，活动不会开始。"索姆大言不惭地说道。

"我们得先赚钱。"

"是的，我们得赚钱。"索姆同意，他可能是采摘者中最有能力做到这一点的人，也是最低调的一个人。"啤酒不免费。"他补充道。大家听到这句话瞬间吵闹起来，索姆甚至不喝啤酒，这在采摘者中很少见，在老挝人中更是如此，老挝人喜好廉价的美国啤酒。

我问福雷斯特，迄今为止他人生中最重要的一天是哪天。

"他最重要的一天是刚从床上爬起来，"索姆说，"我们带他去是因为他害怕亚洲人。"这句话引发了当晚最大的笑声。众所周知，亚洲人面对本地白人都特别小心，早在20世纪90年代初，亚洲人和白人关系十分紧张，20年后亚洲人对待白人依然十分谨慎。在切马尔特的一家咖啡馆，我问女服务员这里是否有亚洲顾客。"他们不吃这种食物，"她轻蔑地说，"他们吃松鼠和其他小动物，这对我来说还能接受，但他们身上特别脏，无论他们走到哪儿，身后都会留下松针。他们把浴室当作淋浴间，在水槽里洗衣服，把纸巾丢进马桶冲走。"她做了一个讨厌的表情，然后走开了。但也有许多其他白人经营者有着不同的看法，每年秋季，亚洲采摘者给切马尔特和邻近的社区带来了亟需的经济活力，这一点毋庸置疑。

托德想让我知道他娶了一个亚洲老婆，是如何融入这些亚洲人之中的。那是1993年，"我在这里山下的平地追寻一头公牛的踪迹。我那时对蘑菇还一无所知，只记得当时自己猎杀了很多马鹿。我看到这些亚洲人到处跑。走在路上，我看到一个被马鹿吃过的蘑菇，我在旁边又捡到3只蘑菇。我带着蘑菇还有我的步枪在路上走。这时，一个亚洲人开着他的卡车经过，那个亚洲人停了下来，"——托德嘴里模仿着发出尖锐的刹车声——"'你从哪儿发现这些蘑菇的？''在后面某处发现的，这是你要找的蘑菇吗？''是的，我现在就给你100美元。'我就像中了大奖一样，我把蘑菇递给他，他给我一张百元大钞。"托德停顿了一下，"那个人以 250 美元的价格买下了我当时无意中采到的蘑菇，就是从那时起，我开始涉足野生蘑菇采摘。现在我会说：'再也不会有亚洲人以 250 美元的价格收买我了。'"

"是的，没错，他娶了一个亚洲老婆。"

当冷藏车驶入时，已接近晚上 10 点。司机跳下车，开始把一筐筐分好级的松茸装到后面。下一年，整个货物区都会堆满松茸，但今年不会，什么原因导致当年减产，每个采摘者都有自己的一套理论，但不管是什么原因，今年的采摘量的确很小。即便如此，一辆冷藏的卡车还是必不可少。松茸需要低温储存，并迅速运送到机场，以便及时出口发往日本。每个篮子都贴上了等级和重量的标签。乔伊给他的老板打电话，告诉他今晚的收购正式结束，然后再核对了一下数量——无误。有人拎着一件啤酒，回到火堆旁，围炉故事会又开始了。我问到了枪战的事，他们都说可以去问乔伊。有一年，乔伊在蒙大拿州采摘羊肚菌时遇到一点麻烦，他其实并不想讨论这个话题，他承认曾经开过几枪，还曾在监狱里待过几晚。"那次冲突和蘑菇没关系，"他强调，"是个人问题。"

一小时后，我和众人道晚安，转身回营地我自己的帐篷，蘑菇猎人们则依然围着篝火侃大山。那天的夜晚，天空中没有月亮，天气很冷，我衣服也不脱就钻进了睡袋。

一块浮石看起来和一块普通的小石头没什么两样，但一旦你拿起它，就会立刻感到它们之间的差别，它的重量只有同样大小石头的一半。如果是第一次捡到一块手掌大小的黄色浮石，你一定会用手掂量几下，它重量之轻会让你觉得不可思议，然后你会把它塞进口袋，以便日后把玩，每个人捡到浮石都会不由自主地对它产生兴趣。

火山口湖是古代马扎马山的所在地，位于月牙湖区以南约一个小时车程，它们之间是切马尔特镇，达纳·范·佩尔特在当地拥有一个浮石矿。镇子西侧的一整座山都是浮石构造，将浮石与泥土混合，可以生产出他所谓的"超能土壤"。这座矿场还包括一个破旧的汽车旅馆，以前叫"松林低语"旅馆，一年中有10个月处于关闭状态。不过，一旦到了松茸季节，这个破旧的旅馆会获得当地政府的税务豁免，蘑菇猎人和买家们蜂拥而至。在汽车旅馆周围还有八十八个临时搭建的小屋，大部分是用普通绳索和油布搭建的帐篷，形成了一个人员密集的营地，营地里到处是断头路和让人晕头转向的小巷，但却有一个面馆。这地方像极了印度孟买的贫民窟：随处可见五颜六色的防水布，垃圾桶里有火在燃烧，一些人手里拿着木头和啤酒来回游荡，一些人蜷缩在火堆旁取暖。我环顾四周，只见十几个大大小小的炉子上都煮着一大锅汤。营地里，几乎人人都在俄勒冈州中部的干燥林地里采摘松茸，而不采摘松茸的人则为采摘者们提供后勤支持，如维持营地秩序、烹饪食物、洗衣服或其他杂务。一位研究俄勒冈州松茸采摘的研究人员在报告中写道："当我接触这里的物质文化、食物、音乐、村落社区活动时，我很难相信自己不是置身于东南亚农村。"这名研究人员也遇到了一些对营地颇有微词的采摘者，即使这个营地对于他们来说，是过去生活的一个缩影。"佛祖不采摘蘑菇。"其中一个人说。

我给法布尔打电话，留言说我想参观这个规模最大的松茸营地，可能的话甚至想要参加宰牛献祭的佛教仪式，我可以想象他听到我的电话留言时，一定是一边听一边漠然地眨眼。"听起来真的很无聊，"他后来给我发短信，"除了宰牛。"毕竟，所有这些蘑菇都要运往日本，但他目前有业务往来的是美国餐厅。事实上，法布尔需要针对日本市场重新调整业务。此外，美国餐厅无意支付日本消费者愿意为松茸承担的价格。法布尔做松茸买卖，他打交道的蘑菇采摘者只是偶然收集到松茸，而且大多是在松茸热点地区之外采摘松茸。不过，他还是需要在价格上做文章，以应付这些采摘者。道格告诉我，就在前几天，法布尔为一篮子松茸支付给他的价格是 20/20（1 号松茸和 2 号松茸都是 20 美元），这个价格让法布尔唏嘘不已，他说这是友情价，"出于我的善意"。过去一年中，我遇到的许多采摘者都放弃了采摘松茸，他们说，松茸是一种会带来很多问题的蘑菇。

达纳·范·佩尔特坐在"松林低语"门廊的一把破旧的休闲椅上，喝着喜力啤酒。他戴着一顶黑色的球帽，穿着一件石灰绿色的汤米巴哈马 POLO 衫，胸前的口袋上印着"放松"。他正和一个身材矮小、衣着考究的老挝人谈生意，这人的胳膊下还夹着一个马尼拉文件夹。范·佩尔特坐在休闲椅上一边说话一边晃动着肚子，他脸色红润，眼神略带斜视。范·佩尔特的儿子，头发染成流行的栗色，牙齿亮白，靠在附近的柱子上站着，手拿着一罐科罗娜啤酒。范·佩尔特告诉那个老挝人，他将为他保留 1 号房间，当老挝人走回他的卡车时，他们俩都笑了起来。范·佩尔特转身对我说："我喜欢这些人，我真的喜欢。赫蒙族人和缅族人都很正直，但老挝人比较浅薄无知，和他们做生意，无论你说什么他们都会反着来做。"我们谈到一些关于他经营蘑菇营地的争议，有人指责营地里存在赌博、卖淫，甚至还发生过一两起谋杀案。范·佩尔特把这些争议归咎于那些混蛋媒体，因为他们把事情吹得太离谱了。他说，他花高价聘请律师，替他就一篇报道起诉《纽约客》。他说，营地的这些人都是好人，那些让他害怕的人反而是白人小混混，还有雅利安人等。他转而问他的儿子："媒体那帮人到底是怎么称呼我的？红脸胖子？"

"很搞笑，"他的儿子说，"我妈把那篇报道剪了下来，并保存了起来。"

"真是一群混蛋。"

今年，营地里来了不少新的采摘者。我在一个收购点外的火堆旁遇到一个叫作森福的人和他的妻子。他们刚刚卖掉一天的劳动成果，大约 5 磅。他羞涩地解释说，他们来这儿是度假的，并补充说："对我来说，最大的好处是锻炼。"森福是一名社会工作者，来自波特兰市，他在那里生活了 33 年。在此之前，他在老挝长大，并成为一名机枪手，与老挝共产党作战。1975 年，他偷渡湄公河，辗转抵达泰国的一个难民营。"我别无选择，"他说，"如果我留下来，我只有死路一条。"他的第二个孩子在难民营出生，后来他们通过政治避难来到美国。他们的生活颠沛流离、动荡不安，但也好在多少受到幸运女神的眷顾。森福的妻子一言不发，只是一边默默地听她丈夫讲述他们的经历，一边使劲地点头，而她头戴的塔尔海尔斯针织帽也随着脑袋上下摆动。说完，森福搂着妻子，深情地说："30 年前，我的妻子还很年轻，很能干，而且很漂亮。"

"30 年前，我丈夫也很年轻，很瘦很瘦。"

"但非常帅！"他特别插上一句。

有十几个买家在范·佩尔特的营地里经营，街对面的瀑布山旅馆里有另外五个买家，还有几个人在北边的几个街区设有帐篷收购点，有一个买家甚至在路边堆放的一个空集装箱里摆摊。我发现利奥·威尔斯在街道西侧一个废弃的加油站里工作，加油站的门上用黑色小字印有"斯达比之家"，房屋内一个丙烷加热器发出明亮的橙色光芒，烟雾缭绕，像寒冷的早晨汽车尾气管中排出的废气一样向我袭来，一个长头发的白人采摘者正吸着骆驼牌 99 号香烟，这人名叫里克，我注意到他的手指背上文有字母 L-O-V-E。利奥给他的泡沫塑料杯里又续满咖啡。"我当时十三岁，很傻。"里克说道，轻轻摇了摇手。里克和利奥都在蘑菇行业打拼了 30 多年。

"我们一开始对亚洲人不太友好。"里克承认。

"我们不和他们分享我们的采摘经验，"利奥同意，"前几年，他们大多选择 5 号和 6 号这些等级不高的蘑菇采摘。他们最终明白这一点，然后开始用耙子翻耙松茸生长地，你所看到的每一个地方，都是被反复耙过的。"

如果条件合适，松茸可以长得很大，然而最珍贵的松茸往往是生长在森林半腐层或苔藓下的幼年松茸。曾经很多年，采摘者借助耙和其他园艺工具挖掘松茸，如今，耙被禁止使用，但在密集采摘的地区，采摘者可以使用棍子和其他合法工具寻找松茸，这些地方的土壤还是因此遭到过多的人为干扰，而采摘者会为自己透过地面上的裂缝找到松茸而沾沾自喜。

"那些枪呢？"里克说。亚洲人经常朝天开枪射击，但此举并不是为宣示领地。他说："他们只是为了好玩。"有一次，他在森林中碰到一个亚洲小伙，小伙很友好地问了他一个问题。"我当时没空回答他，结果他转过身来，朝天连开五枪，把我吓得半死。我抓住他，使劲地拽，把他骂得狗血淋头。森林里到处都是人。"我说。"不管是什么，射到天上的东西总会掉下来，说不定就砸到谁脑袋上。这可能是百万分之一的一枪，但我在过去的三四天里听到不下 100 万次枪声。"那小伙想了想，向他表示感谢。"是的，他感谢了我。"

利奥说，这些年来的冲突，大多不是发生在白人和亚洲人之间，而是发生在不同种族的亚洲人之间，有时甚至是同一种族。有一起谋杀案是一人杀死了出轨的配偶，到底是男方出轨还是女方出轨，利奥和里克已经不记得，他们只记得凶器是一把刀，或许是一把砍刀，利奥称之为"亚洲人离婚案"。在另一起成为头条新闻的案件中，一名男子因赌债被杀，凶手为拿到他无名指上的精美钻戒，将他的无名指砍掉，然后将他的尸体抛弃在一个蘑菇采摘点。此案发生后的第二天，所有的亚洲人都离开了小镇，他们认为这是一起仇杀。利奥不确定凶手是否被抓，但凶手一定认识死者，因为死者用来放钱的一只鞋被拿走了。死者的朋友和亲戚在发现尸体的地方留下了几根燃烧的蜡烛。利奥说，多年来，没有人再踏足那块蘑菇采摘地。

"是的，那边发生了事情，"里克说，指了指范·佩尔特的营地，"那边经常有事情发生。"

　　第二天一早，我和索姆、福雷斯特、罗伯特、托德一起在月牙湖公园的奥德尔运动员中心吃早餐，我们享受了特价早餐：一纸碟肉汁饼干，外加一杯16盎司的咖啡，价格是3美元。他们实话实说地告诉我，今天的采摘可能不太欢迎我加入，现在是高峰采摘季，采摘者人数最多，蘑菇的卖价也最高，他们需要伺机大赚一笔。他们说，今天他们可能会去禁区采摘，竞争如此激烈，他们无法遵守在他们看来极其愚蠢的森林公园法规，而我的出现会拖累他们。这让我很不高兴，因为他们已经答应带我一起去。我对他们这种毫不掩饰的非法行为并无强烈的反感，但如果这些人是捕捞鲑鱼的渔民或者是猎杀大型动物的猎人，我一定会感到愤怒，因为那是偷猎动物。然而，采摘蘑菇和偷猎不一样，采摘者们认为他们比那些制定法规的人更了解野生蘑菇。在很多情况下，他们确实如此。与鱼类和一般陆地猎物不同，蘑菇不需要一定水平的"捕获量"——这是一个关于控制育龄动物数量从而维持整个种群数量的术语。蘑菇采摘如果也需要"捕获量"的话，这种规定一定是为控制蘑菇猎人的数量，而不是野生蘑菇的数量。另一部分是森林土地本身，例如林地被采摘者搜刮和探察，尽管似乎没有人会因每年秋季踏足森林的猎鹿人对林地造成的破坏表示担忧。很多老一辈的采摘者，他们已经完全不再涉足月牙湖区域。其中一位来自俄勒冈州海滨地区的著名白人采摘者，因其侦察松茸能力超强而备受业内人士推崇。他告诉我，几年前他就放弃了这片地区，因

　　　　　　　　　　蘑菇猎人：探寻北美野生蘑菇的地下世界

为这里的采摘者已经多到人满为患。遍地乱扔的垃圾、拥挤不堪的营地，以及如淘金热般的蘑菇采摘氛围，令他感到极度无奈和遗憾，他告诉我们，他与日本人的松茸生意正是因为竞争对手的强硬手段和武力威胁而以失败告终。"这不是我做这行的初衷。"他说，他来到森林是为寻求内心的平和宁静。

我说了声再见，端着咖啡走到外面的长椅上坐下，感受初升的太阳照在我脸上的温暖。外面依然很冷，只有4到5摄氏度，但到下午天气会变热。我的手机收到一条来自道格的信息，他想要一份报告。作为蘑菇采摘者，道格挣得最多的两次是在松茸热潮期间，而且是接连两次。1993年，他和一个来自肖尔沃特湾印第安人保留地的团队一起采摘，早期的一个蘑菇经销商把这群人召集起来，安排他们在加利福尼亚边界上一个鲜为人知的地方采摘。来自克拉马斯印第安人部落的一个成员联系上肖尔沃特湾部落，计划两部落联合采摘蘑菇，肖尔沃特湾部落进而邀请道格入伙，他们知道道格对这一地区了如指掌。虽然采摘大多集中在月牙湖附近的国家森林公园中，但这支队伍也前往加州一个叫作"药湖和玻璃山"的地方采摘，那里的竞争压力小很多。加利福尼亚的森林管理人员不知道如何对付这群粗犷鲁莽的蘑菇采摘者。"我们去玻璃山森林管理处拿许可证，他们说：'我们这里没有野生蘑菇。''不，这里有。'他们让我们星期一再来，到时会给我们发放许可证。"那天是星期五，采摘者们迫不及待地开始侦察地形。第二天，当他们带着装满松茸的桶走出树林时，一个护林员正在等他们。"那天坐在办公室里的那个该死的护林员正在给我们开罚单。"道格告诉我,"我转身就往树林里走。那个护林员叫道: '嘿,嘿!'我把我所有的蘑菇都藏好,绕了一个远路回来。我心里开始骂那个护林员。我们周一去取许可证。"护林员要没收道格的蘑菇。

"我说:'你拿不走我的蘑菇。'他给其他人开了罚单,但他没有给我开罚单,因为我火气大。"后来,道格质问他的采摘者同伴,想知道他们为什么不支持他并和他一起向护林员发难。答案很简单,他们身上都背负着逮捕令。

这些人悄悄地交了罚款,拿到了许可证。采摘正式开始,几百美元现在是小意思。"这太酷了,伙计们,"道格说,"我们要去一个秘密地点。我们团队一行十人偷偷摸摸去到那里,采摘了一整天,然后一路开回月牙湖,路程往返将近350英里,每天如此。他们打起了价格战。"月牙湖附近的买家开始竞价收购蘑菇。有一天,道格为1号松茸拿到每磅500多美元的价格,两天内,他净赚差不多6000美元。"有一个多星期还是十天左右,价格是300多美元,有很长一段时间我赚了很多钱。连续两天,我摘了6桶等级不一的松茸,总共100磅。我不得不和其他人平分,我并不反对与他人分享,我只是下来找点乐子,我可不知道价格会如此疯涨。我想,我来这里,每天赚几百美元,和这些人分享报酬,一起露营、抽烟、侃大山等。我们赚了不少钱,有人拼命工作,也有人采摘才没几个小时,就坐到卡车里休息。我们不得不所有人平分,我们有不少人,但我从来没有后悔过和他们分钱,因为我签了字。"队长也拿了他的那份。

即便如此，这个秘密地点没有维持多久就暴露了。"我们中有一些人喜欢喝酒，喝完酒后嘴不严实，你知道，要不就是他们出卖了地点位置信息，要不就是他们让人跟踪了，二者之一，我认为是前者。这个地点至少值1万美元，但他们可能只获得了2000美元的好处，要知道我们一天就能赚那么多。"道格第二年又去了，他在一个道路施工现场被拦住，他上前和一位女标记员攀谈。女标记员注意到他后面的蘑菇篮子，说道："给你一个建议，去玻璃山，那里可以采摘到不少蘑菇。"她把道格的蘑菇采摘点透露给了道格。

给道格打了几次电话后，我开车回到营地，找到了乔伊，他同意带我和他的两个孩子（一个9岁男孩和一个7岁女孩）一起去采松茸。他家位于山另一侧的斯普林菲尔德附近，他的妻子和孩子从家过来这里度周末。他们昨晚都睡在帐篷里，但他们计划今晚在镇上找一个汽车旅馆过夜。我们沿着月牙湖岔道行驶，转入一条积土道路，并在一个岔道口停了下来。森林中最多的是树形纤细的美国黑松，另外零星可见树形高大的西黄松，以及犹如圣诞树一般宏伟、树冠呈锥形的冰绿色巨大冷杉（*Abies procera*）。这片山区海拔高达5000英尺，空气稀薄，且弥漫着树脂的味道，即使天色变暖，仍感觉清冽寒冷。蔚蓝的天空中，看不到一片云，太阳高挂，阳光透过树梢倾泻下来，眼前的景象如同一张曝光过度的照片。乔伊说没有多少人知道这个地方。我们漫步于小树之间，跳过脚下被风吹落的果子。乔伊儿子手里拿着一包花生黄油饼干，一边吃一边在森林中探索。妹妹穿着一件粉红色的羊毛衫，戴着一顶有小猫脸的羊毛帽，她让我想起了我的小女儿。在第一个采摘点，乔伊让他女儿在一根倒下的原木旁寻找松茸。她弯下腰，拿着一个形似拆轮胎铁棒的工具，四处探察。据我观察，这里什么松茸都没有，甚至连显示可能有松茸生长的地表土壤凸起都无影无踪。乔伊提示她走近一点观察，她小心翼翼地扒开原木旁边的木头碎屑，露出来一个松茸的白色菌盖。

"哦，哦！"

乔伊弯下腰去摘，手指之间还夹着一支烟。虽然他个头很小，但它是 1 号等级的松茸。"这只松茸值 3 美元。"他说。

"你怎么知道那儿有松茸的？"

"只要发现土壤中有一道小的裂缝，八九不离十那下面就有松茸。"但我确信刚才没有看到地面上有任何裂缝。乔伊说，在像这样多种松树混合生长的树林中，最好挑树形较大的松树寻找松茸。松茸会从地下的根系上冒出，有时以弧形的线路沿着树根向远端繁殖。你可以凭借经验寻找潜在的宿主树，而且你也知道去哪儿找到这样的宿主树。一般情况下，松茸在树的一侧聚集生长，这取决于坡度和树周围的地面裂开方式。也许这背后有科学依据，但是，对于乔伊和其他采摘者来说，知识来自于经验，来自于在森林中长年累月的工作积淀。他们只要瞄一眼地块，就可以判断那儿是否有松茸。

在离这儿 50 码远的另一个采摘点，乔伊从一堆掉落的松针中发现了一个半露的松茸。我蹲下来，仔细观察这个松茸，这是一个完全成熟的松茸，它长着十分细小的菌褶，也许只是 5 号松茸，

蘑菇猎人：探寻北美野生蘑菇的地下世界

但它的发现对我们来说是一个信号，乔伊拨开它附近的半腐层土壤，又发现了两个完美的松茸。他已经找到了3个大小差不多的1号松茸和一个较重的5号松茸，换句话说，到目前为止，我们平均每分钟进账约1美元。但这个采摘地点的经济价值在逐年递减，"去年这个地方长满了松茸，但今年松茸少了很多"。乔伊在镇上还有一些业务要处理，我们就此告别。天还没亮，我决定自己在树林里转一转，但一直走到影子变长，我的桶还是空空如也。

北美出产的松茸百分之九十以上会流向日本。日本人以传统方式烹制松茸，日式蒸饭是一道简单的以米饭为主要原料的菜式，这道菜淋漓尽致地展现出松茸的香味特性。将松茸与胡萝卜等少量蔬菜切丁，沥干水分，加入电饭锅中烹煮。当电饭锅冒出蒸汽时，香气也随之散发出来，弥漫在房间里的每个角落。另一个经典食谱是寿喜烧，将松茸切成薄片，与卷心菜丝、葱和白菜一起翻炒，再将其放入由牛肉汤、清酒和酱油制成的一壶汤中熬制，松茸的辛辣味渗透入寿喜烧中。在中国，松茸也经常用来给肉汤调味，而且，中国的富人阶层不惜花费重金购买顶级松茸，对于他们来说，顶级松茸是财富的象征。

我自己也是经过多年才逐渐喜欢上松茸。起初，我不明白为什么所有人都对松茸趋之若鹜，但随着我越来越多地食用松茸，就越发迷恋它的独特风味。在家烹饪松茸就如同参加一个实验戏剧班，可以借口在厨房里做各种即兴表演。我特别喜欢按照中式烹调的方法用炒锅爆炒松茸，配上辣椒和让你嘴唇发麻的四川花椒。中国人为他们传统菜肴中的味道组合起了一些令人回味的名字，其中一种味道被称为"鱼香味"，它所使用的配料可以烹饪出古代鱼肉菜肴的味道，即使配料中没有一个来自海洋的元素；而另一种味道被称为"怪味"，它是多种口味的复杂结合，我最喜欢的菜肴之一是改良自中餐里经典的清蒸滑鸡，我在这道菜中加入松茸，以前烹制此道菜需要用黑醋和泡椒制造出一种酸甜味，而松茸则增加了辛辣味，使这道菜的口味又有一个升华。当我把这道菜端给在亚洲生活过的朋友们品尝时，他们赞不绝口，说从未品尝过这样的味道，我称这道菜为"诱人风味鸡"。

我不喜欢用主要依赖黄油、奶油或奶酪等乳制品的典型西式做法烹制松茸。事实证明，松茸的味道属水溶性，而不是脂溶性，某种程度上，这就是松茸与清酒、酱油和米醋可以完美搭配的主要原因。松茸似乎就是为亚洲烹饪而生的蘑菇，然而在俄勒冈州中部的蘑菇营地里，没有人用松茸做饭，因为它们太过昂贵。

黄昏时分，我们回到营地，耳边传来链锯的声音，与汽车音响发出的老挝流行音乐交织在一起。50个火堆产生的烟雾汇聚成蓝色的雾霾，飘浮在营地上空，久久没有散去。营地上的人们正在为派对做准备。在面馆的后面，一个身穿橙色服装、红色袜子和凉鞋的佛教徒躲在巷子里短暂地抽了一口烟。一个叫作凯蒂的女人把我介绍给大家，凯蒂现在住在南卡罗来纳州，但她每年都会在松茸的季节回到这里，帮她母亲打理餐厅。她从一个塑料酒瓶中倒了一杯酒，递给我，说这是"药"。我犹豫着要不要喝，因为手工制作的标签上印的是一种我看不懂的语言。她解释说："哦，标签上的文字意思是熊胆树皮之类的东西。"这是一种用老挝的药用植物

蘑菇猎人：探寻北美野生蘑菇的地下世界

浸泡过的伏特加。"喝了它，对你有好处。"

虽然是季节性营业，但面馆比这里的任何一个营地设施都要坚固。面馆墙壁上覆盖的不是防水布，而是宽 4 英寸、厚 2 英寸的木板和胶合板，地板上铺着橡胶垫，房间后面有一台电视、立体声音响和一对用于卡拉 OK 的扩音器。面馆里一碗河粉是两美元，通常到了晚上，食客们坐在塑料椅子上，在铺有彩虹色桌布的折叠桌前用餐；今晚，采摘者们在编织草桌周围的地板上席地而坐，供奉在高架上的一尊肩上披着金色丝巾的石佛俯视着众人。

我在乔伊的父亲佩特旁边的地板上坐下来，像乔伊家的大多数男人一样，佩特在逃到美国之前曾在老挝军队里服役。现在他是一个蘑菇猎人，这是他从儿子那儿学到的技能。佩特递给我一碗糯米饭，并指着矮桌上盛有不同肉菜的盘子，示意我吃菜。当日清晨，范·佩尔特捐赠的一头牛在这儿被宰杀，用于今晚的盛宴。凯蒂的叔叔是一个很幽默的男人，他正在外面烤着一整排的牛肋骨，眼眶泛红。我喝了一碗牛肚汤，然后用生菜叶包了几片牛肚，佩特教我吃"老虎肉"，所谓的"老虎肉"是混合了辣椒丁和其他香料的生牛肉片，他说这对健康有好处，还能增强性欲。我拿起一片生菜，放入一勺老虎肉，包好塞入嘴里。

"非常新鲜。"有人说。生牛肉，当然新鲜。

房间的后面，几位年长的男人和女人忙着处理捐款，把美元钞票一张张贴在一棵塑料观赏树上。这时，一位僧人走了过来，接受了我的捐款，并给我赐福。小巷的另一边，一个特制的帐篷里架起了音响系统，一位在美国巡回演出的老挝流行歌星被安排在当晚的派对上表演。在邦戈鼓手、吉他手和键盘手的配合下，这位身材矮小、略显娘娘腔的歌手跟着卡拉 OK 的伴奏一边说着笑话，一边唱着似乎融合了东西方传统音乐的奇怪歌曲。凯蒂的姐姐向观众兜售啤酒和饮料，她那位正在帐篷外烤肉的叔叔放下手中的活，也不管别人愿意不愿意，硬生生把男男女女拉在一起跳舞。有人给我倒了一小杯甜的利口酒，我喝完，顿时感觉头晕目眩。

我立马走到帐篷外的火堆旁喘气，发现索姆和福雷斯特已经采完蘑菇回来了，索姆说有事发生。

福雷斯特叹了口气，说道："托德还在山上。"

"哪座山？"

"我不知道，应该是我们采摘蘑菇的那座山，在月牙湖旁边。"

"你们扔下他不管？"

"是他离开了我们。"福雷斯特说，"索姆把他的一些蘑菇放在我的桶里以减轻他的负担，被他撞见，我猜他不知道我们是搭档，他当时说：'我要一个人采摘蘑菇吗？'我和索姆从第一天起就是搭档，我们就说：'是的，哥们儿，你自己一个人。'他生气了，然后扭头离开了。"

"那他现在还在山上？"当时已经是午夜 12 点半，周边一片漆黑，伸手不见五指。

"是的，除非他已经自行下山。"

"那山离营地有多远？"

"有很长的路，他经常做这种事，他是一个马鹿猎人。"

蘑菇猎人：探寻北美野生蘑菇的地下世界

"你不能找到他带他回来？"

"如果有人不想在森林里被找到，"福雷斯特说，"他就肯定不会被找到，特别是像托德这样的人。"

索姆有意无意地摇了摇头，我感觉这种误会以前在托德身上发生过，他看起来不像是那种任何事都不往心里去的人。

索姆是唯一一个手中没有拿饮料的人。"我喜欢掌控一切，"他说，"但只要有一杯啤酒，我就会……"他做了一个"发疯"的手势，"我女朋友说我是一个特别容易被搞定的人。"今夜，星空朗朗，围坐在篝火旁聊天，这种感觉很好。气温正在下降，高海拔地区很快就会下雪。索姆有很多事情要考虑，他正决定是否继续前往蘑菇小径上的下一个大型采摘点，此地位于格兰茨帕斯西南的穴纽市附近，采摘西斯基尤斯地区的松茸和鸡油菌。之后，蘑菇猎人们将转向加州边境，前往俄勒冈州的布鲁金斯，开始冬季采摘，如喇叭菌、黄脚鸡油菌和卷缘齿菌等。索姆不确定他是否会去穴纽市或布鲁金斯，他在威德市有一份固定工作——电弧焊工。他的老板对他已经足够宽容，给了他两个月的假期，让他去月牙湖采摘松茸。如果索姆想继续从事蘑菇采摘和学习蘑菇采购，他需要在这两份工作中做出选择。电弧焊工意味着一份离家近且时间规律的工作，当然也很单调，而如果选择从事蘑菇采摘，那他不得不背井离乡，而且收入不稳定，但如果运气好，蘑菇收获不错，那他就有可能赚到很多钱。如今，索姆正在学习蘑菇采购，他努力向这条产业链的上游发展，既可以让自己得到休息，同时还可以自己采摘一点蘑菇。

这时，人群开始喧闹起来。索姆说，像这样的夜晚几乎总是以打架斗殴结束。"你需要知道何时离开。"他引用了肯尼·罗杰斯[1]的一句歌词说道。

约翰是一个老挝人，来自加州雷德布拉夫，年龄约莫 20 岁，他坐在火堆旁的草坪椅上，手里拿着一罐啤酒，他问我来这儿做什么。篝火的火苗跳动着，照亮了他的脸，他目不转睛地盯着火焰，倒掉手中的啤酒，把啤酒罐捏扁，扔进了纸箱。"我不是为了钱采摘蘑菇。"他说道，转过身来面对我。外面温度很低，但他只穿了一件 T 恤和一条特别宽松的牛仔裤。他表情凝重地看着我："我是为了生存而采摘蘑菇，我们都是如此，为了生存。"我告诉他我很理解他，说完，我收拾好东西，转身离开。

20 世纪 90 年代初，松茸经历了一个"爆发期"。后来不久，松茸在中国、韩国，甚至加拿大等其他国家和地区被陆续"发现"。戴维·阿罗拉研究了全球各地的商业，他认为在这些地区发现的松茸更多是由这些地区新兴的基础设施所导致，如公路、桥梁、城镇化建设等。随着市场上的供应过剩，松茸价格开始雪崩。一时间，阴谋论在采摘者之中甚嚣尘上，他们指责蘑菇买家串通一气，打压收购价格，但真正的原因似乎应该是全球化。正如许多其他市场一样，如果没有底层工人，整个市场将不可想象，但他们现在只分得了大蛋糕的很小一块儿。如果这是一个阴谋，那也是资本

1　肯尼·罗杰斯（Kenny Rogers, 1938—2020）是美国著名乡村音乐歌手，他的歌曲朴实无华，语言平直却熠熠生辉，取材广泛且寓意深刻。

家剥削工人的老阴谋。因为市场竞争激烈，一位来自加拿大不列颠哥伦比亚省的松茸买家不得不低价采购采摘者的松茸，为此他深感愤怒，在油管网站上发布了一条视频，名为"世界上最贵的一次踩踏松茸"。视频中，他一脚踩烂一个松茸，直到销毁他的全部松茸库存，以示抗议。

有些年份，几乎不值得采摘松茸。探访月牙湖的前一年，我前往不列颠哥伦比亚省钓硬头鳟鱼。路上，我特意在特勒斯市以北的一个松茸收购点停留，此地位于基特旺加十字路口，就在37号公路旁（路标显示：距离阿拉斯加仅700英里），在这儿我认识了一个名叫作艾维的买家，他正发愁如何收购到更多的松茸，因为华盛顿州和俄勒冈州的松茸热潮导致每磅松茸的价格低到在1至2美元之间徘徊。他的收购点就是一个简单的墙式帐篷，里面放着一个木头炉子，地点位于镇外他朋友的砾石地里。我停车时，两个印第安人正要离开。"我不知道我是否会再见到他们。"艾维说完，带我回到他的帐篷，交易就在帐篷里进行。他说，与印第安人（美国和加拿大的原住民）的交易十分复杂，很多情况下，印第安人拥有的土地往往是非常好的蘑菇生长地；即便是他们不拥有某片土地，也认为这片土地是他们传统领地的一部分。近年来，印第安人越来越多地参与蘑菇采摘，但许多买家认为印第安人并不擅长蘑菇采摘，而且他们可能会因为忙于其他事情而错过采摘品质极佳的蘑菇，比如与其他部落聚餐，或者根本就没有什么事情。艾维说，印第安人对蘑菇采摘有一种矛盾心理：一方面，在自己的土地上放着一个潜在的赚钱业务不做，这让他们左右为难，把这个赚钱机会拱手让给外人更会让他们心生不爽；另一方面，他们的部落文化中蘑菇元素并不多，特别是松茸。这与加利福尼亚北部的印第安人形成了鲜明对比，他们食用松茸的历史可以追溯到很久以前。在加利福尼亚北部，松茸一般生长在柯木林而不是针叶林中，所以当地印第安人称其为橡菇而不是松茸。

"他们会报仇的，"艾维说，"他们会把自己的土地租给中国人，中国人会最大限度利用土地的价值，而白人会疯掉。"他预计当天下午晚些时候会有一群采摘者带着蘑菇来卖，但他对这一季的收获前景并不乐观。他打算几周后南下温哥华岛收购鸡油菌，然后冬季来临时去俄勒冈州南部和加利福尼亚北部采摘喇叭菌。他说，收购活动大部分都在北边进行。中国人正忙着购买不列颠哥伦比亚省的伐木租约——不只是从当地人那购买，还从王室那里购买——艾维预计大部分剩余的优质松茸森林地块不久就会被砍伐殆尽。他说："你要愿意的话，可以去'蔓越莓园'。"我回答说："那里已经没有什么可看的了。"我听说过"蔓越莓园"，当地人称其为"动物园"，是不列颠哥伦比亚省为了抗衡月牙湖松茸营地搞的一个该省最大的松茸营地——或者至少曾经是——但我发现那里已经基本处于荒废状态。

劳伦斯·米尔曼是一位探险作家，同时也是一位真菌学家，2001年，他为《大西洋》杂志撰写了一篇关于蔓越莓园的报道，他采访了几位蘑菇猎人和买家，其中有沃米·皮特、埃儿贝塔·阿、埃恩·梅登等。在蔓越莓园的全盛时期，超过1000名巡回蘑菇猎人白天在附近的深山搜寻蘑菇，晚上在园内扎营，园内的餐厅还能买到酒。"你会看到有人打架，也会看到有人喝得烂醉如泥、不省人事，在雨中躺在水坑里呼呼大睡。"但这样的情况已经再也看不到了。一条土路通向一片荒芜的砾石地，大约有一个足球场那么大，还有一些小的地块隐没在森林中，大部分空无一物。附近的蔓越莓河蜿蜒而缓慢地流淌，河水浑浊不堪。在这片面积非常大的营地里，我见到不少满脸惆怅的留守者，他们住在帐篷、拖车里，或者住在将塑料布钉在木梁上搭建的临时棚屋里，空地上停着几辆烧毁的汽车，我还见到一个破烂不堪的厕所。这里还有一个标有"B.S. 蘑菇仓库"的地方，其实是将拖车和棚屋组合在一起，看起来已经被废弃，一张塑料折叠桌下面的地板上有一些腐烂的鸡油菌，在砾石地的对面，一顶废旧的帐篷在风中摇晃。周围唯一活动着的人是一个叫作格蕾丝的女人，她在这里经营移动杂货店多年。她走到银色房车门前，怀里抱着两只不停叫唤的小狗。格蕾丝从未见过营地如此荒凉，她也不指望能有所改观。对于采摘者来说，每磅两美元的收购价格不会让他们有什么动力，而且就每天在森林中采摘蘑菇的辛苦程度来说，这个卖价甚至可以说是低贱。格蕾丝说，汽油、食物、修理汽车都需要花钱，平均算下来，每天花费可能高达 100 美元，这意味着在价格如此低的情况下，即使售出 50 磅的松茸，也很难支付开销。

一位不愿透露真名的采摘者在网上回忆起过去的日子："即使你可能来自火星，你也会成为蘑菇采摘大军中的一员。你知道当年的'动物园'是怎样的吗？它就是一个种族大杂烩——俄罗斯人、捷克人、波兰人、南斯拉夫人、瑞典人、匈奴人、越南人，甚至还有奇怪的英国人……很好……这就是让这个地方有趣的原因——人！这也是我们年复一年回到这里的原因：与其说是蘑菇——当然这个诱惑确实巨大——不如说是人。而当下一季到来，我们回到动物园后做的第一件事，不是冲到收购点去看价格，而是开车围着营地转一转，看看都有谁在。"

在离开月牙湖的路上，我顺道去了一座可以俯瞰戴维斯湖的山，探访一个公开的松茸采摘地块。我见到几个岔路口都停着卡车，甚至看到采摘者提着桶穿过树林。在一个可能是采摘点的地方，我停了下来，这里生长着高大的冷杉树，还有西黄松和黑松，但地面没有太多植被。我四处走动，搜寻地上明显的裂缝。尽管过去几年我在离家较近的地方发现了很多松茸，但要在这个北美最著名的松茸采摘地发现松茸并不容易，特别是在像今年这样的小收成年份。熟练的采摘者会尽可能保持地块"干净"，所谓"干净"，也就是说，他们会定期采摘，采摘时必须小心翼翼，避免任何东西破坏森林地表上的半腐层，否则蘑菇会被不熟练的采摘者发现。有虫的老蘑菇也会被及时清理掉（以踩踏或其他方式掩埋），以使这片土地看起来毫无蘑菇生长的迹象。蘑菇线索很少，这时，我突然发现地面有一个凸起——一只白色蘑菇探出头来，我的心瞬间狂跳，虽然这仅仅是一只白色鸡油菌。我又继续搜索了好几个小时，但徒劳无功，不得不放弃此地，继续向北走。当你剔除所有的流言蜚语、无稽之谈、感情伤害、种族主义、贫穷、枪声和其他一切，你只剩下一个简单的事实：采摘松茸——采摘得好是一门艺术。

　　道格说他改过自新了。每次我见他，他总是为我准备各种各样的蘑菇，除了松茸。他说，他其实很享受采摘那些隐藏在灌木丛和苔藓下大而厚实的松茸，但无奈松茸的价格波动太大，他无法承受，所以他更喜欢采摘其他价格稳定的蘑菇品类赚钱。不过有一次，他为我准备了一篮子松茸，大约 10 磅。"你拿去吧，"他说，把篮子递给我，"我留着没啥用处。"道格前一天开车翻山越岭到雅基马看望他兄弟，返程路上，他一时心血来潮，在经过他最喜欢的一个蘑菇采摘地点时停了下来，只为了瞧一眼，结果发现遍地都是松茸，圆锥形的白色松茸从苔藓和森林地表半腐层中冒出来，有好几英亩。当前，1 号松茸的价格再次下探到每磅 1.5 美元左右，他知道是在浪费时间，但他还是忍不住采摘了一个小时，直到桶里装满了松茸，他才忍痛离开。篮子里混合装着 1、2、3 号松茸，充其量只值 10 美元。

　　我谢过道格，把篮子带回了家，放在我家前廊上，以保持松茸的清爽。第二天，UPS 快递员送一个包裹到我们家，在门口，我看到他盯着那些松茸。"拿几个吧，"我说，"它们多得我都不知道该怎么办。"

　　"真的吗？你确定？我在超市看到过这些东西的价格。"在我们当地的亚洲超市，松茸以小包封装出售，并配有一片假绿叶，每磅售价在 30 到 50 美元之间。他还未来得及表态，我就抓起一把漂亮的松茸，放在他手中。

　　"谢谢你，谢谢你。我妻子是日本人，她看到会欣喜若狂的。"

我自己拿了几个松茸回到屋内，把做寿喜烧的原料摆在厨房台面上。有时，当我在某些众所周知的松茸采摘地采摘时，我看到日本采摘者会在下午把松茸摆在路边，盘坐在烤炉旁烤松茸，做一锅炖的寿喜烧。在野外，秋日的香气如同一朵诱人的云彩飘浮在空气中，预示着美妙的收获即将到来。

蘑菇猎人：探寻北美野生蘑菇的地下世界

第七章　一路狂奔

马特·狄龙记得，他曾经确实有一两天的假期去山里采摘蘑菇。他还记得，在雷尼尔山附近，他与杰里米·法布尔一起采摘松茸时，他们的汽车轮胎被割破了。还有一次，他们在奥林匹克半岛待了好几天，然后载着一车的野生蘑菇来到一个灰蒙蒙的渡口。"我采到一些卷缘齿菌、松茸、鸡油菌和黄脚鸡油菌，也许还有几个绣球菌，我把它们放在汽车后备厢，装在我从杰里米那儿借来的蘑菇篮子里。下雨了，现在是 10 月中下旬，外面很冷，我穿着雨衣，喝着热可可，我的狗跟在后面。"

狄龙喝了一口霞多丽，我们坐在西雅图的费德南酒吧——没错，这是他的酒吧，就在他的"巨云杉"餐厅隔壁。他转动着酒杯，抬头看了看我。"我真想念蘑菇那玩意儿，那是一种史诗般的感觉。"15 年前，他也曾从事野生蘑菇采摘。"那时，采完蘑菇后，我回到餐厅[1]，我把蘑菇卖给自己工作的餐厅，也把它们交给杰里米去卖。我的森林冒险之旅一般持续两天，我睡在车里或者住在

1　指香草农场餐厅，他曾在该餐厅当副主厨。

安吉利斯港一家叫'奇努克'的汽车旅馆，这家旅馆太可怕了，我走进去，地上有血迹，淋浴间很脏，床单闻起来像三天前不知道什么人——也许是贩毒的人——曾在上面做爱，我当时想：'酷！真有趣！'"

狄龙记得有一次去奥泽特湖旅行，采摘所谓"怪物散播者"的卷缘齿菌。当时电视上有一场哈士奇队的比赛，他需要早起去邓杰斯湖上的绣球菌采摘点。他让旅馆给他安排了一个叫醒服务。"一个身材高大、穿着一件印有狼的图案的毛衣的南非女人，她喝醉了，打开一个柜子，递给我 7 个闹钟。'把它们都放在房间里！'"狄龙记得和法布尔一同去海边采摘牛肝菌，很多俄罗斯人在那儿采摘松乳菇，松乳菇是他最喜欢的蘑菇之一，属乳菇，因其白色乳汁状液体而得名。

马特·狄龙和杰里米·法布尔，他们俩现在是最好的朋友，但他们也有发生不愉快的时候。"我们在香草农场的时候，就互相讨厌。"狄龙很坦然地对我说。这并不难理解。狄龙是知名大厨杰里·特伦费尔德手下的副手，法布尔把自己看作狄龙的合伙人，但严格来说，狄龙是他的老板。"当时杰里正在写他的书，所以我主理餐厅。我心里琢磨：'这混蛋，每天我从早上七点干到凌晨两点，第一个来，最后一个走，而你却对我这种态度。我当时想：'去他妈的。'"然后，有一天，他们在餐厅做甜点时冰释前嫌，化干戈为玉帛。"我们成了拜把兄弟，"狄龙笑着说，"是在舀冰激凌的时候。我们都喜欢冰激凌，喜欢得不得了。他带我去滑雪，说：'你明天不管做啥都先放一边，我们去摘羊肚菌。'"按当时的季节，采摘羊肚菌还为时过早，所以他们只采到一些弗吉尼亚春美草（*Claytonia virginica*），但这对狄龙来说是一个分水岭，一年中的什么时候并不重要，即使就采摘羊肚菌来说，太早了又如何？"森林里到处都是食物。"

与此同时，在香草农场，狄龙正在跟老板罗恩·齐默尔曼学习野生食物和季节常识的速成课。20世纪90年代中期，香草农场是西北地区新一代厨师的摇篮。虽然狄龙也有过采摘荨麻、豆瓣菜和枫树的经验，但齐默尔曼为他设计了一个更丰富的菜谱。"忘记哥本哈根的诺马餐厅吧，尽管我还挺喜欢那家餐厅。我们香草农场25年前就开始做纯天然野生食材烹饪了，我们甚至比艾丽丝·沃特斯[1]的野生食物烹饪运动更进一步，任何你能塞进嘴里吃的野生食物，只要无毒，罗恩都会把它做成美味菜肴。我会和罗恩深夜促膝长谈，我们会在晚饭后做一些轻食小吃，坐在一起谈论食物，罗恩会说'去找这个，找那个'。我在一次烹饪课上认识了乔恩·罗利［一位来自美国西北地区的美食大师，被《拯救》（*Saveur*）杂志称为'味之门徒'］，他用50种不同的方式烹饪了50只首长黄道蟹，以找出哪种烹饪方式做出的螃蟹最美味。他是第一个教我了解味觉的人，这家伙真是个天才。"

齐默尔曼给狄龙一本罗伊·安德里斯·德·格鲁特所著的《花炉小旅馆》（*The Auberge of the Flowering Hearch*）。"这本书讲的是

1　艾丽丝·沃特斯是一位著名的厨师，她开创了加利福尼亚烹饪运动，在伯克利建立了加州最好的餐厅之一 Chez Panisse，并支持在她的食谱中使用有机食物。

一个人寻找法国查特酒秘密的故事，这是一种阿尔卑斯山谷的修道士用140种野生草药制成的利口酒。最后他找到一家小旅馆，小旅馆由一对姐妹经营，她们会把旅店客人带过来的鳟鱼、普通野生百里香（*Thymus vulgaris*）或牛至（*Origanum vulgare*）以及其他野生食物烹制成菜肴。就是这本书影响了香草农场。野生食物如此简单，又如此美丽。每当我闻到新鲜的迷迭香（*Salvia rosmarinus*），我就会想起在香草农场的日子，烤面包，做曲奇，清晨起床喂羊驼和鹅。那些鹅看到我会疯狂地攻击我。早上七点到餐厅，餐厅里就我一个人，我比所有人都到得早。"

后来，狄龙和法布尔各自离开香草农场，各自开创和经营自己的事业。狄龙开设了巨云杉餐厅，法布尔则推出了"觅食和发现"公司，但他们在香草农场一起共事的那段时间铸就了他们一生的友谊。"看这棵树。"狄龙对我说，他说的是与他的餐厅同名的巨云杉，只见餐厅的烟熏玻璃门前装饰有一个巨云杉的剪影。我从吧台站起来，走了过去，发现在树的底部有一个很小很小的美味牛肝菌，不用放大镜几乎看不到。美味牛肝菌与巨云杉是太平洋西北地区的两个标志性物种，现在这两个元素同时出现在这个装饰当中。

2006年，狄龙在西雅图东湖社区的一个狭小的单排商场里创办了巨云杉餐厅，当时餐厅一次最多只能接待20名顾客。但狄龙对于他的餐厅还有更高的期望，餐厅提供的菜肴有俄勒冈州黑松露天使面，以及由穿叶春美草和酸模（*Rumex acetosa*）做成的纯天然野生绿色沙拉。几年后，狄龙在西雅图南部乔治敦的工业园，购

　　　　　　　　蘑菇猎人：探寻北美野生蘑菇的地下世界

买了一栋建于世纪之交且极具时代特征的豪华别墅，别墅带有私家花园。这栋名为"科森花园"的别墅简直是一座位于火车轨道和 5 号公路高架桥旁的世外桃源，可提供家庭节庆聚餐，并可举办烤猪和品酒等活动。接下来，他稳步向西拓展他的餐饮事业，他登上方特勒罗伊渡轮，从城市来到普吉特海湾瓦松岛，在一块方圆 20 英亩的土地上——即老猎人农场——开始种植农产品、饲养动物，并觅取当地野生珍品。法布尔总是对大多数餐厅老板投去挑剔的目光。他告诉我，他认为他的朋友狄龙才是餐饮界真正的世外高人，能做出世界各地最美味的食物。"不骗你，"他说，"狄龙做的菜味道很好。"狄龙没有使用花哨的酱汁或其他烹饪技巧，就像在香草农场一样，他依靠当地时令新鲜野生食材以及创新性的食材组合，吸引了一大批食客。

后来，巨云杉餐厅战略性地搬到现在的位置，在国会山和西雅图市中心之间，位于宽敞的梅尔罗斯市场内，附近有肉店、花店、费尔南德酒吧，还有西海岸最大的贝类采购商"泰勒海鲜"。法布尔感到很幸运，他的客户群对于厨师的厨艺和菌类烹饪都有非常深刻的了解，当然，没人比狄龙本人更加了解。狄龙曾与一大群柬埔寨人在沿海灌木丛寻找海滩牛肝菌。在大多数白人还不知道松茸是什么的时候，他已经在用松茸做菜了。他翻山越岭，只为寻找只有真菌学专家才认识的奇异真菌。只待在厨房里，永远不可能成为顶级厨师。

有一次，狄龙在海岸上采摘鸡油菌。他在一片土地上转悠一圈，又绕了回来，准备开始走第二圈。这时，他听到树林里传来一声怒吼："谁在我的地盘上采蘑菇？"只闻其声不见其人。"我要砍死你！"那人大喊。狄龙三岁起就住在华盛顿州，以前也遇到过这种人，他想八成是一个难缠的小混混，或者是一个凶神恶煞、迷失方向的流浪者。遇到这种人，逃跑是没有意义的。"海边是一个是非之地。我掏出随身携带的匕首，边走边观察。如果那个人向我走来，我就割断他的喉咙。"尽管如此，他还是被吓出一身冷汗，根本不确定自己是否有能力和那人搏斗。"我走到山那边，听到后面两个人在狂笑不已。"是道格和法布尔。

　　狄龙摇了摇头，将杯中的酒一饮而尽。像其他人一样，对于他与法布尔之间的友谊，他自己也觉得不可思议。"他就是个粗鲁不堪、成天说大话的大脑壳纽约人。我当时正和前妻办理离婚手续，而他一直在我身边支持我。"这些天，狄龙和法布尔都在忙工作，所以他们很少见面；当他们再见面时，他们又回到和以前一样的轻快节奏中。"在这一点上，他就是我的家人，"狄龙谈到法布尔时这样说道，"我不知道，在我们的同龄人中，还有哪两个人像我们这样一起工作。我们没有休息日，从早一直忙到晚。我们把我们的一切，包括情感和身体，都投入到我们的餐饮事业中，我们一直不断地拓展业务。这是我们两个人选择的生活方式，对我来说，我很难放弃它。今天早上我四点半就醒了，因为要起来喂牲畜。我不在这里时，也会去科森花园找点事儿做，或去其他地方处理一些私事。我会给山羊、奶牛、绵羊、猪和鸡等喂食，我希望在接下来的几年里，能够真正赚到一点钱。"

　　和法布尔一样，狄龙也是一个极度完美主义者。他能烹制非

　　　　　　　　　　蘑菇猎人：探寻北美野生蘑菇的地下世界

常多美妙的菜式，对于做菜十分专注。"如果当时聪明点儿，我会开家酒吧，出售低劣的食物，赚大钱。在酒吧，客人们为价值50美分的商品支付7美元。"在他看来，在巨云杉餐厅，客人为价值30美元的菜品只需支付35美元。"我想提供牛肝菌和宽脚长额虾（*Pandalus platyceros*）的组合菜式，牛肝菌19美元一磅，而宽脚长额虾14美元一磅，它们绝对是一个完美组合。我会先烤制牛肝菌，然后再生刨。"我告诉他，我最近和朋友在他的另一家餐厅科森花园吃了一顿饭，其中一道菜是来自尼亚湾的肥瘦均匀的大鳞大麻哈鱼（*Oncorhynchus tshawytscha*），这道菜是我目前吃过的菜中羊肚菌配得最多的。"当你拿到一份美妙的太平洋海岸野生大鳞大麻哈鱼时，"他解释说，"你把它和羊肚菌、香菜籽以及用黄油炒过的蚕豆放在一起烹饪，再端给客人……"对狄龙来说，没有比这更好的烹饪方法了。

"我不会因为羊肚菌就特别处理，"他接着说，"我要的是品质好的羊肚菌。"他拒绝提供加利福尼亚果树羊肚菌，尽管这种羊肚菌通常是西海岸的第一批时令羊肚菌，需求量很大。果树羊肚菌有缺陷，它们带有沙子，而且由于通常生长在中央山谷的橄榄树丛中，因此可能含有化学物质。法布尔的公司已经停止销售这种羊肚菌。狄龙偏爱华盛顿州的羊肚菌，例如外形优雅的木棉羊肚菌，它是太平洋西北地区最早成熟的羊肚菌之一。"当你第一次看到它，就会觉得眼前一亮，你就想在野外找到它的踪迹，并且想了解它。这就是我想在我的餐厅里提供的食物。"

近年来，寻觅野生食物俨然成为一种时尚，但烹饪领域的真正革命依然发生在厨房。厨师成为大众追捧的超级明星。《钢铁大厨》《顶级厨师》等电视厨艺真人秀节目广受欢迎，安东尼·布丹所著的《厨房秘密》催生了家庭私房菜的盛行，随之而来的是，年轻上镜的新一代美食精英们正在推倒传统烹饪的大门，他们带来富有异国情调的食材，同时，他们讲黄色笑话，使用违禁品，私生活混乱。他们了解食物，以烹饪为生，身上有各种餐饮元素的文身：煎锅、山羊、猪、牡蛎，不一而足，甚至有人在肩膀上文满被分解的牛的各个部位。提倡新原料和新风格的烹饪潮流更加凸显厨师的态度。新一代厨师们不满足于在后厨深藏不露，他们有自己的观点，有自己的口味。突然间，就像从滚石乐队的创始人乐手基思·理查兹获得真传一样，举止不良和高级菜肴结合在一起，这种组合就像牛排炸薯条的组合一样势不可挡。就法布尔而言，他通过时不时承办餐饮活动保持对烹饪世界的关注。最近，一家杂志列出一长串西雅图地区最有影响力烹饪潮流人物榜单，但法布尔榜上无名。"竟然没有我的名字，"他给我发短信，"榜单上的莫丽月亮冰激凌是个什么鬼？"与之相反的是，狄龙在榜单中名列前茅。

乍一看，你可能会把马特·狄龙和其他打烊后整晚都在聚会玩乐的摇滚明星类厨师看成一类人——胡子拉碴，笑容邪恶，满是文身的粗壮手臂，其中有一个模模糊糊的华盛顿州字样的文迹，可能是为了掩盖之前不太雅观的文身。但只要他一开口，你会觉得你在同一个菩萨说话。

"他那样说话是为了给女孩留下好印象。"法布尔调侃道。

虽然我曾多次吃过狄龙做的食物，但第一次仔细观察他的举止行为还是在他与法布尔一起承办的一场活动中，那是一些拍卖成功者为支持加纳的志愿者工作而举办的一场慈善晚宴。法布尔和狄龙同意承办，那天是周六，天气阴沉，活动地点是华盛顿州斯诺霍米什的一个农场。狄龙身材高大，肩宽胸厚，但却温文尔雅，与大众想象中米其林星级厨房里盛气凌人的厨师截然不同。他没有穿厨师制服，而是穿着黑色纽扣衬衫和牛仔裤、背着一个破旧的帆布刀袋出现在慈善晚宴上。"我们不应该对食材颐指气使，"他卸下刀袋，取出刀具，悄悄地对我说，"我们应该倾听食材。"比尔·盖茨的私人厨师碰巧也在现场，虽然他是晚宴的客人，但他也是厨界人士，所以给狄龙帮厨。他推出一个碰碰车大小的韦伯烧烤架，拿了一些大块的赤杨木开始生火，打算熏烤几只鸡。狄龙从他的皮卡车上拿出塑料桶，桶里装满了他当晚可能用到的食材，有羊肉、比目鱼、鸭蛋、鲑鱼干、哈里萨辣椒酱，还有一种叫萨塔的香料。法布尔也带来了他自己的食材，有海蓬子（*Salicornia* sp.），有沿海车前（*Plantago maritima*）——桑在威拉帕湾附近采集的一种野生海边绿色植物，还有各种春季蘑菇，如羊肚菌、牛肝菌以及黄色和粉色珊瑚菌等。

　　那天早些时候，作为竞拍成功的奖励之一，法布尔带着几位竞拍者在喀斯喀特山脉的东坡猎采蘑菇。尽管他已经忙碌了好几天，几乎没有合眼睡过觉，还是热情洋溢地给大家当导游，甚至还为大家带了啤酒和冷盘。正如他之前为我所做的那样，他带领大家穿过森林，不时地在他熟悉的树旁停下，揭开树木周围一年一度生长的野生蘑菇，如春季牛肝菌、大秃马勃（*Calvatia gigantea*）、黄珊瑚菌（*Ramaria rasilispora*）等。旅程的最后，他还带大家去他采摘多年的葡萄状枝瑚菌（*Ramaria botrytis*）采摘地点。虽然珊瑚菌并不常用于烹饪，但法布尔有几个客户，包括狄龙，接受他找到的任何野生菌。葡萄状枝瑚菌，具有温暖的玫瑰色泽，顶端呈暗色，味道优于黄珊瑚菌。黄珊瑚菌和葡萄状枝瑚菌从宽大的基部伸出数百根树枝状的柄，看起来和海里的珊瑚一模一样。它们点缀了森林的地面，是森林中一道亮丽的风景。漫步于布满美丽珊瑚菌的森林中，仿佛置身于动画片中开启一场超现实的狩猎旅行。

狄龙看了看铺在岛台上杂乱无章的食材，我问他是否已经想好菜单，还是只打算即兴发挥。"我向来是临场发挥。"他眨眨眼，回答道，一副胸有成竹的样子。这句话可能是他的座右铭。

法布尔提出要把焯过的海蓬子和鹅肝酱放一起，狄龙认为这主意不错，他决定用野生绿色蔬菜搭配大鳞大麻哈鱼。狄龙将当地原产的芦笋斜切，要我把牛肝菌切成尽可能薄的片。他递给我一把巨大的刀，这刀在我手中感觉更像一把致命武器。牛肝菌像未成熟的梨子一样肉质致密，散发出迷人的香气。牛肝菌是为数不多在未煮熟状态下就让人叹为观止的蘑菇品类之一。当我切完牛肝菌——手指奇迹般地毫发无损——狄龙将生牛肝菌薄片与芦笋和自家种植的香草混合在一起，稍后他会加入雪利酒醋和橄榄油进行简单调味。

接下来，法布尔和狄龙看了看那条比目鱼。那是一条美丽的比目鱼，鱼身呈半透明白色，厚度只有几英寸，大约3磅重。法布尔对于处理任何鱼肉都饶有兴致——除了鲑鱼，当然，如果是带条纹的鲈鱼就更好，最好是裸盖鱼。他念念不忘大西洋海岸的各种有鳍鱼类。虽然西北地区的贝类首屈一指，但他还是无法忘怀科德角、蒙托克以及东北部其他地区渔船拖上来的各种奇妙海洋生物。不过，这条太平洋大比目鱼也不赖，这时，一个想法在狄龙的脑中悄悄浮现："比目鱼配奶油和洋葱如何？"他大声地把他的想法说了出来，试探性地问问大家的意见。法布尔认真想了想，他准备了两个烤盘，里面盛着焦糖化的羊肚菌和葡萄状枝瑚菌。他会在奶油和洋葱中加入蘑菇，再加入适量的柠檬提味，并撒上大量海盐。对于顶级食材，就得这么处理。简约而不简单。"我看行，"法布尔说，他很快对狄龙的想法产生了兴致，"我看行。"

在厨房工作时，狄龙和法布尔彼此几乎不说话。他们在厨房熟练地走动，仿佛他俩已在此工作多年，所有的动作不会发生碰撞，似乎有一个无形的塔台在控制他们的行动线路。这间厨房的设备比许多餐厅厨房都要齐全：8个火炉位的蒙塔格炉灶，配备冰箱的不锈钢岛台，悬挂各种烟熏火腿和烤肉的步入式冷库。他们没有任何用笔写下的记录，没有菜单，也没有食材清单。他们从塑料桶中拿出食材，举到灯光下，一边仔细查看，一边琢磨食材的特点，然后把它们变成菜肴。狄龙一边炖着豆角，一边抱着一个大盘子围着岛台走来走去，就像抱着一个婴儿。盘子里装满了高尔夫球大小的番茄，带有深绿色茎的火红色番茄，在水中上下晃动，晶莹剔透的水珠顺着番茄紧致的表面从顶部流下。狄龙突然停下脚步，法布尔点点头，狄龙把番茄给用印度辣酱腌制的烟熏鸡做成一个色彩鲜艳、酸味十足的点缀，然后放入烤炉。法布尔撬开蒙哈榭葡萄酒和教皇新堡葡萄酒的木箱。隔壁房间，10位客人每人手拿一杯佩拉索尔玫瑰葡萄酒在交头私语，他们也会结伴来到厨房，看两位厨师准备晚餐。狄龙兴致盎然地同客人们交流，一边切洋葱，一边看着客人的眼睛，很是亲切。

开胃前菜刚摆上桌，狄龙就走出厨房，快速地介绍桌上的菜肴。他向客人们解释说，他所用的原料之一是产自摩洛哥的坚果油。在摩洛哥乡下，山羊爬上坚果树吃果子，通过粪便排泄出坚果树的种子。村民们收集山羊的粪便，将其在火上烤干，然后碾成粉末，分离出变软的种子，然后将其洗净，捣碎，制成油。山羊屎油搭配一盘七分熟的鸭蛋，再撒上鲜嫩多汁、略带酸味的野生马齿苋（*Portulaca oleracea*）。"再多给我一些这个！"一位客人伸手接过盘子，喊道。法布尔朝我扬眉。他的朋友狄龙在尝试烹制中东口味的菜式上走得有点远了。

比目鱼和鸡肉之后是甜点时间，甜点是简单的草莓片和大黄奶油乳酪拼盘，淋上狄龙自制的蜂蜜和玫瑰花瓣醋。有几个盘子拿回来时还剩了一半的甜点。法布尔解释道，甜点制作是狄龙的弱项。法布尔说："他放弃甜点了。"

这顿晚宴从开始到结束持续大约4个小时，虽然感觉最多2个小时。狄龙擦拭完刀具，把它们放回他那个破旧的小背包里，法布尔擦着酒杯。还不到晚上10点，狄龙要去赶渡船，而法布尔准备回家睡觉,他已经好几天没有合眼了。最近几周,为了采购羊肚菌,他开车奔波于各地,废寝忘食地工作。他告诉我,为了保持清醒,他白天小睡了一会儿,还做了一个白日梦,梦见美国滑雪运动员、奥运冠军林赛·沃恩。"世界上最好的运动员。"说完,他眼皮开始变得沉重。一场宴会准备下来,法布尔和狄龙都没有冒出一滴汗。

第八章　黄金鸡油菌的低调魅力

如果说卷缘齿菌是野生蘑菇中的布衣百姓，松茸是风情万种的异域之人，牛肝菌是皇室贵族，那么鸡油菌则是红毯上雍容华贵、渴望也祈祷能再上一次《人物》杂志封面的女明星。虽然鸡油菌能给你带来极具浪漫风味的口感，但你一般会认为它们是人工种植的，就像法国妓女穿着现成的万圣节服装。顶级野生蘑菇中，鸡油菌可能最不受待见。就像一个过度曝光的品类，它隐隐约约给人一种感觉，蘑菇行家只会评价说"吃过，烹制过"。好吧，我可不会因此就把黄金鸡油菌踢出厨房，显然并不是只有我这样。

与包括羊肚菌在内的其他蘑菇相比，鸡油菌是普通餐馆顾客最容易见到的野生蘑菇。这一定程度上是因为鸡油菌广泛分布于世界各地，且价格低廉。鸡油菌在法国被称为 Girolle，在德国被称为 Pfifferling。鸡油菌的菌盖下凹，颜色淡黄，这是它标志性的特征，它如同森林中的金色高脚杯，在餐桌上从来都是吸引人眼球的焦点，但大雨淋湿之后的鸡油菌会变得臃肿和湿润。它略带杏子的果味香气和味道，厨师们喜欢它温暖的颜色和独特的味道，若与咸猪肉搭配，妙不可言。

鸡油菌普遍生长于世界各地的温带森林中，它的踪迹遍布除南极洲外的各个大洲。据估算，每年全球鸡油菌总产量超过 4 亿磅，贸易总额达 12.5 亿至 14 亿美元。鸡油菌在全球各地五花八门的名称恰好证明了它的受欢迎程度。日本人称它为 Anzutake（杏菇）；葡萄牙人称它为 Canarinhos（金丝雀菇）；法国人给它起了不少名称，Crete de coq（鸡冠菇）只是其中一个；匈牙利人称它为 Csire gomba（鸡肉菇）；荷兰人称它为 Dooierzwam（蛋黄菇）；中国人称它为 Jiyou-jun（鸡油菌）；土耳其人称它为 Yumurta mantasi；冰岛人称它为 Kantarella；斯瓦希里人称它为 Wisogolo。早在 1581 年，荷兰草药学家洛贝留斯就在文献中提到鸡油菌；1747 年，林奈将欧洲常见的黄金鸡油菌命名为 *Agaricus chantarellus*；瑞典真菌学之父伊莱亚斯·马格努斯·弗莱斯在 1821 年和 1832 年间，分三卷出版了著作《真菌体系》（*Systema Mycologicum*），书中他将其更名为 *Cantharellus cibarius*，时至今日，这个名字依然在旧世界和新世界沿用。从词源上讲，*Cantharellus cibarius* 中的 Cantharellus 来自希腊语 kantharos，意思是杯子或高脚杯，cibarius 是拉丁语，意思是食物。鸡油菌家族包含 90 多种，据最后统计，有 5 个属，包括密切相关的鸡油菌属（*Cantharellus*）和喇叭菌属（*Craterellus*），蘑菇小径上采摘的可食用蘑菇大部分都来自这两个属，这类蘑菇因其鹅卵石般的外形和略带核果的香气而广受欢迎。

在华盛顿州和俄勒冈州沿海地区采摘鸡油菌几乎是一件老生常谈之事。道格一开始就跟我道歉，他觉得采摘鸡油菌很无聊，是最接近工业化水准的采摘，我跟着他采鸡油菌，一天下来肯定会觉得没意思。他说得没错，对于采摘者来说，采摘鸡油菌纯粹是为了生计。因为价格低廉，只有数量足够多才能赚钱，这也意味着漫长而重复性的"磨炼"。不过，这是一次后院式的采摘，而且是在一个旅行打卡点式的采摘，如果不来这儿采摘一次鸡油菌，就好比去巴黎旅行却没有参观埃菲尔铁塔。经过迷宫般的伐木道路，我们到达目的地——一条沿着山脊的木材滑送道，几棵倒下的树木横亘在道路中间。道格和杰夫在道路两边干活，他们带着桶和刀一头扎进这片茂密的商业森林，每隔一段时间就回到车里，把一桶鸡油菌倒进后备厢的篮子里，休息片刻（道格喝一口他杯子里的冷咖啡），然后再回去采更多的蘑菇，工作十分辛苦。我们穿过一个坡度接近 30 度的陡坡，坡上满是茂密的沙龙白珠树丛，走在上面滑溜溜的，每一步都有潜在的危险。地面上有一些之前砍伐树木后焚烧树桩形成的树洞，洞深到可以吞下人的一整条腿。我把一棵倒地的树当作跳板准备跳跃时，我的桶被一根树枝卡住，我一个踉跄，向后滚入一大片沙龙白珠树丛中。沙龙白珠树阻止了我的后坠，我感觉自己就像一只乌龟翻了个底朝天，挣扎着要翻过身来，蘑菇散落一地，周围是长着刺的北美十大功劳。在一条山中狭径底部，一条小溪从一片茂密的桤木林中流过，道格说："这是一个只有熊才会喜欢的地方。"我们小心翼翼地沿着山坡往下走，然后以"之"字形路线往回爬。我们从离车半英里远的地方开始，逐渐靠近，这样每次带着满满一桶鸡油菌回到车上的时间都比上一次短。到了第二个来回，我已经满头大汗，衣服脱得只剩一件 T 恤。

虽然鸡油菌在世界各地都有收获，但西北太平洋地区却是鸡油菌的大本营之一——我很快就了解到，这其中的原因很矛盾。关于西伯利亚外围区域有大量鸡油菌生长的传言不时出现，同样也有传言说加拿大萨斯喀彻温省和美国缅因州的森林中遍地都是鸡油菌，更不用说非洲、亚洲和其他地方。沿着西海岸，大致从加利福尼亚州的圣克鲁斯向北延伸至加拿大不列颠哥伦比亚省，在这片被雨水冲刷的狭长地带内，鸡油菌种类繁多，生长繁茂。在华盛顿州和俄勒冈州的沿海地带，鸡油菌是森林中最丰富的蘑菇种类之一，最常见的鸡油菌种类是太平洋金色鸡油菌（*Cantharellus formosus*），其次是白鸡油菌（*Cantharellus subalbidus*），但白鸡油菌的产量远不如黄金鸡油菌。与蘑菇分类一样，还有大量的鸡油菌分类学工作需要完成。最近加入这个群体的是一个独特物种，被称为 *Cantharellus cascadensis*，它看起来像两个最常见的西北地区蘑菇物种的杂交品种，长期以来被商业蘑菇采摘者称为"蘑菇杂交体"；另一种可食用鸡油菌，被称为蔟扇菌（*Polyozellus multiplex*），现在被认为来自完全不同的蘑菇家族。

当来自西北地区的业余蘑菇猎人说要去打猎时，他们会专门猎采黄金鸡油菌。鸡油菌颜色明黄，菌盖上有凹槽，菌褶呈棱状，向下延伸至柄部，是新手最容易辨识的蘑菇之一，而且它也是最容易找到的顶级食用菌之一。人们在徒步道甚至在城市公园中闲逛时也能发现鸡油菌，它们鲜艳的外形似乎天生就希望被人注意到。鸡油菌属于外生菌根真菌，它们通过在地下根尖周围形成一种保护性的外壳与植物共生，以真正的物理性方式巩固这种共生联盟，类似于奉子成婚。虽然鸡油菌与植物王国中的无数植物建立起共生关系，但在太平洋西北地区有一种树，特别受鸡油菌的欢迎。

加州北部的北美圆柏森林带中，针叶树之王是花旗松，从喀斯喀特山脉到太平洋，它的平均高度最高，数量最多。虽然花旗松生长在西部的大部分地区，但西北沿海的丘陵和山谷才是它的最佳生长地，这里的花旗松高度远超 200 英尺，因其树形更高、寿命更长而声名超过了其他树木，如铁杉和云杉。它以 19 世纪植物学家戴维·道格拉斯的名字命名[1]，戴维·道格拉斯称其为"大自然中最引人注目和最优雅的物种之一"。花旗松也将成为北美西部最重要的商业树种。

现在仍有几片古老的、未砍伐的花旗松林留存下来，它们为我们描绘出在白人到来之前森林的原貌：上千年树龄的树木，树干有大众汽车那么宽，直插云霄，有着伐木者崇拜的挺拔姿态，其中一些在结出第一根树枝之前已经高达 100 英尺。这样的大型树木在工业化伐木的鼎盛时期遭到大量砍伐。乘飞机飞越西北地区上空，你会看到下面一片清晰的马赛克般的地貌，这是对原先巨大的花旗松生态系统的入侵。曾经矗立着高大花旗松的原始森林现在被林场取而代之，林场里挤满了人工种植的冷杉，这些冷杉被短期轮流砍伐。自从原始树木被砍伐以后，一些林场已经被砍伐三次或更多，树龄超过 40 年的树木几乎绝迹。树木被当作农作

1　其俗名为道格拉斯冷杉。

物一样对待，高度集成化管理的森林茂密而黑暗，但沉闷的森林，也会因为欢快的黄金鸡油菌的点缀而明亮一时。

事实证明，太平洋黄金鸡油菌会喜好年轻的花旗松。这就是为什么奥林匹克半岛和俄勒冈州海岸山脉会成为"鸡油菌工厂"，这里曾经有世界上最大的花旗松森林，但如今森林被砍伐殆尽，取而代之的是快速生长的单株植物，西北地区的林木产业间接导致了鸡油菌的繁盛，并被商业采摘者利用。然而，无论产量如何，普通的业余蘑菇猎人可能并不乐意涉足这样的蘑菇猎场。首先，如道格所说，这不是森林漫步，华盛顿州和俄勒冈州西部的森林地带通常道路崎岖不平，且无小路通达，人的行进速度缓慢。此外，森林里光线昏暗，生物多样性不如未开发的森林。在漫无阳光的花旗松林场中来回跋涉，我们总算明白为什么那些关于调皮小男孩和小女孩的童话故事总是发生在森林里。森林中弥漫着一种阴森恐怖，伴随着一种可怕的爬行动物会随时出现的感觉。对于商业采摘者来说，这种荒山野地却是最有可能每天获得100磅鸡油菌的地方，即使这些人工林都有红点标志——全是国王的鹿。

在一个小山丘的山顶，道格叫住我，他欣喜若狂，因为他刚发现一个古董玻璃瓶，容量大约一加仑大小，可能是用来酿酒的。道格把它从如黏土中撬出来时，发现瓶子颈部已经断裂，这样一来这个瓶子也就没什么价值。他想，如果这个瓶子完好无损，说不定能在eBay上卖20美元。多年来，他发现不少古董，其中一些老物件的年代可以追溯到这片森林还未被砍伐的时期，他甚至还捡到过20世纪初的老物件。他一度积累了相当多的收藏，他前妻——也就是他的第三任妻子——把他大部分的藏品都砸成了碎片。"破坏狂。"他这样叫她。

"是的，她脾气很差。"

我们沿着错综复杂的伐木运输土路驱车前往另一片地区，来到一条岔路，岔路两边长满了树苗，甚至把路都给堵住了。路面出现一堆堆死的沙龙白珠树，道格不得不停车。近年来，一些墨西哥人一直在打理这片森林，他们在这儿采集观赏用绿植。事实上，有鸡油菌的地方一般都能发现沙龙白珠，这一点蘑菇猎人不会不清楚。我们想方设法进入森林，没走多远就看到一根被人割断、丢落在苔藓上的黄金鸡油菌菌柄。"他们找到了。"道格说。就这样，我们向下一个地方进发，道格列举了几十个数字——"5200，5330，2201"——这些数字是附近其他伐木运输道路和支线的代号。天气晴朗的时候，遭到砍伐的森林里，目光所及之处全是鸡油菌。在这片区域，你甚至可以在离路不远处找到一两个蘑菇，技巧在于寻找所谓的"蜜洞"，即树木和土壤完美结合的地方，这样的地方会生长出大量的蘑菇，当然，其他因素也会起作用，比如海拔高度、坡度、地形等。真正的技巧并不在于采摘本身，而是采摘点被其他人发现或遭到砍伐的时候如何寻找新的采摘点，尽管采摘技巧对于提高采摘效率也确实有用，比如装蘑菇的桶不够的时候可以用你的衬衫作袋子。

最近，森林伐木也越来越成为蘑菇采摘的一个问题，不亚于来自其他采摘者的竞争。我们驱车前往另一地点，森林中道路崎岖复杂，道格一时摸不清方向，直到他意识到他一直寻找的地点

蘑菇猎人：探寻北美野生蘑菇的地下世界

现在成了一片全是灰色树桩的地带，他以前的地标树已经化身为宽4寸、厚2尺的木材。"他们破坏了我的卷缘齿菌采摘点。"他无奈地说道。我们来到另一个采摘点，发现了一个空的薯片袋，这也是一个不祥之兆。杰夫走进前面的树林，发现地面上堆满了垃圾和被丢弃的蘑菇，看来另一组人已经来过。

我们每人采摘了四桶鸡油菌，约60磅，每磅价值2美元。天色已晚，道格和杰夫认为这一天总体上采摘进度缓慢，主要是因为作为买家的法布尔对采摘者提出了特别要求，他需要的是他所说的"卷帽"鸡油菌，也就是说，他需要个体较小的蘑菇——蘑菇刚长出四分之一大小的菌盖，菌盖紧实且并未完全长开。"杰里米对蘑菇一直很挑剔，"道格说，"以至于他对女人也很挑剔，也许这就是他没有女人缘的原因。"

随着厨师们对野生食物的品质越发了解，他们也变得越发挑剔。到季末，鸡油菌的个头都很大，而且边缘破损、菌盖破裂，采摘者称它们为"菌花"。它们缺乏年轻鸡油菌的紧实质地，外观也不好看。对道格和杰夫来说，这意味着他们要放弃树林中大量不符合标准的蘑菇。法布尔将通过每磅额外支付50美分（阿伯丁收购点的现行价格是每磅1.5美元）和其他承诺的福利补偿道格和杰夫，具体是什么福利，目前还无从知晓。

天黑前，我们在最后一个采摘点停下来。采摘者们分头行动，去到山脊两侧工作。我问道格，他是否知道谁在从法布尔手中购买"卷帽"鸡油菌。"那是杰里米的生意。"他坐在苔藓里休息，粗声粗气地说——这种工作确实很累人。"我可以理解他为什么想要多样化，厨师们总是想要一些新东西。我敢打赌，马特一定会尽可能多地收'卷帽'鸡油菌，他知道那是好东西。"

"你在他的餐厅吃过饭吗？"

"这么和你说吧，有一次我去西雅图，当时杰里米的父亲也在城里，我们去了一家非常高级的餐厅，不是巨云杉餐厅，是别的餐厅。"道格双手做成一个圆筒状，假装通过一个窥视孔观察。"分量极小，但花费却几乎顶我一周的工资。杰里米的父亲付了账。"

"味道好吗？"

"当然，但前提是对吃不讲究的人，我这么说可不是不尊重你。事后我在迪克餐厅吃了个汉堡。"道格站起来，拎起他的桶，穿过斜坡，然后停了下来。他擦了擦眉毛，说道："我会告诉你谁擅长烹饪鸡油菌。克里斯蒂娜，我敢打赌，她几乎不对鸡油菌做任何处理，只是放在锅里煮。这就是我所说的，除非你真喜欢它，否则全世界所有的烹饪技巧都没有用。"

我明白道格的意思。最近，我带着一班高中生参观了克里斯蒂娜·崔的餐厅。作为为期一周的"体验式"课程的一部分，我们去户外寻觅野生食材。我带他们去了山区，去了海岸，去了宁静的森林，也去了热闹的城市公园，最后的考试是在学校举行，大家一起用觅得的野生食材做一顿大餐。星期四下午，也就是考试大餐的前一天，我们所有人前往崔的"荨麻镇"餐厅用餐，为庆祝课程的结束，同时也为获得烹饪灵感。我提前通知崔，她为我们准备了一张长桌。小小的午餐地挤满了专业食客，吃的是通常在最好的餐厅的晚餐菜单上才能看到的食物，这些食物并没有经过太复杂的烹饪，最大程度发挥了食材的内在属性和特点：汤、沙拉和三明治，均配有野菜和蘑菇，野菜和蘑菇可能来自几英里外山脚下安静的森林。餐厅每天推出一款混合各种野生食物元素的炒面：炒面上盖有蕨菜，加入贝叶奇果菌（*Grifola frondosa*）、藜（*Chenopodium album*）或豆瓣菜，以及大蒜和生姜。无论什么季节，崔都会把炒面放在菜单上，以简单的方式烹制，但味道极好。野生食材几乎成为餐厅每一道菜的亮点，我想知道有多少顾客真正理解这家餐厅对于野生食物的执着。崔走出厨房，与孩子们见面，孩子们立刻把她围起来——她本可以成为他们中的一员。她谈论起食品储藏室里的食材，就好像它们是她亲密的朋友一样，她告诉孩子们大自然如何影响她的烹饪风格，她并没有试图改变自然，而是让自然发光。之后，在返回校园的巴士上，一名学生对崔赞不绝口。他说："她超级棒。"

"只要这些蘑菇中的任何一个落到克里斯蒂娜的手中，"道格一边检查他的桶，一边说道，"那么杰里米就值得我们所有人对他的顶礼膜拜。"他发出一声类似猫头鹰叫的响亮叫声，叫声在森林中回荡，一会儿后，远处也传来一声叫唤。是时候出发了，杰夫在车里等着我们，车后备厢里装满了森林里最漂亮的鸡油菌，我们挤进车里，乘车驶出森林。

在厨房里，鸡油菌的做法多样。较大的鸡油菌在烹饪过程中会排出大量的液体，这些液体经过浓缩可以制成美味可口的菌汤，也可以用来做非常好的奶油酱。纽扣大小的鸡油菌在平底锅中容易焦糖化，摆盘时，可以作为肉类和鱼类菜式的漂亮装饰。由于鸡油菌具有果味口感，它们的烹饪方式有别于典型的蘑菇烹饪方式，但它们仍然是蘑菇，可以用来做比萨、意大利面、意大利饭、馅料或肉酱。加入培根、黄油、奶油，并撒上肉豆蔻烹制的鸡油菌奶油汤是我最喜欢的秋季菜肴之一，可以抹在烤面包上吃，也可以搭配法式面条、欧式面条或拉达里等异形面条一起吃。炒过之后的鸡油菌可以放进冰箱里长期保存。我的冰箱里一年四季都备有很多袋真空密封的鸡油菌。另外一种我不太使用的贮存鸡油菌的方法是把它们脱水晒干。经水浸泡后，干鸡油菌外观似皮革，肉质紧实，但缺乏其他干蘑菇（如牛肝菌）所具有的后味。关于鸡油菌有一个有趣的事实：在一个以当地人口普遍缺乏维生素 D 而闻名的地区，鸡油菌是仅次于鱼肝油的必要营养素。鸡油菌富含 β- 胡萝卜素，这可能解释了为什么在中国中医用它们来治疗夜盲症，鸡油菌还富含类似于在鲑鱼中发现的抗氧化剂，它们似乎也比其他蘑菇更少吸收重金属和辐射，这是切尔诺贝利核事故后人们发现的鸡油菌的又一特点。

我最喜欢的鸡油菌做法之一来自苏珊娜戈因和她在洛杉矶的"吕克"餐厅。这道金灿灿的鸡油菌菜式是对秋天的致敬，将嫩煎过的蘑菇与意大利干酪团一起翻炒，加入鼠尾草布朗黄油酱，再撒上新鲜玉米粒和烤香菜面包屑。这道菜清甜可口、风味极佳，口感略带酥脆，鸡油菌在这道菜的味道和口感之间起到了平衡作用。有时，当我做完一道烤肉，会突然想起快速煎几片鸡油菌，搭配烤好或煎好的肉块，比如鸡胸肉或猪排。日常菜肴只需加入一点鸡油菌（即便是冷冻的鸡油菌）就立马得到升华，而且它们比商店或者超市里卖的蘑菇更有节日的气氛和味道。

　　但是没有人通过采摘或者销售鸡油菌发财，因为鸡油菌实在太过普通。在我看来，鸡油菌的收获期每个人都得紧张地工作：一篮又一篮的蘑菇从森林里采摘出来，经过清洗、分类、装入卡车，再重新分类、装箱，然后运送至各地。围绕鸡油菌的工作量是巨大的，然而报酬却很低，而且这种情况无法改变。回到西雅图后，一天下午，我参观了法布尔的地下室仓库，看到他和员工们正在清理鸡油菌上的泥土，然后打包发货，当时正值鸡油菌收获旺季，法布尔和员工们工作确实辛苦，员工连续加班，而法布尔也一直奔波劳碌。地板上到处都是送货的箱子，一列列的篮子堆积到天花板，甚至堵住过道。在一个角落里，一台自制烘干机不停地运转，外观丑陋、个头过大的鸡油菌被筛选出来，装入标有"野生混合物"的包装中。法布尔的员工们忙着清洗和称量约 1000 磅鸡油菌，他们忙到不会抬头看一下。墙上挂着泳装美女与巨大的蘑菇嬉戏的图片，但图片也很难让人放松心情。法布尔看了看一篮子准备运往纽约的"卷帽"黄金鸡油菌，突如其来地对我说，如果他某天早上醒来，在《西雅图时报》上看到关于道格·卡内尔的报道，他也不会大惊小怪。

　　"道格像苍蝇一样无害。"我抗议说。

　　"你又不了解道格。"他说。

　　每当我和某人相处一段时间，却被一个共同的熟人告知我不了解某人时，我会恼火。我坐过道格的别克车，听他讲故事，和他一起采摘蘑菇，每次他都执意送我回家，临了还送给我一篮蘑菇。

我说，道格，蘑菇是你的生计，我得付钱。有一次，我想把汽油钱硬塞到他手中，他挥手让我离开，然后驾车离去。"好吧，"我同意法布尔的说法，"也许你不想站在他的对立面。"

"他告诉你他法庭上的事了吗？"

是的，他告诉我了。被他称作"破坏者"的前妻打碎他所有的收藏品并跟一个男人私奔之后，道格不得不上法庭为自己辩护，否认前妻对他的所有指控。检察官叫他出庭，在法官面前质问道格："你是否称你的妻子为……婊子？"

道格整理了一下自己的情绪，平静地回答道："不，法官大人，事实上我叫她该死的婊子。"

"你不会跟法官这么说话吧？"我对道格说。

"是的，我说了。"

"不可能。"

"我向上帝发誓。"

"嗯，那你也太不理智了。"

"不理智就不理智吧。我下车了。"

法布尔嗤之以鼻，他已经听过无数次这个故事了。"这是真的吗？"我问他。

"你永远不知道道格会干出什么出格的事，但他没有家暴过他的前妻，这一点我很确定。"

"那为什么有一天我好像在报纸上看到了关于他的报道？"

法布尔试图向我解释，不仅仅是道格，整个太平洋沿海区域，从华盛顿的福克斯一直到加利福尼亚的布拉格堡，都是报道的范围。"这里阴冷多雨，不下雨的时候又会起雾，树林被砍伐殆尽。"经济落后，冰毒泛滥，轻罪和偷猎肆虐——这种恶性循环简直就是城市社会问题的乡村版。住在像西雅图、旧金山这些大城市的人们甚至一刻也不会想过为国家提供如此多自然资源的沿海地区正在发生什么。他们只会认为，那里的人，用一句话来说，就是靠山吃山、靠水吃水。与此同时，森林里的垃圾越来越多，现在很多汽车都拆除了用以净化废气的催化式排气净化器，导致森林里的空气变差，因此长期居住此地的人们心中的怨恨也在增长。"我绝对不会住在这儿，"法布尔说，"我会发疯的。"

你无法想象法布尔是多么执着于工作。努力工作是他的口头禅，每每我憧憬着在一派田园风光中逍遥自在地采猎山珍野味的情景，他总会给我泼一盆冷水。有一次，我下班后在一家酒吧遇到他，那天早些时候，他驱车两小时前往西雅图东边的深山中，在泉水边采摘了200磅的野生豆瓣菜。他一边喝着啤酒，一边狼吞虎咽地吃着汉堡和薯条，他还点了一份鱼肉三明治，仍然觉得很饿，就又点了一份鲁本面包。还有一次，我告诉他我当天要去勘察羊肚菌采摘地，他让我顺便帮他采摘四大袋的香草叶。他会把这种当地的绿色植物晒干，与玫瑰果、野生薄荷和其他香料混在一起来泡茶。"这样你也有事可做。"他笑着说道。

那天晚些时候，我在我最喜欢的羊肚菌采摘地仔细搜索了一番，结果只发现不到一磅的羊肚菌，我可以想象他对我的嘲笑——我来早了一个星期。于是我转而寻找香草叶，过了两个小时，在装完第二个袋子后，我放弃了。我腰酸背痛，雪上加霜的是，我在用那把迟钝的厨房剪子时，将自己割伤了三处。那天晚上，法布尔拿起香草叶，无法理解我一小时才采摘一袋香草叶，他无可奈何地摇了摇头，他通常是这个速度的三倍。

有时我在想，这是否都是职业采摘者为保持神秘感而故意夸大其词。但是某日晚上 10 点，法布尔给我发来一条短信，说他不能参加我们事先安排的会面，因为他那天下午在哥伦比亚河峡谷采摘了穿叶春美草之后，刚刚到达蕨菜采摘地。换句话说，在来回开 8 个小时车、收获几百磅的野生沙拉菜之后，他现在正戴着头灯、在某块阴暗的空地上采摘刚冒出来的数量惊人的蕨菜芽。

一方面，法布尔在城市里有社交生活；另一方面，他的工作大部分是与乡下穷人打交道。他是如何平衡好这两者之间的关系，对我来说仍然是一个谜。我 11 月份去了奥林匹克半岛，在老港口镇谢尔顿附近采摘华盛顿州季末的鸡油菌时有了一些头绪。那是一块晚产的鸡油菌地块，最初由另外两个采摘者分享：一个叫乔，另一个叫格里。现在，乔主要采摘松露，而格里在监狱服刑。

"你肯定会想见乔。"我收拾东西时，法布尔在我家前廊对我说。虽然他在西海岸各地都能联系到我值得见面的采摘者和买家，但乔在名单上排在首位。我问他为什么，他只是嘟囔着说我需要了解他每天做的工作。乔前一天和一个绰号叫"红狗"的采摘者一起收割了这块地的部分鸡油菌。

此次旅程中，我们不会遇到道格。因为在一次例行交通临检中，警察查看他的驾照，发现他拖欠孩子的抚养费，导致他的执照被吊销。道格争辩说，他从来没有收到过指控他有债务拖欠的信件，但法布尔不相信，他称道格这一新的趋势为"道格风格"。"你怎么能说你忘记支付抚养费，是因为你没有打开政府给你寄的信件？典型的道格风格。"我担心这可能意味着道格冬季无法参加采摘活动。"他会来加州的，"法布尔向我保证，"我开车，他又不用付汽油费，他肯定会来加州的。"

为了决定开我的车还是他的车，我们还争论了起来。起初，法布尔想开我的车，他在发给我的短信中写道："我需要一辆查不出谁名下的车，你搞得到吗？"我马上回信说我想去，可以提供车辆。但我们最终还是选择了他最近花 2000 美元刚入手的阿斯特罗面包车。这是一辆有 17 年车龄的汽车，车窗是隐私玻璃，还带了一个后装的磁带录音机，录音机效果还真不赖。他认为这是一辆环城送货车，加上又有隐私玻璃，所以没有人会认出他来。

我一屁股坐进副驾驶座。二手雪佛兰阿斯特罗面包车已经连续几年成为他的首选车辆，而这一辆是他的车队三辆汽车中最新的一辆。法布尔每一年半就会报废一辆阿斯特罗，车平均每年行驶约 10 万英里。尽管他觊觎其他运输公司青睐的道奇凌特货车，但正如法布尔所说，使用这样一辆经过改装、售价昂贵的厢式货车，经济上不划算。阿斯特罗面包车有四轮驱动，拆除后座后，装货能力大增，而且只要后部的空调全开，制冷也非常快。我们沿着 I-5 公路开了一个小时，然后把车停在奥林匹克国家公园北部的某个壳牌加油站，那里的汽油比其他加油站便宜 25 美分。"我总是能买到最便宜的汽油。"他说。

当时正值北太平洋西部的秋季蘑菇收获期，法布尔的黑莓手机响个不停："迷恋"餐厅的厨师想要订购 5 磅龙虾和 5 磅豆瓣菜，"收获葡萄"餐厅需要鸡油菌，"云雀"餐厅想要订购牛肝菌。他一边接单，一边让打电话的人联系他在西雅图的员工。当我们到达采摘地点时，乔不见了踪影，法布尔似乎有点不悦。"我不知道他整天都在做什么，他也不像在清理他的拖车。"我们在一个碎石伐木路的十字路口停了下来，尽管入口的大门是开着的，我们还是小心翼翼地把车停在伐木路上。"入口大门上标记了红点，如果我们把车开进大门，辛普森木材公司会毫不犹豫给我们开罚单或者直接锁车。"

我向法布尔提起道格说的那套"全是国王的鹿"理论，以及木材公司如何获得税收减免，仍然不让公众进入。

"又是道格风格。"

"画红点的道路不是比以前更多吗？"

"那些道路被关闭是因为垃圾和非法倾倒问题，我已经给木材公司打过电话，说了这件事。"

"那马鹿猎人呢？"

"你在私人林地上采摘蘑菇时见到过马鹿吗？"

我承认我没有，尽管道格不止一次地告诉我，他每年都会在此地遇到马鹿。

"还是道格风格。再生林中没有马鹿，也许你偶尔会看到它们穿过空地，但想想你在哪里能见到马鹿，马鹿一般只会出现在原始森林里，因为再生林里的树木太密集了。你想整天在那该死的地方走来走去吗？"

　　　　　　　　蘑菇猎人：探寻北美野生蘑菇的地下世界

"我们的确有。"

法布尔拾起一套重型哈里汉森雨裤和大靴子，绑在他的背包上，然后拿起一个可以装近 20 磅蘑菇的 7 加仑桶。他把桶盖锯成了两半，然后用强力胶布做的铰链把它装回去，这样他就可以在针叶林里一直保持桶盖的严实。我们走进潮湿的森林里，奋力穿过矮树和灌木丛，短短 100 码距离内脚下有不少空啤酒罐，然后来到一片密密麻麻的沙龙白珠树丛中。放眼望去，苔藓和灌木丛中布满了若隐若现的白色和金色鸡油菌。

一小时后，我们回到面包车，把采到的第一批鸡油菌倒进篮子里，这时我听到一辆汽车拐离道路时发出尖锐的声音，我急忙跳开。那辆汽车在草地上滑行着直至停下来，一个男人打开车窗大喊道："你们都被捕了！"说话的男人不是别人，正是乔，他驾驶着一辆旧的灰色丰田皮卡，驾驶室里还挤坐着另外两个人。他走出车来，拍了拍身上的灰尘。马尾辫被紧紧地拉在脑后，棕褐色的帆布夹克拉着拉链，但依然掩盖不住他一身的肌肉。他身体健壮，高大魁梧，但脸上皱纹很深，脸色蜡黄，像个不折不扣的烟鬼。他可能到了退休年龄，也可能是退休年龄的一半，具体情况无法判断。

"这两个人是谁？"法布尔问道，朝仍坐在驾驶室里的一男一女点头示意，然后和乔为了一包香烟吵了起来，而那一男一女闭口不言。

"对不起，"乔说，"他们是……"他嘟囔着，声音就这样被拖长，他还不如说他们是无名氏。这两人都懒得做自我介绍，而看到他们一脸漠然的表情，我也不再关心他们的身份。总之，不管他们是谁，今天因为误打误撞或某种已经没啥利用价值的熟人关系，到了我们所在的这个鸡油菌采摘地点。当然，也有可能他们只是搭了乔的便车——谁在乎呢？

男子下车，关上了车门，女子仍坐在车内。他拉开连帽衫，不巧被脖子上那条花花绿绿的颈链缠住，不得不松开自己。那个女人滑过座位，抓住车顶，从打开的车窗跳出来，就像从一辆赛车里出来一样。她看上去像是美国印第安原住民，黝黑的脸上有轻微的痤疮疤痕，黑色的头发结成了多根辫子，一丛丛落在脸上。她的眼睛看起来只有两条缝，她把手伸入口袋摸索着什么东西，面无表情。她翻出一个打火机，熟练地点燃了一支烟。她的朋友接过打火机，放在身上。她看起来是过过猪狗不如的苦日子的女人，然而当她开口说话时，声音温柔，女人味十足，富有音乐感，和外表判若两人。这一男一女都穿着棉质牛仔裤和运动衫，对于这样的潮湿环境来说，这种穿着非常不合时宜。

乔和我们东聊西聊侃大山，其间大家同意他带那一男一女前往采摘地的深处。他咧着嘴笑着对我说："要么深入森林，要么回家。"然后，在下一辆车还没拐弯，三个人就匆匆跑进树林，不见了踪影，好像在逃避法律的制裁。

"明白我的意思了吗？"他们消失在森林中之后，法布尔说。

我很疑惑："他们的卡车就停在路边，任何开车经过的人都能看到。他们这样偷偷溜进森林，岂不是在自欺欺人。"

"偏执，"法布尔说，"他天性如此。"

蘑菇猎人：探寻北美野生蘑菇的地下世界

"那另外两个呢？"

"现在你明白了，这就是一场狗屎秀。我向你保证，到今天结束时，我采的蘑菇比他们这几个笨蛋加起来还要多。"

"乔为什么要和那两人分享靠近镇子的这个宝贵的采摘点？"

"不可理喻，他从来都是如此。"

我迅速点了点堆在皮卡车上的杂物：机油、汽油、香蕉皮、一大罐工业级别大小的花生酱（"哼"，法布尔嗤之以鼻），还有几瓶24盎司的飓风牌高浓度啤酒（标签上吹嘘"酒精浓度8.1%"）。不过，酒精似乎还不是问题的全部，我大声问法布尔，这两位客人是不是想要挣些快钱来购买毒品。

"很可能，"法布尔说，"或者是他们欠了乔的钱，所以帮乔采摘蘑菇来还债。"

"有道理！"

猎采蘑菇有时被当作一种赚快钱的方式，尽管每年有少数没什么经验的采摘者一进入灌木丛就放弃了，特别是瘾君子们采摘蘑菇赚钱，以购买毒品。吸毒者往往面容憔悴，脸部凹陷，牙齿腐烂，很容易辨别。道格在他韦斯特波特市出租房的墙上挂了一排印有文字的T恤："冰毒＝死亡；吸毒者很糟糕；你有牙齿吗？"他每天都耳濡目染毒品的巨大破坏力，他说，没必要为他的别克车换购一个新的催化转化器，因为那些冰毒成瘾者会再次把它偷走卖掉换钱。

我跟着法布尔回到了森林中。由于乔和他的朋友还在这里，我们得找一个不同的地点，给他们一些空间。我们小心翼翼地穿过一片美洲大树莓的荆棘。"我永远不会接受政府的支票,"法布尔对我说,"但他们可以保留我的社会保险。"一小时后,我们提着满满的几桶蘑菇回到货车上,撞见了刚才那个女子,只见她全身湿透,手里捧着一堆蘑菇。"我的桶丢了,"她轻声说道,声音小到几乎听不见,"我把桶放在那后面,结果不见了。这是鸡油菌吗?"她捡起一个硕大的、已经长出菌褶的腐烂蘑菇。

"不是。"法布尔说。

"这个怎么样?"

"不,这才是鸡油菌。"他拿起一根菌柄。

"这里有卷缘齿菌吗?"但是法布尔已经在往森林里走了,他没工夫讨论这个问题。我解释说,卷缘齿菌的菌盖下有菌齿,而没有菌褶,像刺猬身上的刺。

"哦,我知道了。那这个呢?"

"这个不能食用。"她给我看了她的那堆蘑菇,桶丢了后,她就把它们放在一叠报纸里。报纸因为潮湿都变黑了,很快就会碎掉。我们检查了她的这堆蘑菇,她把我们挑出来不能吃的蘑菇都扔了。"如果我是你,在寻找更多的蘑菇之前,我会先找到那个桶。"

"它就在这附近。"

"哪儿?"

"可能在那后面,我真的不知道。"她弯下腰查看鸡油菌,悄悄承认她把她的刀也弄丢在了树林里。

几分钟后,我们又遇到了她,这一次,她两手空空。"你看到

　　　　　蘑菇猎人:探寻北美野生蘑菇的地下世界

我的蘑菇了吗？我把它们放在了某个地方。"

法布尔曾与毒品种植者、瘾君子、非法移民以及其他社会边缘人群一起工作，这些人分布在森林小镇无人管制的各个犄角旮旯里勉强维生。法布尔曾在林中被人拔刀相向，也曾被熊追赶，干这行免不了碰上这类事情。不过，就像保洁或工厂车间里的夜班等工作一样，野生食物交易主要是为那些想赚点额外收入的人提供一条赚钱途径。离开乔和他的两位同伴之后，我们驾车继续向西，朝着海岸进发，看来法布尔今天的主要目的不是采摘蘑菇。他需要从与他有合作关系的东南亚采摘者那儿购买至少1000磅蘑菇，这些采摘者都是在奥林匹克半岛南端从事采摘工作。在阿伯丁郡，他联系了他的一名雇员，让其确保所有货款已被收取和存入，然后从他自己的账户中提取了几千美元。接下来，我们把车开进桑的家，发现一辆杜兰戈车已经停在那儿，正在等待新的变速器——这是对法布尔的公开挑衅。"这是我的车。"他解释说。当桑一家初次购买新卡车时，镇上的每个贷款机构都拒绝给他们提供贷款，所以法布尔自己掏钱买下了这辆车，现在他们按月分期付款给他。他曾劝他们不要买杜兰戈，但桑很坚决，他想要一辆美国皮卡。法布尔说，他可能也会给他们换购一个新的变速箱。

门廊上，老一辈的柬埔寨移民坐在椅子上或桶上，用一小块泡沫清洗刚采摘好的鸡油菌。我们走进厨房，发现桑和丝蕾正忙着为晚上的营业做准备，炉子上放着一锅米饭，孩子们跪坐在一台大电视机前看着电视，电视屏幕发出的光照亮了孩子们的脸，而屋里那尊装裱好的佛像俯视着我们。

晚上 11 点过后，蘑菇评级完成，所有采摘者都拿到了应有的报酬。桑帮助法布尔把一筐筐牛肝菌、龙虾菇、鸡油菌和绣球菌装进他的货车。桑现在可以去睡觉了，但法布尔还得继续工作。我们的最后一站是埃尔马，一个位于南部半岛的伐木小镇。"这里是完全不一样的环境。"当我们把车开进车道，他警告我说。下车之前，他说我们在这儿可能会遇到一对夫妻，他给我讲了一个关于这对夫妻的轶事。有一天，女人喝了很多酒，与丈夫大吵一架之后，女人跳上她的车，咆哮着驾车离去。法布尔在半夜里接到这个女人电话，说她正在来他家路上，她认为单身的法布尔是接纳她的不二人选，这样她就可以与虐待她的丈夫彻底结束婚姻。

"在什么意义上接纳她？"我问。

"你认为呢？"显然，这段插曲已经成为旧事，当事人也早已原谅和遗忘这件事。"她很可爱。"我们下车时，法布尔说道。

车库里非常凉快，好几个柬埔寨人站在这儿歇凉，有几个一边喝着罐装啤酒，一边抽着烟。一个穿着紧身牛仔裤、身材娇小苗条、略施粉黛的女人掐灭了她的百乐门香烟，上前给了法布尔一个羞涩的拥抱，然后消失在房子里。年长的妇女们坐在蘑菇篮子旁边清理篮子里的碎枝叶，可以停放两辆车的车库里几乎整个地板都被黄金鸡油菌覆盖，篮子胡乱地堆在墙边，很难看出来哪些板条箱已被清理、称重，并准备运输。法布尔并不高兴。"哪些弄好了？"他试探性地问道。一个中年妇女用烟头指着靠墙的几堆货物，约莫有 60 箱蘑菇，每箱 12 到 15 磅重。前一天，法布尔带走了 80 篮的鸡油菌，这样他能凑够 1000 磅向海外发货。我们开始把货物搬上货车，每次搬 3 篮。我们一边搬运货物，一边听到屋内的人在嬉笑。越来越多的篮子被堆在门边。

"1000 磅。"法布尔气急败坏地喊道。

采摘者们点头表示同意。

"这里至少有 1500 磅。"法布尔在外面对我说。

"那你怎么处理？"

"就按 1000 磅付钱。如果他们搞不清，那就是他们自己的问题了，我讨厌和喝醉的人打交道。"

一天内装卸 1000 多磅的鸡油菌并不稀奇。当他筋疲力尽时，法布尔会想想接下来他将有一个月的隆冬假期，他会去滑雪，去巴哈马用鱼叉捕鱼。我们在小雨中驱车北上。"每年这个时候，每多开车一个小时，"他大声唱着提醒我，"意味着在山坡上多待两个小时。"他拍了拍手。妈的，真好耶！

法布尔把我送到家时，已经过了午夜，他的一天还没有结束，还得开车到市区，卸下 2000 磅的蘑菇后，他又要在夜色中独自开车沿着几乎空无一人的 I-5 公路的柏油碎石路去塔科马机场，空运几百磅的蘑菇给加州的客户。

第九章　食材如艺术

寻觅野生食材是一种 DIY 式商业模式的缩影。一开始，法布尔对于野生食材贸易并没有什么商业野心，他一心想要按照自己的方式做生意，包括在边境开展业务。他将业务拓展到纽约的经营理念，就像他做任何事情一样，完全出于个人勤奋。"勤奋比聪明更重要，"他告诉我，"如果你是一个勤奋的人，你做什么都会成功，但你如果只是聪明，那你不一定会成功。""觅食与发现"从来不是一家常规的餐饮企业，尽管他喜欢现金冷冰冰的感觉，但他更喜欢森林，这也意味着他需要频繁往返于森林与城市，无暇顾及公司的日常管理。这是一个两难的选择，虽然不愿意放弃对公司的控制，但他最终不得不给乔纳森足够的空间，让他对公司的日常工作做一些必要调整。乔纳森设置了一个更为规范的归档系统，通过收集地址提高每周的电子邮件销售额，他也认真研究了其他市场和城市的情况。不过，负责记账和主要采购的是法布尔，只需少许商业常识就能看出，纽约市场对于法布尔的公司来说压力不小。

圣诞节前几周，我到东海岸拜访亲戚时，在曼哈顿见到了法

　　蘑菇猎人：探寻北美野生蘑菇的地下世界

布尔，我想看看美国最大的城市餐饮如何处理法布尔的野生食材。"我不知道你为什么现在要来这里，"他说，"这是一年中最无聊的时候，死气沉沉。"

他说的也并不完全正确。虽然像喇叭菌、卷缘齿菌和黄脚鸡油菌这样的冬季蘑菇今年很晚才上市，还没有出现在菜单上，但在俄勒冈州海岸，黄金鸡油菌的采摘仍在如火如荼地进行。法布尔每周都要从西雅图开车到尤金和斯普林菲尔德几次，从一个老挝家庭和他们的采摘者关系网购买蘑菇。自从海岸地带牛肝菌的采摘结束后，一个月以来，鸡油菌是镇上唯一在售的野生蘑菇，法布尔已经开始厌烦鸡油菌。他去纽约时通常会根据一份餐厅名单依次拨打陌生电话以招揽新业务，这份不断更新的名单是他研究《纽约时报》餐饮版和《纽约》杂志胶囊评论的结果。他经常随身携带一叠小册子和各种野生蘑菇样本，免费发放给各个餐厅，他说自己就像一个毒品贩子。他向纽约的厨师们介绍野生蘑菇以及它们的独特风味和质地，然而，纽约的厨师们比西海岸的厨师们更难接受野生蘑菇，原因不详。无论如何，11月末，森林中的鸡油菌被雨水浸泡过，用一篮子个头巨大的鸡油菌吸引客户——这种销售伎俩不太可能奏效。人人都了解鸡油菌，而且整整一个月几乎全是鸡油菌买卖，某种程度上大家对鸡油菌都已经感到厌烦。此外，离12月1日只有一天时间，各家餐厅将制定新的菜单，而新菜单很可能不会包含秋季标志性食材。

不过，这趟纽约之行还是有些不一样。虽然他没有说太多，但我认为他带着一项任务：为他在东海岸销售一线的唯一雇员提供帮助。几周来，亚伦一直在布鲁克林的仓库里发求助信息，纽约的市场销售并不如计划般顺利。亚伦需要更多的产品、更多的资源完成销售任务。为了达到收支平衡，每周的野生蘑菇订单量需要至少达到500磅。迄今为止，他们最好的一周是496磅，而大多数时间只有300到400磅。法布尔认为，如果业务发展势头迅猛，很快就会达到1000磅的订单量。

　　纽约的业务瓶颈也给西雅图的业务带来了问题。就在前往东海岸之前，我在波比餐厅后面的停车场碰到乔纳森，他正在送货。乔纳森提议找个时间一起喝杯啤酒，顺便和我聊聊目前的市场情况。经济不景气和盲目的业务扩张给他造成了不小的损失，他的同事谢恩现在不得不把主业工作时长减少，并且在四季酒店做兼职，每周三到四晚兼职做酒保，凌晨一点才坐车回家。乔纳森说，在他为法布尔工作的三年中，他的业绩甚至超过平均水平，但他的工资却被冻结一年之久。法布尔勒紧腰带、过紧日子的做法还表现在其他方面。"如果我去沃尔格林买一沓打印纸，"乔纳森无奈地对我说，"一个月后，杰里米记账时会和我谈起这件事，他会给我发短信，说：'你怎么不用优惠券，会有30美分的折扣。'或者，我开车载着货物从海岸返回时，没有去油价便宜的加油站加油：'你为什么不去印第安人赌场旁边的那家加油站，每加仑可以便宜50美分？'"乔纳森说，亚伦仍然没有自己的名片，因为法布尔还没有联系上他那个可以打折印制名片的朋友。他认为这是他所谓的"系统中的一个扭结"，因为他们也没能满足西雅图所有的潜在需求。"我热爱这个行业，真的。"他说，尽管他也不确定自己在"觅食与发现"公司的未来。

　　凌晨 5 点 30 分，我在一家咖啡店外遇到法布尔和亚伦，这家咖啡店位于运河街，距离列克星敦大道地铁站一个街区。通风口不断喷出蒸汽，潮湿的沥青在明亮的路灯下闪烁着爱德华·霍珀[1]式的孤独感。天还很黑，街道上的大多数车辆都是像法布尔的那种白色小货车，他的车现在正停放在一个装货区，车身侧面粘贴着字体很小的三个首字母 F.F.E.，这明显与要求车身有明确标识的市政法规背道而驰。亚伦坐在驾驶室里，他身形高瘦，头上斜戴着一顶宽松的黑色针织帽，看起来有点拉斯塔风格，举止悠闲，但内向拘谨。（后来，法布尔告诉我，他很担心他这位朋友："他现在一点也不神气。过去很神气，衣着光鲜，人模狗样。我去纽约待了五天左右，然后带着纽约的神气回来了。昨天在集市上，我穿得很拉风，成功约到两个女孩。"）

　　我坐在副驾驶座上，而法布尔则带着空篮子和秤坐在后面，声音嘶哑。他兴致很高，那天晚上他们去看了麦迪逊广场花园的冰球比赛，只睡了几个小时。他兴奋地说："游骑兵队虽然表现差劲，但开场四秒内就和对手发生了打斗，真刺激。"他简短回忆了他认识的一个加拿大女人（或许是他想象出来的一个女人，很难说），他说这个女人只穿一件冰球队球衣，戴一顶拉巴特球帽。我们开车出发，穿过下曼哈顿崎岖不平的街道，还没驶过一个街区，

1　爱德华·霍珀（Edward Hopper，1882—1967），美国绘画大师，以描绘寂寥的美国当代生活风景闻名，被誉为"孤独的代言人""美国社会的歌者"，20 世纪最伟大的艺术家之一。

法布尔的眼睛就捕捉到了一些让他很不爽的东西："亚伦，引擎报警灯亮多久了？"

"你不是知道这个吗？你说这并不重要。"

"那是上次，它一直在闪吗？"

"放心，没啥大不了的。"

"我们得找个修理厂看看。"

亚伦耸了耸肩，继续驾车向荷兰隧道驶去。汽车驶过哈德逊河，进入新泽西州，一栋栋满目疮痍的廉租房映入我们眼帘。亚伦提到，纽瓦克的市长曾特意提到他过去住在这其中一间阴冷的公寓里。法布尔揉了揉眼睛，对他来说，这没有什么大不了。纽瓦克的肮脏街道上随处可见外国妓女，她们 16 岁就偷渡来美国了。"进了绞肉机。"亚伦附和道。

我们在纽瓦克国际机场货运站下车。在货运柜台，一名女工作人员承认有人误放了货运文件。她目光炯炯，说着带有东欧口音的英语，梳着一个古板的发髻，与她的短裙和透明连裤袜形成鲜明对比。她看起来就像双面间谍，瞥了一眼身后办公桌前的其他职员，然后又看了一眼我们，试图用这个小动作转嫁责任。法布尔苦笑了一下，货运站的工作效率之低让他深感无奈。"每次如此，每次他们都有办法把事情搞砸。"她摇了摇头，无奈地表示同意，转而处理她手上的事情。法布尔和亚伦看着她离开，他俩倒很是欣赏她的工作作风和漂亮脸蛋。"如果你和她在拍拖，她天亮前就会拿走你所有的钱。"亚伦低声说。

过了一会儿，她回来了，手里挥舞着文件。我们跟着一个头戴安全帽的人进入仓储区，一个工作人员正开着叉车将两托盘蘑菇运向装货区。仓库门一升起，曼哈顿的日出立刻露出，法布尔和亚伦将300磅的俄勒冈鸡油菌装入一辆可装载2000磅货物的货车车厢。看得出来，法布尔也感到开心，不像前一天，他在西雅图的一位员工没有给他优先发货，使他心生不悦。虽然晚了一天，但蘑菇看起来很不错。法布尔摆弄着篮子里的蘑菇，把最漂亮的菌盖堆叠在一起，露出细脊状的菌褶。亚伦看到他的老板在笑，不禁松了一口气。法布尔把最后一个篮子搬进车厢，关上了车门。此时，远处曼哈顿的摩天大楼在阳光的照射下，金光闪闪。法布尔伸了伸胳膊，说道："我需要赚钱，在威廉斯堡买一间小公寓。"

我们开车回到城里，这时候交通顺畅，海鸥在哈德逊河上盘旋，一只黑鸬鹚径直飞过。"在那儿放条船挺不错，"亚伦说，"开着它出去钓鱼。"作为蘑菇供应商，他们竟然聊起高品质的银花鲈鱼，聊到它们美丽的外形和白色的片状肉质。法布尔说，很多被当作本土产而出售的牡蛎实际上来自太平洋西北部。"很多来自威拉帕海湾、普吉特海湾。不列颠哥伦比亚省也出产大量牡蛎。你告诉我说这些牡蛎来自长岛？我可不这么认为。"我争辩说，很容易分辨出大西洋牡蛎，它们更有光泽，壳的外观也不同。法布尔笑我太天真了："你根本不了解这一行。"我顶回去，说他也不是出售过所有的蘑菇品类。"我知道——每一个——商业上——可行的——品类。"他慢条斯理地说。黄孢红菇（*Russula xerampelina*）？"它们马上就会潮解。"钉菇（*Gomphus clavatus*）？"贼多虫子。米库尼公司出售有虫子的猪耳菌，一磅4或5美元。我不想卖有虫子的蘑菇，这不是我的风格。你去过'食在意大利'吗？那儿有干牛肝菌出售，价格便宜得离谱，但他们的干牛肝菌看起来像棕色的干瘪阴囊。""食在意大利"是马里奥·巴塔利最新的投资项目，是一家致力于意大利传统烹饪的连锁超市餐厅。

"很俗气。"法布尔非常肯定地说道。

亚伦同意："但肯定会成为一个爆款。"

"我可以理解为什么商务人士会去那儿吃午餐，或喝一杯。因为很方便，一站式消费，而且到处都是性感的白领丽人。"

"这就是该死的事实。"

很快就到了上下班的高峰期，十字路口站满了西装革履、风度翩翩的商业人士。一直以来，法布尔要不在路上，要不就在森林中，他已经很久没有交往女朋友了，而且越来越清楚的是，尽管他有耐心也有意向和艾莉森复合，但复合是绝无可能的事情。现在，他在任何地方都能找到符合条件的女人——衣着整齐、光鲜亮丽、已经准备好统治世界的女人。这里毕竟是纽约，不是西雅图的咖啡馆，也不是太平洋西北地区的山区。这儿看不到有人穿羊毛材质的服装，或者——感谢上帝——致命的袜子和勃肯鞋组合，他哀叹西北地区妇女穿着上的单调老气。"哎，我得搬出西雅图。我想要找一个穿职业装很好看的女人。这些天我已经定下了自己的择偶标准，我和一个女医生约会了。我当时真的很兴奋，哇，女医生。"

"你的父母一定很自豪。"

"她是一个犹太医生！"

"你奶奶的梦想终于实现了。"

"她是地球上最糟糕的接吻者，而且她出汗多，我不出汗。"他快速算了一下："纽约有八百万人，四百万女性，这个城市可能有两百万漂亮女人。"他一边说，一边掂量着后面送货的情况，在这个时间点，甚至很难看清楚一个鸡油菌。"下周会有喇叭菌和黄脚鸡油菌，"他对亚伦说，"我不在乎这是否是我唯一拥有的东西。"他有一个叫苏恩的买家，在俄勒冈州布鲁金斯开设了蘑菇收购点，就在加州边境附近，每年冬天采摘者都会在那边的森林里扎营。"他将在周四或周五采购，我会支付大笔费用。去他的那些其他买家，他们只付 8 或 9 美元购买喇叭菌。我告诉苏恩：'你付 11 美元。'我不管。"不过，运货是个问题，他只能把他的小货车装满，然后运往波特兰或西雅图。"以前可以把蘑菇从库斯湾空运出去。如果布鲁金斯没有蘑菇，那就糟糕了，只能空车回去。这完全取决于营地里有多少柬埔寨人。"

亚伦说他已经抛开他的西雅图人情结，这时一辆出租车想把他逼到左边车道，但他还是把面包车拉到右边车道上。"有一天，咖啡店里的一个嬉皮士小妞问我前几天做了啥。她说：'难道环保主义者不会对你们的所作所为感到不安吗？''你认为我们究竟在做什么？'她说：'你们把这些野生物种从森林里带出来，他们难道不担心吗？'她是一位素食糕点师，她说她叫'阳光'。"

法布尔提醒亚伦，他现在住在纽约。"阳光"吃素食并不是镇上唯一的环保主义行动。

我们从西区公路转入第 14 街。

就在一周前，"占领华尔街"运动的抗议者被赶出曼哈顿南部的祖克提公园。解散后的抗议者仍然遍布城市的里里外外，他们聚集在金融大公司总部大楼和其他被认为是经济大萧条中金融崩溃的始作俑者的大门前抗议。我们在肉品加工区附近遇到一群抗议者，这里以前是纽约肮脏的屠宰场，现在变成繁华的夜生活中心，而且正在被重新改造，未来将变成一个集精品零售商和高级餐厅为一体的高端商业区。高楼大厦的玻璃幕墙和钢材结构在阳光的照射下，反射出呈各种几何形状的耀眼光芒。抗议人群在大街上搭起抗议活动中频繁出现的大帐篷，举着各式各样的标语，宣泄对于从企业渎职到无休止战争的不满情绪。法布尔从紧闭的车窗里喊出了几句侮辱性的话："看看那个拿着香蕉的家伙，他在吞噬全球资本主义。那根香蕉来自5000英里之外，由农业企业资助。"亚伦抓紧方向盘，驾车匆匆穿过一个十字路口，路口的一名交通警察似乎示意让他停车，他没在意。

"那警察挥手了吗？"他看了看后视镜，踩下油门加速，把抗议者以及他们喧闹的钹声和刺耳的口哨声甩在后面。"我想他在后面看到你了。"他对法布尔说。法布尔坐在这辆没有后座的货车尾部，没有系安全带，公然违反交通法规。亚伦开车载着我们离开抗议人群和执勤的警察，法布尔抱怨说，这些规定太可笑了。你不仅要把这些货车的座椅拆下来，还得把螺栓孔遮住，这样就不会有人想把座椅装回去。"即使它只是一堆纸板。"法布尔嘲笑道。纽约这个城市让他抓狂。

我们来到曼哈顿大桥，附近的标牌警告说，当天晚些时候会出现交通堵塞，奥巴马总统将为洛克菲勒中心的圣诞树点灯。法布尔和亚伦一致认为，他们在清晨取货和送货是一个十分明智的决定，因为午餐时段前，纽约就会陷入停滞状态。只要进入布鲁克林区，就有望摆脱交通堵塞，他们只需再送几件货物，就可以返回仓库。

我们开车穿过布鲁克林科布尔山社区的街道，环境相对安静时，我不厌其烦地询问法布尔同一个问题，每次提问都得重新措辞，希望得到不同的答案：你如何每周在纽约处理 1000 磅蘑菇订单的同时，还能在不下放权力、不放松控制的情况下经营西雅图的业务？你怎么做到的？同一个问题，每次提问，我都能从法布尔那儿得到新的答案，我察觉到法布尔变得越来越烦躁，直到他忍无可忍，说道："这是一次愚蠢的谈话。"结束了关于他让出控制权的谈话。

过了一会儿，我们来到了布鲁克林一家原生态餐厅，餐厅老板同时也是他的老朋友，已经在餐厅外等候。亚伦转向我，说道："看到我在处理什么了吗？"

回到小货车里，法布尔的黑莓手机接到一个电话，是马特·狄龙。法布尔机械地说着"是"和"不是"，他看起来有点恼火，还没确认完订单就把电话挂了。他说："我不知道他为什么突然需要我手把手地指导。"狄龙正在为开一家新的木烤比萨制订计划，这将是他的第三家餐厅。应该很快就会从法布尔嘴里冒出"商业帝国"，我可以看到法布尔脑子正在盘算。

"他在向《纽约客》示好。"我建议。

"马特知道怎么制作好的比萨饼，他只是觉得无聊或什么的，他需要对自己有信心。"

"也许你应该去帮他一把。"

"他问了我，我考虑了一下，"法布尔在笔记本上写下了一串数字，"我太忙了。"

在布什维克社区，他们带我参观他们在纽约的仓库，仓库位于一栋六层楼栋里的一个单间，楼栋里聚集了不少潮人、艺术家和初创公司。这个单间面积达到九百平方英尺，外加一个供亚伦居住的小公寓，每月租金一共 2100 美元。亚伦的床垫放在一个角落里，旁边是奶瓶箱式的床头柜，上面放着一本平装的《雨王亨德森》，书的旁边是一盏小小的台灯。房间的对面摆着一张不锈钢工业桌，旁边是一台大型双门冰箱和一台脱水机。"你把食品和生活用品放在一起？"法布尔说，"这可是违法的。"亚伦的衬衫和夹克，整齐地挂在裸露的消防喷洒器旁。

在纽约逗留期间，我特意去了几家采购了法布尔的鸡油菌的餐厅吃饭。在纽约西村区的"斑点猪"餐厅，我吃了一道"猪头肉"菜——"基本上就是猪脸上的肉。"服务员说。这道冰球状的开胃菜，原料是猪脸颊和下巴肉，油炸后，搭配少许红烧大蒜、芥末和炒香的鸡油菌，肉质鲜美，油脂丰富，口感酥脆，又有鸡油菌的微甜果味，美味可口。将鳐鱼用平底锅煎好，搭配大片炒鸡油菌，十分诱人。布鲁克林的罗伯塔餐厅制作木烤比萨时，用鸡油菌做配料。莫莫福库餐厅将鸡油菌与腌制的鹌鹑蛋、骨髓和青杜松子搭配食用。还有布雷餐厅、布卡蒂诺餐厅、布鲁克林厨房餐厅、林肯中心新餐厅，等等，太多了，我无法体验所有的餐厅。然而，这些餐厅的鸡油菌订单大多较小，这里几磅，那里几磅，这样的小额订单在西雅图是绝不可能存在的，法布尔只能被迫配合，至少现在如此，因为他需要纽约的业务。

最后一晚，我和我的姐姐、哥哥在法布尔最高级的客户——德尔波斯托餐厅享用晚餐。德尔波斯托餐厅由马里奥·巴塔利、乔·巴斯蒂亚尼奇和莉迪亚·巴斯蒂亚尼奇于2005年创立，自开业以来由马克·拉德纳担任主厨，是纽约少数几家获得《纽约时报》四星评价的餐厅之一。2010年，餐厅评论家山姆·锡夫顿这样评价该餐厅："采用精湛的厨艺将不可思议的食材演绎成艺术品。"还是《纽约时报》，评论家弗兰克·布鲁尼的评论稍显保守，他说，德尔波斯托挑战顾客"接受原本专属于法国菜特色的严格仪式和华丽装饰的意大利美食"。用"富丽堂皇"来描述这家餐厅一点不为过，我们穿过厚重的大门，眼前是宽阔的大理石阶梯，通往休息室和餐厅，餐厅的天花非常高，随处可见深色的木饰面和光亮的黄铜，餐厅一角摆着一架三角钢琴，身着燕尾服的钢琴师正弹奏着美妙、悠扬的钢琴曲。

坐下后，我询问服务员，我们可以分享盘子吗？"可以，先生。"阿尔巴白松露是完全成熟的吗？"是的，先生。"我们能看看吗？"是的，先生。"牛肝菌是新鲜的吗？"是的，先生。"

"通常会有客人问你这类问题吗？"我的哥哥插话说。

"不，先生。"

耳形意大利面配羊颈肉酱、鼠尾草面包屑和胡萝卜泥。意大利通心粉拌龙虾。意大利肉饺——"饺子皮里包的都是顶级食材。"服务员说——用格拉娜帕达诺干酪和提洛尔斯佩克火腿制作馅料，搭配黑松露汤汁。这些只是前菜，或者说头盘。在第二道菜中，我品尝了小牛肉，小牛肉被切成圆形小块，搭配焦糖鸡油菌。这顿丰盛的晚餐令我们大开眼界，也让我们一饱口福，但同时也是我们所有人吃过的最贵的一顿饭。总之，奢侈至极。

晚餐过后，我们从餐厅的双扇大门走出餐厅，此时已是夜里，气温很低，我们口中呼出的白气清晰可见。此时此刻，我完全没有想那些正在附近抗议的人群，也没有想那些在边境地区的森林里待了一整天、此刻正考虑如何解决晚餐问题的蘑菇猎人，我什么都没有想。大快朵颐、酒足饭饱之后，钱包也瘪了，我在想是坐地铁还是打车回去。好不容易奢侈一回，我的确应该好好享受一番，不留遗憾。

一周后，我和法布尔前往俄勒冈州采购蘑菇，我要亲眼看看在纽约吃过的蘑菇的产地。法布尔的心情很好，前一天晚上，他和一个切罗基印第安女人在琳达酒馆约会。这个女人简直是完美情人，是一个"身材超棒"的都市潮人攀岩者，有一份高薪工作。"听听这个。我向上帝发誓，她对我说过这句话：'如果我们发生关系——我不是说会发生——但如果我们发生关系，你要知道我是双性恋。'"对于他们的下一次约会，法布尔已经迫不及待，但他对这段新感情却表现得异常冷静，甚至没有与她晚安吻别。还不到时候。"我其实是个故作矜持的假正经。"

我们沿着 I-5 公路向南行驶，那是一个寒冷的早晨，他那辆小货车侧窗的两个插销都坏了，凛冽的寒风不断拍打着侧窗，将车内仅有的一点暖气一股脑抽走。法布尔不怕冷，但他非常讨厌这段路程，说这是太平洋西北地区最无聊的一段路。他一边用黑莓手机接单，一边询问我在德尔波斯托的用餐情况，以此打发时间。味道好吗？值不值得买单？在他的要求下，我把整顿饭逐盘进行分析并和他详细讨论，我不得不承认，这是我吃过的最好的五顿饭之一。我不知道这是否暗示了我的不谙世事和味觉上的缺陷？

法布尔想了一会儿，说道："我一生中吃过的最好的五顿饭，全是我在森林里自己做的。"

每年这个时候，华盛顿的鸡油菌和牛肝菌采摘已经结束，当地经验丰富的采摘者主要以采摘卷缘齿菌和黄脚鸡油菌为生。采摘活动大部分转向尤金以南的地区，那里的森林组成从以花旗松为主转变为落叶和针叶混合林。在科特吉格罗夫等地，纯花旗松林仍有黄金鸡油菌生长，但在季节后期，黄金鸡油菌个体会长得很大，外观也变得难看（相比之下，在更北的区域，经过严霜和暴雨的洗礼，黄金鸡油菌已经变成泥浆）。尽管季末的鸡油菌外形并不美观，但却能卖出最高的时令价格。某些年份，在穴纽附近可以采摘到高品质的松茸，在更南边的加利福尼亚北部的橡树林也可以采摘到松茸。其他采摘活动集中在冬季蘑菇期的开始阶段——主要是沿海混合森林中的黄脚鸡油菌、卷缘齿菌和喇叭菌。整个 12 月份，采摘者们聚集在罗斯堡和布鲁金斯等地区，还有一些人在新年时南下，前往加州采猎蘑菇。

采摘蘑菇的间隙，道格会去打猎，他猎杀了一头鹿和一头年轻的公马鹿，接下来几个月，他不愁没有肉吃了。我问法布尔，道格是否会在冬季晚些时候加入我们。"他可不想工作，"他斩钉截铁地说道，"我今年的工作量是他的两三倍。他对政府的支票很满意。"法布尔认为沿海地区已经对道格造成了很严重的消极影响。"如果我住在那里，我不会在乎要花多少钱才能出去。我恨不得每周工作 200 个小时。你看到沿海地区有瑜伽馆吗？有健身房吗？你看到有人骑自行车吗？你看到的都是肥仔开车穿过两个街区去便利店买多力多滋。"像许多白手起家的商人一样，法布尔有一种"一切靠自己"的心态，他信仰混杂，政治观点捉摸不定，尽管他的收入主要来源于销售所谓的奢侈食品，但他是一个坚定的反消费主义者，他认为正是购物消费导致了西方文明的衰败。"我已经3 年没去塔吉特百货了。上次去那里，我买了 20 条内裤。我们到底需要什么？特别是当你无所事事的时候。你的生活平静如水，从不离开你的房子或车，你需要多少双鞋？对于普通人来说，在探索公园¹里散步是一件很奇怪的事情。你去塔吉特百货，那里人满为患。像昨天这样阳光明媚的日子，我打赌塔吉特百货里绝对是人山人海。购买日常食物才是生活的唯一需要，你得吃饭。滑雪板是我唯一放不下的爱购物品……还有衣服，也有一些。我得穿好一点，因为这样才招女人喜欢。"

等式的另一边是贫穷。"人贫穷是有原因的，"他说，"但也有例外。我不认为我们处在一个非常勤劳的社会。我敢说，穷人中有一半人不想工作，这就是他们贫穷的原因，对此你无能为力，不

1　美国西雅图最大的公共公园。

想奋斗的人肯定会成为穷人。你也不要去帮助他们，福利只会让他们更加懒惰。一个35岁的健康男性根本不需要任何帮助。我不在乎他聪明与否，只要他有两只手，并且有能力劳动，他就不需要帮助，除非他是从战争中回来的退伍军人，患有精神问题或失去一只手臂，那他确实需要帮助。一个35岁的健康女性也不需要帮助，除非她有3个孩子，又没有老公，那她的确需要帮助。但是社会捐助的大部分钱都给了那些不想工作的白痴。你得稍微改变一下你的生活方式。那种每天早上一杯拿铁、每天晚上与星共舞的生活？对不起，不行。这是一个丑陋的世界。"

秋冬季节之间的这段时间是法布尔的淡季，对于他来说，这确实是一个极为尴尬的时间段。为了维持生意，他经常需要每周三次前往尤金地区，购买鸡油菌以及早冬蘑菇（如果有的话）。从西雅图到尤金，来回需要10小时，然后还要分拣、称重、将蘑菇装入货车，以及支付采摘者费用。因为采摘者直到天黑才从森林返回，所以他无法中午之前离开西雅图，这意味着他最快也要午夜才能回到家。这一天，他想在11点前出发，因为必须在华盛顿州的凯尔索停留，他在考利茨河与科伦河交汇处的河岸从一个固定采摘者那儿取货。

"每个人都喜欢埃利丰索，"法布尔说，"他好像有13个孩子。"现在，埃利丰索和一个叫"夏天"的女人住在伯灵顿北方铁路公司火车轨道对面的一栋平层牧场房子里，他曾经照看过她。房子后面有一个很大的菜园——邻居们都很好奇他的菜园，他们喜欢在盛夏时节拿着相机去菜园拍摄——还有一小块香蕉园。最近，他用塑料袋把香蕉树包裹起来御寒，期待它们明年能结出果实。目前，他的家人大部分都在美国居住，但还有部分留在墨西哥。两年前，他的一个兄弟在一场毒品争斗中被杀。法布尔说，埃利丰索是一个很好的松茸猎人，他采摘过大量的黄脚鸡油菌，直到他的森林采摘地遭到砍伐，他同时也是一个优秀的羊肚菌采摘者。"他一直都比我强。"法布尔承认。这是我第一次听到他说其他采摘者可以与他分庭抗礼。

我们把车停在车道上，车道上堆满了各种看起来像是要被扔掉的东西。埃利丰索把他的篮子放在外面。他又矮又壮，看起来有点像个牛仔，穿着一件衬里是假羊毛的棕色迪凯思夹克，戴着一顶福特野马帽子，帽子拉得很低，遮住了眼睛。过去的三天，他采摘了200多磅鸡油菌，还有半篮子的黄脚鸡油菌和卷缘齿菌。每年的这个时候，他的大部分采摘工作都是在往南几小时车程的科特格罗夫附近进行。我冒昧地问埃利丰索，他留在美国是否合法。"有时不合法！"他笑着说。事实上，他曾经和一个得州女人结过婚，现在他和"夏天"住在一起，和她有3个孩子。他说"棕色"和"白色"的结合并不容易，目前也只能走一步算一步。但是，他仍然没有离开美国的打算，比如去加拿大采摘羊肚菌，他就担心出去之后再也回不来。他给我看他儿子的照片，照片上，一个13岁的男孩在他一周前猎杀的公马鹿旁边摆了个姿势。

春季，埃利丰索主要猎采羊肚菌；秋季，他猎采鸡油菌和龙虾菇；而冬季，他前往南方采摘喇叭菌。像大多数采摘者一样，他一开始并没有打算成为一个全职蘑菇猎人，但在过去的10年里，与其说是他寻找到蘑菇，不如说是蘑菇寻找到他。他也打猎，并且会打理自己的花园。他说，虽然喜欢采摘蘑菇，并因此长时间混迹于大山森林，但大多数时候，他是一个宅在家里的父亲，他还有一个从事护士职业的女友。这时，一辆美国铁路公司的客运列车呼啸而过，法布尔见卷缘齿菌的外表肮脏，就向埃利丰索发难，这些卷缘齿菌将被送至纽约的一个慈善活动，因此是免费赠送。"像墨西哥人一样脏……"埃利丰索适时地唱起了小曲，这一巧妙的幽默缓解了作为买家的法布尔的不悦情绪。埃利丰索转过身来，警告了我一句："你不准带任何人来我的采摘点。"最近，他吸取了和别人甚至是家人分享采摘点的教训。他告诉我："我带我弟弟去了我的一个采摘点，前几天我在那儿又碰见他，他还带了一个我不认识的女人！"

在尤金旁边的斯普林菲尔德，我们来到此行的最后一站——冯·潘·拉特萨纳福斯的家，他家的车库里堆放有 1200 磅鸡油菌，等待着运回西雅图。潘曾是一名机械师，他家曾经被野火烧毁，他的工具也在野火中付之一炬，现在他是一个蘑菇采摘者和经纪人。1987 年，潘从泰国的一个难民营辗转来到美国，那个难民营因老挝战争而建，他从 1979 年起就住在那儿。他的父亲在战争中丧生，母亲也因病去世。潘也曾上过战场打过仗（"我 15 岁就被他们带走了！"他说），后来他当过警察，在此期间他秘密帮助许多老挝家庭非法逃往泰国。他 20 多岁时逃离东南亚，留下了他的第一个孩子。20 多年来，他再也没有见过这个儿子，来到美国之后，他又有了 5 个孩子。

我们在他的车库找到了潘，他正在堆放装满蘑菇的篮子。他刚从森林里采摘了13篮约150磅的黄金鸡油菌回来，他的妻子达恩正在厨房里分拣和清洗蘑菇。"最近生活怎么样？"法布尔笑容可掬地同他打招呼。潘穿着迷彩裤和运动衫，他没有回答。法布尔为本周早些时候发生的支票兑现问题向他道歉，用他在大通银行的商业账户给他们开了一张1900美元的支票，达恩去银行兑现支票，银行要求提供四份身份证明材料，她翻遍汽车手套箱，除了驾照和信用卡外，只找到了一张保险证明卡。达恩打电话给法布尔哭诉，法布尔电话联系大通银行，说支票是他写的，要求银行出纳兑付支票，银行出纳拒绝了。法布尔开始回答各种假设性问题——他母亲的家族姓氏、他的出生地、最喜欢的颜色、第一只宠物的名字——他说话的声音也不由自主地越来越大。最后，他要求见银行经理，但银行经理也拒绝支付支票。尽管他以前也遇到过类似事情，但这一次他彻底被激怒，咆哮如雷，嚷着让银行经理不要做种族主义者，把钱兑付了。最后，银行付了钱。

法布尔对我说，银行这种行为就是典型的偏执和偏见。"把支票上的亚裔名字改成乔·布洛，立马就能兑付，没有任何问题。"他试图缓和一下气氛，说道："3.5美元一磅，对吧，潘？"

潘差点上了法布尔的当，但好歹还是清醒了过来。法布尔付的是5美元一磅，和付给埃利丰索的价格一样。在镇上，其他买家的价格是每磅4至5美元。多出的50美分对潘来说价值近600美元，尽管法布尔在看到这批蘑菇后，并不完全满意它们的品质。这些鸡油菌个头很大，很多甚至都比一个莴苣（*Lactuca sativa*）

还大，而且很脏。潘解释说，这批蘑菇由 6 个采摘者共同采摘，其中几个人对清洁采摘不甚了解。他说："而且他们没有空气压缩器。"

法布尔并不惊讶。"这是斯普林菲尔德，"他埋怨道，"每年的这个时候，我讨厌来俄勒冈州。这里没有人注意清洁采摘，他们觉得没有必要。"这几乎是一年中全世界最后一次大规模秋季鸡油菌商业采摘，无论如何，买家都会购买他们的货物。法布尔也为篮子不足而苦恼，他正在认真考虑与另一个买家交易，从台湾购买一整个集装箱的篮子，价值 4 万美元。"我的篮子正疯狂地不翼而飞，我不知道它们去了哪里。我离开 10 分钟，篮子就全没了。我们运了一些篮子给布鲁金斯的苏恩。纽约还有一堆篮子。如果我拿10 个给埃利丰索，我可能会拿回 5 个。还有道格！如果我给他 10个，我能拿回 1 个就算走运了。"

潘的车库里很冷。一周以来，整个北太平洋西部地区的气压达到历史新高。冬季，蘑菇需要水分。法布尔把装满鸡油菌的篮子放入纸板箱，每个纸板箱可以装 205 磅。由于篮子短缺，这只是一个权宜之计，他小心翼翼地向潘解释情况："每箱都能装 205磅？"潘点了点头，但仍觉得不可思议。他看了看秤上的读数，然后继续分拣。潘的女儿走了出来，和潘简短地说了几句老挝语。"谢谢，"她最后用英语说，把手指放在他的车钥匙上，"拜拜。"

"为什么我没有得到一个'拜拜'？我是什么，切碎的肝？"潘的女儿朝法布尔歪了歪头，然后离开了。

"你有 7 个孩子？"

潘纠正他：6个，但有一个在老挝。"我从未见过他。老挝的警察会来敲我的门。"

"警察会抓你，对吗？"

"会抓我。"那时，老挝警察已经盯上了他，潘当机立断跑路，抛下一切。我看得出来，他很思念他的第一个儿子。他一动不动地站着，目视远方，这时他的苹果手机响了。"他们免费给了我两部手机。"他骄傲地说。潘总是在买东西和卖东西，他有好几部电话，开通了多个号码。与银行不同的是，他的手机供应商懂得如何让一个好客户满意。潘挂断电话后，我问他是否吃鸡油菌。他说吃过，用米做的面皮卷着烤过的鸡油菌，就着米饭和鱼露一起吃。他们只吃鸡油菌的菌花，而鸡油菌的菌盖、菌柄整体被卖掉。

这时，法布尔从这堆湿淋淋的鸡油菌中挑出个头最大、最脏的，把它们扔到一边晾晒。有些鸡油菌看起来像棒球手套，可以轻易装下一个硬式棒球。没有太多经验的业余采摘者和真菌学会的会员往往会因发现这种巨大的鸡油菌而兴奋不已，马不停蹄地拍照并转发给同伴。法布尔称他们为"蘑菇呆子"。他拿出了另一只巨大的鸡油菌。"欢迎来到尤金，在这儿，任何黄色的东西都会被装进桶里。如果采摘者是个体面人，那还行，但他们就是十足的懒汉，这很可悲。在斯普林菲尔德、尤金，有7个买家，他们收购蘑菇时，眼睛都不眨一下。他们来者不拒，什么都要，比如，"——他拿起一个外观还算不错的鸡油菌——"这不是一个坏蘑菇，但他们甚至不会尝试清理它。"鸡油菌的菌盖周围铺上松针，用于装饰，菌柄上沾满泥污。"这就是结局，今年的情况大抵如此，但对于业余采摘者来说，这样的收成已经足够他们吹嘘一阵子了。"

法布尔还真瞧不上真菌学会，他讲了一个故事：有一年他主动在一个蘑菇展上做烹饪表演，进行到一半，协会主席因他提到松茸采摘的事情而把他叫出来，说用耙子搜寻蘑菇并不像人们说的那么糟糕。"我不记得我具体说了什么，首先，我们一般不太用耙子搜寻蘑菇；其次，这种做法确实也没有什么长期影响。如果有什么大问题的话，那就是森林砍伐和蘑菇猎人。蘑菇猎人仅凭他们的人数之多和丢弃的各种垃圾，就给森林造成巨大的破坏。我在展会上做烹饪演示，每个人都喜欢我，整个会场座无虚席，大家都在一边观摩一边做笔记。到目前为止，我是他们请过的最富娱乐精神的人，我告诉大家在哪儿采摘蘑菇以及如何烹饪蘑菇。大家都喜欢我。这时，来了这么一个所谓的协会主席把我喊出去。这人去过兰德尔[1]吗？见过耙子吗？他甚至都没去过野外。"

我们驱车来到东波特兰的卫城俱乐部，准备在那儿吃点东西，此时已经接近晚上 10 点，离西雅图还有 3 小时的车程。法布尔向我保证我一定会喜欢这个地方，你可以花 10 美元点一份 16 盎司的 T 骨牛排，还可以站到桌上和漂亮的裸体女人跳舞。"她们并不淫荡，"他说，"她们更像是时髦女孩，这就是波特兰，到时你就知道了，不过千万别点沙拉就行。"法布尔在门口支付名义上的入场费。进到场地之后，我们见到吧台和几张桌子旁坐着不少老男人，两个反戴着球帽的年轻人正在给一个横躺在吧台上搔首弄姿的舞女付

1　美国兰德尔 131 号州际公路和 12 号公路的交会处有一个大型的蘑菇交易市场。

小费，吧台上摆着一盘炸虾。舞女把一只细高跟鞋高高提起，然后又提起另一只。法布尔看到一个老熟人从酒吧后面的楼梯上走下来，精神为之一振，事实上，他认出的是口音。"她是波兰人、俄罗斯人，还是哪儿的人……"他说，"她是最棒的。"我们点了啤酒。

"你会告诉玛莎这个地方吗？"他问我。

"当然，"我说，"为什么不呢？"

"我想你也会告诉她。但你结婚了，告诉她可不一定是好事。"

"她是不会被牛排馆的脱衣舞女郎威胁到的。"

"遇到一个好女人，"他说，然后喝了一大口啤酒，"千万别放手。"

女服务员回到我们旁边，建议我们点的牛排搭配嫩煎蘑菇。法布尔和我面面相觑，然后不约而同地拒绝了她的建议。我们匆匆吃完东西，继续赶路。

第十章　性、爱、松露

　　我想，这群狗狗是在提示我，这可不是一个常规的饮食文化节。节日期间，各种犬类无处不在，它们出现在酒店大堂里、电梯上、街对面的公园里，有泰迪犬、达克斯犬、贵宾犬、猎犬，我甚至还见到一只吉娃娃。狗狗的主人们自豪地牵着他们的爱犬，这些松露猎犬可以在 50 步外嗅到藏在地下的松露气味。狗主人中最认真的要数那些牵着拉戈托罗马尼奥洛犬的，拉戈托罗马尼奥洛犬是一种意大利狩猎犬种，毛发紧密而卷曲。拉戈托最初是为从湖泊中打捞猎物而培育的犬种，现在被认为是顶级的松露犬。虽然这些犬类有着古老的血统，但它们的主人却大多是"新种类"——美洲松露猎人。更有趣的是松露种植者，成为一个新世界的松露种植者意味着从事一份十年前几乎不存在的工作。每年 1 月下旬，俄勒冈州举办的松露节是这些先驱者进行交流的机会，包括狗和人。

　　松露属于外生菌根真菌，这种真菌一生都生长在地下，并与特定种类的植物（主要是树木）形成共生关系，这一点众所周知。在某些地方，松露被认为具有强烈的催情效果，否则你如何解释为何如此多人对这些看起来平淡无奇，却被某位真菌学家称为松鼠食品的块状物趋之若鹜。科学家们认为，松露通过进化将其浓郁的香气作为一种生殖策略，田鼠、飞鼠等小型啮齿动物从土壤中挖出松露并吞食，通过粪便传播松露的生殖孢子。几个世纪以来，人们——尤其是居住在意大利和法国南部地中海沿岸的人们——跟随啮齿动物寻找松露，有时甚至利用猪来挖出这些块茎状的珍馐。罗马元老们喜食松露，文艺复兴时期的贵族们也是松露的拥趸。1825 年，法国律师和美食家让·安塞尔姆·布里拉特·萨瓦林在去世前两个月出版了《味觉生理学》，他在书中对松露大加赞赏，关于松露的特性他总结道："虽然松露并不是一种特效春药，但它有时的确可以让女人更温柔、男人更易爱。"即使在今天，松露仍与罗曼蒂克和顶级美食联系在一起。

虽然松露的种类多达数百个，但只有少数几种值得采集。最令人垂涎和最昂贵的当数大块菌[1]（*Tuber magnatum*），它有时也被称为阿尔巴松露，每年，意大利北部皮埃蒙特村将其出产的白松露进行拍卖，然后出口到世界各地。在美国，松露的起卖价约为每磅 3000 美元。2010 年，一个重达 3 磅的松露在一场慈善拍卖会上以 30,000 欧元的价格售出。法国西南部的黑孢块菌[2]（*Tuber melanosporum*）是松露中价格第二高的，也是种植的首选，它的售价通常只有意大利白松露的一半，在法国以外售价甚至更低。这之后，松露的排名开始变得混乱：有一种夏季松露，有时被称

---

1 俗称白松露，产于意大利。由于珍贵，故有"白钻石"之称。
2 俗称法国黑松露，素有"黑钻石"之称。

为夏块菌（*Tuber aestivum*），还有一种广受诟病的印度块菌（*Tuber indicum*），它经常被滥竽充数掺杂在更昂贵的松露品类中销售和运输；其他可食用的品类包括冬块菌（*Tuber brumale*）和地菇科。位于松露等级中间位置的是新崭露头角的北美松露，主要是俄勒冈松露[1]（*Tuber oregonense*）、俄勒冈白松露[2]（*Tuber gibbosum*）和俄勒冈黑松露[3]（*Leucangium carthusianum*）。这些名字稍微有点误导性，因为所有这三种"俄勒冈松露"都可以在从加利福尼亚北部到不列颠哥伦比亚省南部喀斯喀特山脉以西的低海拔花旗松林中找到。

几个世纪以来，松露只能在野外采摘。直到最近，松露种植者们掌握了如何在种植前用真菌的孢子接种树苗。现在，人工种植的松露占全世界每年松露产量的大头。与此同时，由于气候变化、环境污染、森林管理问题，以及人类定居模式的改变，野生松露的产量正在急剧下降。可食用的欧洲松露喜欢生长在人类居住区附近，尤其是旧农田里的造林地。野生松露的产量减少，再加上它们在市场上的高昂价格，使其成为主要的栽种对象。另一方面，虽然北美松露完全野生，但也有一些土地所有者发现，他们可以通过开发花旗松圣诞树农场或林地促进野生松露的自然生产。

我是一个偷听者，当与从事非常规职业的人交谈时，我总会不由自主地倾听，他们谈论自己的工作可以让我对某个隐秘领域一探究竟。我第一次搬到西雅图时，经常光顾城边的小酒馆。在那

1、2、3　暂无正式中文名，此处为俗名。

里，商业渔民通常会聚在一起，小声谈论最新的渔获。我很喜欢听股票经纪人谈论股市，尽管我对金融一窍不通，对股票、税收和股息也一无所知。木匠之间的对话——斜面、承重墙、切口和托梁——也一直让我着迷。与此相同的是，在我的职业生涯中，有无数次涉足几乎完全陌生的行业，这些行业要求我掌握某些我还没有掌握的技能，例如，我必须学会如何用油布覆盖屋顶或给马套上马鞍，或者给刚打磨好的木地板涂上聚氨酯且不留缝隙，又或从零开始建一个松露林场……

俄勒冈州松露节的第一天，我遇到了一群松露种植者。那时，当天的系列演讲已接近尾声，大多数人听了几个小时的讲座，精疲力竭，反而对未来的工作前景深感困惑，正涌出会议室（可能直接去酒吧），少数人则在走廊里逗留，互相安慰。我悄悄靠近他们，偷听他们的谈话。一个看起来挺会社交的金发女人正在翻阅一本复印件活页册，并向众人分发她的林园照片。她叫玛格丽特，看起来不像一个从事农林业的人，她一身商务休闲打扮，穿着人字纹阔腿裤和淡紫色上衣，戴着与她的蓝色眼睛十分相配的蓝宝石项链。她见到两个来自爱达荷州的男人，露出了一个略带紧张的微笑，而这两个男人似乎也知道她和众人在谈论什么。她还算有幽默感，她说，即使是她自己，也不完全知道自己在做什么。她最初肯定没有考虑"食肉动物控制[1]"。"我玩枪，"她特别强调，"你应该看看

---

1 食肉动物控制是一种野生动物管理政策，旨在减少食肉动物的数量，以保护牲畜或增加狩猎动物的数量。

　　　　　　　　蘑菇猎人：探寻北美野生蘑菇的地下世界

我拿着步枪在外面骑行的样子。"她是一个肯塔基州女孩，我后来发现，她知道"栓式枪机"和"杠杆式枪机"的区别，更不用说"布克波旁威士忌"和"巴兹尔·海登波旁威士忌"的区别，她甚至对一只愤怒的鳄龟扣动过扳机——据她说，她在灌溉林园时遇到了那只危险的鳄龟。

"你杀了它？"

"当然。它是一种有害动物。"

"我养了一只獾，"其中一个爱达荷州人说，一只白毛狗安静地蜷缩在他的脚边，"简直是卑鄙的狗崽子。"

"是的，但它会照顾好地鼠的。"另一个爱达荷州人说，他身材高大，穿着格子衬衫，从外形上看，可能会被当作牧场工人或鳄鱼摔跤手。就在几分钟前，他们都聆听了一个来自俄勒冈州的年轻人讲述他的苦难经历，他花了一年时间与地鼠大军作战。到今年年底，他一个人已经捕获并杀死了 200 只破坏性啮齿动物。"我有一群土狼帮我处理地鼠，"这个爱达荷州人用沙哑的声音继续说道，"直到狼来了。"

玛格丽特身边已经聚集了一小群人，听她讲故事。她拿出她林园里两个池塘的彩色复印照片向众人展示，她还展示了正计划购买的二手灌溉水枪的复印照片，甚至还有乌龟的照片，其中一个池塘面积不小。"伙计们，我们可以去她那儿滑冰。"有人在她身后嚷道。

"维护电围栏是最高的维护成本之一。"她解释说。

"我以前养猪，你不能把鹿挡在外面。"

"你说你有个儿子，那让他回来这里工作。"

"让大学生去修补栅栏和挖杂草？"一个旁观者说，有意无意地摇了摇头，"真的很成功，确实是个好计划。"

"我告诉你，"玛格丽特说，"他们以为我吸毒把脑子弄坏了，我儿子他加入了学校的击剑俱乐部，我说：'很好，这样你可以帮我修补栅栏了。'他看着我说：'妈，我们搞的是击剑运动，不是修补栅栏[1]。'"

"这是一项爱好还是一项事业？"

玛格丽特笑了起来，但笑得很勉强，她那双冰蓝色的眼睛里闪烁出若有若无的焦躁和渴望。

"我们希望它是一门生意。"另外一个爱达荷州人说，说出了他们的两个愿望。

"现在是转移！"

"是的，把钱从这里转移到那里。"

玛格丽特说她已经为这个项目投入了10万美元，而树苗甚至还没有开始栽种，爱达荷州人点了点头，相较于她24英亩的林园规模，10万美元并不多。通过施用石灰使土壤的pH值上升，仅此一项就花费了1万美元，而且还需要进行第二次石灰施用。她已经挖了两个池塘，现在需要制定一个灌溉策略。

她说："我已经找到一个工人，他将负责林园头两三年的工作。"所有这些都是为了一个可能10年或12年内都不会有产

1　英文中，fence 既可以表示栅栏，也可以表示击剑。

出的作物，到那时，她可能都已经当祖母了，而且，林园完全有可能没有任何松露产出。在希尔顿尤金酒店的这个会议室里的100多个人中，也许仅有一两人的林园生产出松露。这些幸运儿就如同受到神启一般，而其余的人则只能等待。有些人一两年前就已经开始种植树木了，而其他人，如玛格丽特，将在未来几个月内开始种树，只有少数人拥有树龄五六年以上的老林园。这一类的种植者生存在风口浪尖上，某天他们可能在一棵被当作自己的孩子一样照顾的树的根部发现散发着香气的松露，也可能常年一无所获。正如他们所言，这是一项需要热爱才能进行下去的事业。

我去俄勒冈州松露节当然是为了享用美食，但同时也是为了去见松露猎人，这帮热情、坚定甚至疯狂的人都有一个共同点：着迷于一种从未有人能够完整和正确描述的野生食材的气味，这种气味让一些人近乎疯狂，甚至超越疯狂。我自己从未经历过这种失控的疯狂，虽然我很喜欢真菌，但我仍然认为自己是一个相对理智的人。但另一方面，玛莎认为这是个大骗局。她以为我会把自己吃得很傻，她不敢相信我是蹭票过去的。她说，我在纵横交错的蘑菇猎人路径上的所有旅行，都只是一个借口，只是为了白天在树林里闲逛，晚上享受美味佳肴和美酒佳酿。松露节只是将这一切提升到更高的层次。"道格呢？"我问，我从没见过道格吃过一个蘑菇，她举起双手，一副无可奈何的样子。每次我和道格一起去野外，我都会带着一袋又一袋的蘑菇回家，塞满冰箱，甚至堆满了前门门廊，并成功地把我们曾经喜欢蘑菇的孩子变成了十足的蘑菇恐惧者。"我们不要再吃蘑菇了！"孩子们会在晚餐时大喊大叫。

"如果我们养一只松露猎犬呢？"我在开车去尤金之前对玛莎说，她顿时兴奋起来，说会在我回家后讨论这个问题。

不可否认，狗给饮食文化节带来了难以抗拒的活力，而让它们参加演出是节日创始人的天才之举，他们是一对热爱松露且具有节日管理经验的夫妇。查尔斯·勒费弗尔是一位看起来像摔跤手的科学家，他是一位有核反应堆运行管理经验的物理学家，同时还是一位菌类专家。几年前，他曾从事森林生态学方面的工作，借机开启了他在松露繁殖方面的副业，并最终创办了一家名为"新世界松露公司"的企业，该公司专为北美各地林园中的松露树接种。他的妻子莱斯利·斯科特有着飘逸的头发和猫一样的眼睛，过去17年中，她一直管理全美知名的俄勒冈州乡村博览会（一个嬉皮士聚集的盛会），之后她与丈夫一起创办了规模更大的松露节。从一开始，这就是一个专门以松露为主题的庆典活动，而不仅仅是为了俄勒冈州本土品类的推广。事实上，勒费弗尔选择栽培的品类是佩里戈尔松露，因为它最容易驯化。松露节引入犬类表演虽然让人觉得丢失了活动的严肃性，甚至有点儿戏，但也让我们明白了一点，勒费弗尔希望借此终结时下不择手段寻找松露的坏风气，松露猎犬可以减少它们的主人用耙子和园艺工具对森林下层植被造成的破坏。

桑德拉和詹姆斯是一对来自俄勒冈市的夫妇，希望拥有一只松露猎犬。现在，他们只是拥有这些树——在他们20英亩的土地上有一片树龄 6 年左右的小树林，大约 2 英亩的林地上橡树和榛树各占一半，这是松露最喜欢的宿主树木。这对夫妇仍然不敢相信他们竟然成为时下流行的所谓"城市农场主"的一分子。"我们根本不了解这片土壤，"桑德拉目瞪口呆地喊道，"也不知道地下到底发生了什么，地底下的那些蜘蛛、螨虫和微生物到底在干吗？"她的丈夫詹姆斯有着很多北美消防员特有的那种宽下巴，他说，他们是因为他的岳母在《华尔街日报》上读的一篇文章才开始林业种植事业。"是我的继母。"桑德拉纠正道。不了解这片土地并不是她的错，因为对于任何人来说，无论如何这都是一片隐秘的未知之地。夫妇两人不知道如何处理潜在的害虫，桑德拉说道："你用谷歌搜索'松露树底部那个张牙舞爪的虫子是什么？'不能准确地找到答案。"詹姆斯说，前一年，为了开阔视野，他们专程去意大利托斯卡纳的圣乔瓦尼·达索参加一年一度的松露节，住在当地一座始建于 13 世纪的别墅里，并在街对面享用了永生难忘的一道菜：将佩科里诺干酪加热之后，撒上意大利白松露碎末，再淋上蜂蜜。谈到这道菜，他们俩不约而同发出了惊叹声。桑德拉说："这道菜非常贵，我们在纳税单上把它冲销了。"毕竟，他们是生意人。

紧张的笑容又浮现在玛格丽特的脸上，她怀着既担忧又好奇的复杂心情听着这些人讲述松露的故事。我们乘班车匆匆赶往第一个晚餐活动，当日早些时候，会议提供了加有黑松露的热可可。"我没喝够，"她承认道，"我恨不得钻进杯子里喝。"她需要先把树种植在地里，然后按部就班地工作。在创办林园之前，她的整个职业履历相当完美，基本都与企业风险管理有关，然而这些经历对于她创办林园却没有丝毫帮助。抱歉，这么说可能有点讽刺。一直以来，她都有着非常敏锐的职业敏感度，作为华盛顿互惠银行的高管，她在抵押贷款危机爆发的前两年就开始深入调查账目，在提醒她的上司后，她迅速跳槽到微软。在此之前，她曾在通用电气和其他财富 500 强公司工作。现在松露是她的老板。

"等待松露的这段时期，你会做什么？"有人问她。

"找一份普通工作！"她几乎要哭了，"或者回去做咨询。"

那天晚上的晚餐，美食老饕加入了松露种植者和驯犬员的行列，他们是松露节的第三大参与者：这些美食爱好者无可救药地爱上了松露，但又足够理智，只将他们的支出限制在花钱请厨艺精湛的厨师来为他们烹制松露美食上。然而，在北美，花费巨资并不能保证你获得顶级的美食体验；即使在烹饪其他方面称职的厨师也不一定知道如何正确地料理松露。另一位俄勒冈州乡村博览会的常客是查尔斯·鲁夫，他也是松露节的烹饪总监。他难掩沮丧地告诉我，他毕竟也是一个烹饪专业人士，亲自监督了一道菜的烹制——松露浸泡的海鲈鱼片配上用松露、番茄和奶油调制的酱汁。他将鱼片捆绑在一起，放入干酪包布，然后填入大量的俄勒冈白松露，密封 24 小时，这样鱼肉的脂肪就可以吸收松露释放的香气。另一道菜就没有那么顺利了。他为餐桌上的新鲜面包卷准备松露黄油，但在最后一刻才拿到主要原料——研磨好的松露碎，而他自己却不知道，这还是一位客座厨师送来的。鲁夫是一个大高个儿，留着飘逸的胡子，有着影视演员一般的挺拔身姿，松露黄油这道菜竟然无人把控品质，他对此感到遗憾。松露碎必须要在前一天加工好，确保它在上桌前因释气而变得软糯。鲁夫说，这只是困难之一，举办松露节比举办乡村博览会要困难得多，因为以反传统著称的当地人不接受它，他们觉得松露节的门票太贵，主办方甚至还有点傲慢。来参加活动的松露爱好者也都是非典型人士，完全不像乡村博览会上的游客。"不是你们这些温顺的、抽大麻的嬉皮士。"他说。

一轮松露开胃菜之后，厨师走出厨房，告诉在座的150名客人，今天他们准备了十块来自"画山大农场"的有机牛里脊肉，搭配60磅俄勒冈白松露，牛肉充满了松露的香气。众人惊呼。"我可以在这样的大桶里睡上一觉，"玛格丽特感叹道，"更妙的是，用60磅的松露给我洗个澡，我在浴缸里泡一晚上，再点上一些蜡烛。"

这是一种将所有在场者联系在一起的情绪，面对这些看起来无毒无害的松露，他们感到头晕目眩。但当谈到描述松露的气味时，大多数人都表示难以接受。

"你觉得它们尝起来怎么样？"加里问道，眉毛夸张地拱起，他是来自田纳西州的一名潜在种植者。

我想了一会儿这个问题。我与我同桌的宾客们穿着蓝色西装和晚礼服，戴着漂亮的珠宝和手表。"我不得不说，松露的味道像……"我停了一下，然后答道，"一间很多人住过的蜜月套房。"好了，我已经说了。

"有时候你会听到谷仓里的声音。"加里说。"或恶臭

（funky）。"另一个人补充道。"funky"的确是一个能够很好地描述松露气味的词。它来源于 funk 一词，是爵士时代非裔美国人流行的一种俚语表达。关于这个单词，最早的记录可追溯到 1784 年，指的是发霉的老奶酪，这个词一直被用来描述泥土味，之后成为黑人用的隐语，特指性交时大汗淋漓挥之不去的汗臭味，之后，又被用来指爵士乐和蓝调中有强烈性暗示的跳动节奏。用 funky 来描述松露的味道真是恰如其分，这种难以捉摸却又诱人的味道几个世纪以来一直备受追捧。

希腊哲学家西奥弗拉斯特是亚里士多德的学生，他被认为是最早为松露著书立作的人之一，他在书中描述秋雨和雷声共同催生了松露。普鲁塔克赞同这一理论，并补充说土壤的温度也是影响因素之一。闪电被认为是另一个导致松露出现的原因。老普林尼对松露十分着迷，他称松露为"土壤的老茧"。16 世纪，一些博物学家认为发情的鹿的精液会产生松露。最古老的松露配方来自罗马帝国，出现在阿皮修斯。被誉为现代法国烹饪教父的弗朗索瓦·皮埃尔·德拉瓦雷纳在其著作《法国菜》中列出了 60 多种松露食谱，包括经典的松露鹅肝。法国小说家乔治·桑写道，松露是"爱情的黑魔法苹果"。"黑魔法"这个描述似乎还挺准确，对于松露，喜欢的人会为之疯狂，仿佛被施了魔法一般；不喜欢的人则毫无兴趣，还真没有持中立态度的人。

时至今日，厨师们对松露依然着迷。1975 年，保罗·博古斯在爱丽舍宫为法国总统瓦莱里·吉斯卡尔·德斯坦烹制了松露汤；在他里昂的餐厅，松露汤作为顶级菜式从未停止出现在餐桌上。

蘑菇猎人：探寻北美野生蘑菇的地下世界

2012年，加州开始禁止食用鹅肝，此后，托马斯·凯勒在他的餐厅用澳大利亚冬季黑松露取代昂贵的鹅肝。丹·布卢德为其位于迈阿密的餐厅调制的多菜松露主题餐，主打阿尔巴白松露（"庆祝白松露季节"，售价为每人325美元），如今已成为美国冬季松露美食的标准。马特·狄龙这样的厨师试图以比较亲民的价格来提升大众对松露的关注，他们用本土出产的松露来搭配原本平淡无奇的意大利面、意大利烩饭和土豆。

尤金是一座十分悠闲的城市，在这里举办松露节，组织者从世界各地征集大量的松露，大大小小的碗里装满了欧洲和美国松露，供与会者观摩欣赏和品闻气味。周末，我品尝了一些让我赞不绝口的食物。威拉米特山谷葡萄园午餐会上，开胃菜是黑皮诺炖猪肚，配上白松露果酱、樱桃干和卷须生菜，淋上覆盆子与黑松露醋汁。这可能是我最喜欢的一道菜，松露酱完美地融合了多种口感和质地。周五晚，在翡翠谷度假村举办的晚餐宴，由美食家莫莉·奥尼尔主理，包括一道防风草和芹菜根汤，配上白松露刨片和石榴，让人回味无穷。周六晚，来自全美各地的十几位客座厨师共同为300位宾客奉上了一共包含五道菜的松露大餐，浓郁的松露香味，像浓雾一样在宴会厅里弥漫开来，并飘向酒店大堂，飘浮在走廊和阁楼。三张长长的餐桌上优雅地摆放着300个盘子，每个盘子里都盛有一块方形黑松露饼，饼上配有邓肯尼斯蟹沙拉和香梨。厨师们就像一队寻宝的海盗，他们身上有文身和刺青，在料理台前来回穿梭，像挥舞军刀一样挥舞着他们的蔬果刨，快速地在盘子上刨出薄如纸片的黑松露。第二道菜是烩饭，原料有奶油红白藜麦配雷司令干白葡萄酒水煮蛋、风干脖肉薄片、野生冬季草药、柠檬百里香乳和白松露刨片，这道菜简直让我心花怒放。看到这道菜时，我激动到想哭，甚至有把我的脸整个放进去吮吸它的美味的冲动。我正沉浸在异想天开的思绪里时，又一道白松露烤牛肋骨配白松露土豆泥、莎草和甜菜汁的肉菜摆在我面前。我们在餐桌上一边大快朵颐，一边谈笑风生，以前彼此互为陌生人，现在却在这场令人心醉神迷的松露狂欢中变得亲密无间。甜品呢？松露可不是一种仅仅局限于提升菜式口味的真菌。白松露覆盆子慕斯、白松露木薯粉以及撒在上面的松脆可口的白松露脆片组成的豪华甜品组合，一度让我的用餐同伴们感动得近乎热泪盈眶。

所有这些菜肴都依赖于俄勒冈州本土的松露。权威美食人士詹姆斯·比尔德宣称，俄勒冈松露完全可以与更著名的旧世界松露相媲美。真的吗？我看到杰里米·法布尔向我投来了他那不以为然的目光。虽然他售卖的是美国本土品类，但他对本土品类评价并不高。"你尝过欧洲松露吗？"有一次，他一本正经地问我。"市场不好的时候，华盛顿或俄勒冈的优质松露可能会与欧洲松露竞争一下。"其他人对此则有不同意见。午餐时，喝着鸡肉汤，吃着松露饺子，我和松露节的发言人之一、来自温哥华的香农·伯奇博士坐在一起，他是加拿大不列颠哥伦比亚省松露协会的创始成员，还有一位名叫温妮的澳大利亚松露进口商，她专程来到俄勒冈州，只是为了品尝当地的松露，并决定是否将它们引进到悉尼。

"你觉得昨天的晚餐怎么样？"伯奇问她。

"印象深刻，"温妮承认，"这里的松露比我预期的要好。"

"它们非常漂亮，不是吗？而且气味强烈，对一些人来说，甚至可以说太强烈了，但我喜欢。"

"确实惊喜，"温妮附和道，"现在我需要尝尝俄勒冈黑松露。"

"你尝过了，今天早上的可可饮料中就有。"

"没错，"温妮的搭档戴维说道，"松露有果味口感。"

"它们和甜点很配。"伯奇同意。

带着一丝愧疚的表情，温妮承认自己也在种植松露，这一行业近年来在澳大利亚蓬勃发展。

"真的吗？你的种植园有多少英亩？"

她脸红了。"种植园不是一个合适的词。"

"哦，好吧，你种了多少棵树？"

现在她几乎被折腾了。"实际上只有5棵。"

"还是种在罐子里。"戴维补充道。

"一个小型种植园！"

"是我们在悉尼的家，滨海地块不适合大规模种植树木。"

"有没有希望将小型种植园用于支付海滨房产税？"

"想都别想。"

"松露呢？"

"还不行。"

我一再听到这样的说法，将欧洲松露与美国松露进行比较，就好比将赤霞珠与黑皮诺进行比较，它们之间并无孰优孰劣之分，只存在差异。我认为这个比喻很恰当。松露和酿酒葡萄经常生长于同一个栖息地，所以用我们熟悉的酿酒来比喻松露也不无道理。美国本土松露的支持者认为，法国的风土理念——土壤和气候的区域影响——对俄勒冈州的黑松露和白松露同样重要。新世界的起源地就在威拉米特山谷。

那声音一定震耳欲聋，上百万条冰缝合并成一条裂沟，破坏了米苏拉湖的千年冰塞，该湖的蓄水量超过伊利湖和安大略湖的总和。上一个冰河期无数次发生这样的情况：2500英尺高的冰坝破裂，巨大的洪流从蒙大拿州喷涌而出——流量达每秒3.86亿立方英尺，是亚马孙河流量的60倍——冲过东华盛顿州的火山地带和爱达荷州的狭长地带，劫持数十亿磅的火山沉积物，流经风化沙漠，然后像一把巨大的刷子冲刷着哥伦比亚河峡谷。在波特兰下游几英里处，也就是现在的卡拉马镇附近，威拉米特河的河道因圆木堆积而受到阻塞，河流向尤金也就是现今俄勒冈大学所在地的方向后退了100英里。在接下来的2000年中，这种情况可能重复发生了40次，发源于米苏拉湖冰河期的洪水在流经之地沉积了大量淤泥和沉积物——一些地方甚至深达半英里——从而造就了传说中的"牛奶和蜂蜜之地"，在整个19世纪中期，大量的西进拓荒者被吸引来此开荒辟地。

就像古代洪水一样，1843至1870年间，50万移民以排山倒海之势涌入威拉米特山谷。据说，第一批白人定居者经由后来被称为"俄勒冈小道"的路径踏入这片山谷时，看到一片茫茫无际的蓝色水面，误以为是太平洋。远处，威拉米特肥沃的洪水冲积平原上生长着茂密的蓝色糠百合（*Camassia quamash*）野花，仿佛在迎接他们。当地的印第安人挖出像土豆一样的糠百合块茎，将其捣碎，磨成粉食用。印第安人面对处境艰难的严酷现实，于1855年投降，与俄勒冈州议员乔尔·帕尔默的谈判之后，签署条约，割让土地并迁移至印第安人保留地。1850年，帕尔默在代顿建立了威拉米特山谷社区，他也在亚姆希尔河口附近安家。1997年，一名痴迷蘑菇的波兰裔美国人从宾夕法尼亚州买下帕尔默的旧宅，并将其改造成一个以蘑菇为主题的旅游度假餐厅，这一笔房屋交易是美国西部重塑的典型象征。

出于对葡萄酒和真菌的双重爱好，杰克·查尔内茨基来到了西部。在美国，没有什么地方比威拉米特山谷更能满足他的这两个爱好。如今，印第安人的蓝色克美莲野花地已基本消失，该地区因葡萄园而闻名，特别是生长在雾气笼罩的山丘上的黑皮诺，但现在这里却越来越因另一类食物而闻名——生长在花旗松原始森林地表的白松露和黑松露。这些松露繁殖旺盛，散发出几千年进化而成的复杂气味，不仅吸引啮齿目动物，也许还有智人。作为一个新来之人，查尔内茨基立马被这里出产的松露彻底迷住，一种使命感油然而生，那就是以创造性的方式烹饪当地的松露，并将其与当地最好的葡萄酒搭配。

查尔内茨基出生于一个波兰蘑菇猎人家族，他的曾祖父移民到美国，全家定居在宾夕法尼亚州的制造业城镇雷丁，他们在当地开了名为"乔氏"的劳工餐厅和寄宿公寓。雷丁这个地方很早就以其蘑菇而闻名全美，特别是用当地松树林中采集的野生蘑菇制作的汤料。后来，查尔内茨基的父亲接管了这家餐厅，查尔内茨基本人也去了康奈尔大学的酒店和餐饮学院学习专业知识，但他后来在20世纪70年代初退学，接着又遇到海蒂，并搬到加利福尼亚。夫妇俩四处漂泊，最后定居在加州大学戴维斯分校，加州大学戴维斯分校当时是培养美国葡萄酒革命者的摇篮，美国的葡萄酒革命曾一度让法国葡萄酒承受前所未有的竞争压力。在戴维斯，他遇到了梅纳德·阿梅林，一位酿酒学教授，他在1959年开发了一个用于评估葡萄酒等级的20分计分卡。查尔内茨基后来将这种方法用于评估食品，特别是酱汁。他与海蒂结婚之后，夫妻俩搬回宾夕法尼亚州，并在餐厅工作。1986年，他出版了《乔氏蘑菇烹饪宝典》，并在《瑞吉斯和凯西·李》电视节目中进行了宣传。1995年，他出版了第二本书《一个厨师的蘑菇菜谱》，这次他登上QVC频道，这本书在10分钟内售出4000本。该书后来还获得詹姆斯·比尔德奖。同年，他的父亲去世。两年后，查尔内茨基买下乔尔·帕尔默的旧宅，并举家西迁。

我第一次和杰克一起去采松露，他教会我一些关于松露的基本常识。第二次，他为我准备了一个惊喜，我们将带上一只松露猎犬来帮助我们寻找和猎采俄勒冈黑松露。这对查尔内茨基来说是个不小的转变，我们之前都认为他是一个拒绝犬类嗅觉帮助的人，他经常说，他熟知所有的松露地块，不需要狗来告诉他松露什么时候成熟，而且如果有必要，他有办法在家中催熟松露。但是，随着新世界的松露种植者对这项古老的松露催熟技术有了更多的了解，此项技术却遭到越来越多的质疑。欧洲人曾经用猪搜寻松露，而现在他们依靠犬类。猪的问题在于它也喜欢啃食松露（而且通常是母猪，因为松露含有一种有机物，其气味与公猪身上的一种激素相似）。猪可以嗅出生长在地下 3 英尺处的松露，人们往往不得不限制猪的活动，防止它偷吃松露。但狗对松露没有兴趣，狗所追求的是成功发现松露后的待遇。根据美国犬类协会的说法，狗的鼻子比人的鼻子灵敏 10 万倍。如今，在大多数地区，在没有狗的帮助下采猎松露几乎是不可能完成的任务，更糟糕的是，这种行为甚至犯法。在这个问题上，查尔内茨基已俨然成为一个异类，即使他仍然是当地松露贸易的创始人之一。他猎取松露的时间如此之长，取得了如此大的成功，他也不需要任何帮助。

这只叫作库珀的狗的主人是一位女士，为了寻找松露，她在那年年初与查尔内茨基取得联系。他们开着一辆旧沃尔沃，车停住后，一个穿着雨衣、身材矮小的女人跳下车，立即走到车旁。她的狗随后从车上跳下，绕着查尔内茨基家周围的车道狂奔。库珀虽然很帅，但它是一条混血，一半黑色拉布拉多犬、四分之一的圣伯纳犬、四分之一的德国牧羊犬。尽管它已经 4 岁，但外形和行为都类似黑色拉布拉多幼犬。和拉布拉多一样，它活力无限，但一天工作下来之后，也会崩溃般无比倦怠。

我带着库珀和它的主人安妮驱车前往松露采摘地。这一天，雨云密布，天空看起来像黑暗的穹顶，不时有一缕薄薄的阳光，仿佛从钥匙孔中穿透而出，把一排排的黑皮诺照亮成金色。我们穿过威拉米特山谷，沿途虽然风景优美，但与驱车穿过法国勃艮第乡村见到的景色不太一样。从波特兰出发，沿着99号公路向南行驶，一直到纽伯格，沿途你会见到不少快餐店。在城郊，当你经过一家名为"别的地方酒馆"的餐厅之后，会发现地形地貌逐渐显露：西边是邓迪山，东边是威拉米特河适合农作物生长的肥沃的洪水冲积平原。地势平坦的地带分布着一座座小农舍，像池塘里的鸭子一样，大一点的房屋则隐藏在山丘中。尽管麦克明维尔是一个极具魅力的小城，尤其是圣诞节夜晚，但威拉米特山谷的大部分地区不能用旧世界意义上的古朴来形容，它的棱角更粗糙，更富工业质感。

我们驱车经过山谷的主要产酒区，然后抵近海岸山脉，那片土地因地质动荡而变得越发不稳定。安妮对这里的地形很熟悉，并期待着试试她的狗学到的新技能。她说，她通过在房子周围藏匿沾有松露油的小棉球来训练库珀。与大多数松露猎犬不同的是，库珀不会得到食物奖励，但它得到玩球的时间。她说："拉布拉多更喜欢玩耍。"

我们沿着一条土路，从农田开上一片长满花旗松的山丘，这里几乎所有的山丘都是林业开发次生林。这片山丘属于一个农场主，山丘下面有他的农田，而林木种植也是他的一项投资。雨断断续续地下着，路很滑。最后我们停下车来，库珀急切地带领我们进入树林。我们带着园艺用的长柄耙子，有四五个弯曲的金属齿，用来翻动土地。查尔内茨基解释说，他与农场主达成了协议，农场主最近在道路的一侧砍伐了树木。我们在道路另一侧散开，那里至少10年来没有树木遭到过砍伐。大多数树木看起来都有

30 年的树龄，接近典型的收获年龄。树木之间的一些老旧树桩已经腐烂，表面被苔藓覆盖，一丛丛绿油油的刺羽耳蕨点缀着森林地表。

安妮从她的口袋里拿出一个黑色的薄罐，里面是松露香味的棉花，她拿出棉花来给库珀看了看，命令道："去找松露吧！"库珀又叫又吼，然后开始干活。它在树林里飞奔，鼻子贴着地面，来回走动，直到来到一棵冷杉树下，开始围着树绕圈，用鼻子不停地嗅着气味，发出一阵阵哼声。"找出松露，库珀！"库珀停顿了一下，然后在离树干 7 英尺的地方开始挠地面。"好样的！"安妮从口袋里掏出一个红球，扔到斜坡上。库珀兴奋地跑开，不一会儿叼着球跑回来，安妮又把球扔了出去。

与此同时，查尔内茨基在库珀挠过的地方开始工作，他像掀地毯一样小心翼翼地掀开最上面的森林地表半腐层，避免损坏树根。一会儿，他从土中取出一个核桃大小的圆形物体，看起来像一个小煤块。"这就是俄勒冈黑松露。"他平静地说道，声音粗犷，仿佛这是世界上最普通的东西。我感觉到他不想把全部的功劳算到库珀上。"现在我们去找这只松露的兄弟吧。"说完，他又从泥土中取出第二个差不多大小的松露，解释道："有一个黑松露的地方，通常会有第二个。"

我们轮流闻了闻松露的气味，像那种熟透并马上要发霉的菠萝。这是一种诱人的独特气味，当在温热的食物中加入松露，并使其充分释放出气味时，它的气味不会立即告诉人们食物接下来会发生什么样的变化。来自各地的松露爱好者拥至查尔内茨基的威拉米特山谷餐厅，只为体验这一美味。查尔内茨基计划以后要把更多时间花在松露地里，而不是在厨房里。他正在把餐厅交给儿子打理，不过餐厅的常客们不会注意到餐厅的味道有什么变化。在"乔氏餐厅"吃饭，有时会先喝一杯糖帽马提尼——冰伏特加中加入干乳菇（俗名糖帽蘑菇，一种肉桂色乳干酪，带有浓郁的枫糖浆香味）的特殊香气，接下来可能是丰盛的新英格兰风味松茸杂烩，然后是勃艮第牛肉配牛肝菌酱。然而，吸引众多食客从波特兰或更远的地方驱车远道而来的依然是松露菜肴。对于我们今天找到的松露，查尔内茨基有其他计划：少数松露可能会出现在餐厅的菜单上，但大多数注定会被加工成产品，这是他毕生工作的最高成就，即纯天然的俄勒冈州松露油。

我第一次品尝松露可以说几乎被忽悠了，从那道菜的菜名就能看出：松露牛肝菌配法国山羊奶酪和意大利小方饺，里脊肉配松露土豆泥，松露鹌鹑肉。其实，这几道菜里都没有松露实体，只是用了昂贵的进口松露油，我被骗了。

丹尼尔·帕特森是一家餐厅的老板，同时他自己也是一名厨师。他曾写过一篇备受争议的爆料文章，承认自己对松露着迷上瘾。他说，一直以来，全美各地的厨师都依赖化学制品，比如用听起来相当不好吃的二甲硫基甲烷（一种食用香料）替代真正的松露油。松露油是一种黄铜色人造香料，并非由松露制作而成，它散发的香气也是一种人造香气，可能是在新泽西州的一家香料工厂调制。读完那篇文章，我立刻跑到当地的食品杂货店，从货架上取下松露油瓶，仔细阅读瓶子上的标签。标签上的成分说明可以说是"讳莫如深"，或者毫不客气地说，"虚与委蛇"，列出的成分包括松露精华或松露香精。有些瓶子的底部可见几块干裂的松露碎片，以标榜自己确实含有松露，但这些残留的松露碎片早已没了香气。这些瓶装的进口松露油带有法国和意大利国旗的认证标志，售价也在不断上涨。然而，产品的原料成分是无法回避的，厂家在产品说明上故意偷换概念，暗示的是生产方法而不是原料成分——这种方法主要利用二甲硫基甲烷生产松露油。

大多数松露油，虽然味道浓烈且含有化学成分，但确实能让人联想到某些种类的松露，而且味道足够真实，口感饱满圆润，醇厚丰满，略带辛辣味，感觉就像一个浓妆艳抹打扮成玛丽莲·梦露的金发女郎试图和你搭讪。有时，一些比较吝啬的厨师会用真正的松露再滴上少许松露油以提升味道——实际上是用冒牌货污染了好东西，就像毒贩用一个无害的家用器具切分他的毒品——松露掠夺者的入侵。

查尔内茨基说他的松露油货真价实。这么说来，他可能是唯一不造假的松露油生产商，但这也很难说，因为虽然他的松露油利用了松露的脂溶性，但制作过程严格保密。当食用油、黄油和其他脂肪类成分与成熟的松露充分接触，它们会吸收松露中的芳香气体。这并不难，最难的是调制出能保持这些不稳定气体分子的油。查尔内茨基认为，一小瓶 2 盎司的"100% 纯天然"俄勒冈松露油（零售价约 20 美元）可以在冰箱中保存数月，随着时间推移，它的香气会逐渐变淡。

虽然松露油在厨房调味品中占有一席之地，但松露油对于菜式的整体品相而言，就如同拿放大镜看一件伟大的艺术品，虽然画面色彩明亮、细节突出，然而也存在过度饱和、缺乏透视的风险，并最终让整幅画看起来十分混乱。所以，说回松露油，在烹饪中，它根本无法与被正确使用的成熟松露相媲美，关键是难以找到成熟的松露。

在北美，松露市场刚兴起不久，尚不规范，唯利是图的现象时有发生，出售的松露要么不成熟，没有气味，要么已经过期，散发出腐烂的臭味。最近，我的一个朋友给我看了一些她在全食超市购买的俄勒冈黑松露，采用泡沫塑料和塑料包装——这是第一个不好的迹象——你可以用拇指戳到松露。"闻一闻。"我说。她拿起一只，嗅了一下它的气味，然后厌恶地迅速转过身去。我的朋友很气愤，她花了很高的价钱，却买到劣质松露。我建议她把它们拿回去，让经理做个气味测试。宣传松露文化的唯一途径就是普及松露知识。大多数采蘑菇的人，包括道格，都不太喜欢松露，因为学习成本高。少数人专门从事松露采摘，但即使是他们也无法定期提供优质的松露。杰克·查尔内茨基是为数不多投入毕生精力追求优质松露的人士之一。

在意大利，职业松露猎人因其传承数百年的手艺，不仅受人尊敬，而且可以获得丰厚的报酬，可能还会有一条同样技艺精湛的松露猎犬陪伴在他身边；而普通的美国职业松露猎人，他们的技艺并没有达到一流标准，并且这种技艺上的平庸十分普遍。我曾在西海岸评价最好的一家餐厅吃饭，看到餐厅老板向每张餐桌的客人挨个展示一颗网球大小的佩里戈尔松露。它的大小确实令人啧啧称奇，但除此之外没有什么特别之处——它完全没有香气，可能是因为还未成熟就被挖出。杰里米·法布尔会说，这是犯罪，他无法容忍美国松露市场如此急功近利。采摘者过早地用耙子耙出松露；商家出于无知，购买未成熟的松露；满怀信任的顾客被愚弄欺骗，因为他们从来没有品尝过真正美味的松露，也不了解品质更好的松露，结果就是大家都无所谓。

几年前，我在旧金山旅行时，在当地的北海滩餐馆里遇到一位朋友，我们吃了一道简单的阿尔弗雷多意大利面以及其他菜肴。这是老友之间一次柏拉图式的简单重逢——尽管餐厅里的其他人可能不这么认为。我们点了两瓶皮埃蒙特的红酒配餐，一瓶巴罗洛和一瓶巴巴莱斯科，多少个漫长而朦胧的夜晚，这两瓶红酒在觥筹交错、你来我往中一点一点消耗，它们的年份早已被人遗忘。服务员站在餐桌旁，一手拿着一个小天平，一手拿着口香糖大小的意大利阿尔巴白松露。朋友挥手让他继续，服务员给我们热气腾腾的意大利面上撒上了松露，然后称了称剩下的松露重量，计算额外费用。这是我第一次品尝意大利阿尔巴白松露，它没有让我失望。阿尔巴白松露目前还无法实现人工种植，这更增添了它的神秘感。纯野生松露极易受到市场波动的影响，品尝这种完全成熟的松露，你会情不自禁地陷入一种放纵、颓废甚至粗鄙的意淫之感，仿佛被笼罩在弥漫着一夜翻云覆雨的香气和味道的云朵中，那是一种泥土般的麝香味，一种交织着甜味和汗味的气味，一种会让自以为是的葡萄酒行家脸红的复杂味道，一种融合了咖啡、巧克力、大蒜、泥炭和熟透水果的味道。

也许那晚我们在用餐时泄露了太多秘密，吃喝之间笑得太过放肆。当你第一次吃到好的松露时，一定会"啊"出声来，然后会"哦哦哦"直叫，这种如同"性满足"时发出的声音，会让你旁边桌的客人面面相觑。

第十一章　冬季采摘

2006 年 2 月，三名来自华盛顿州和不列颠哥伦比亚省的捷克人在加利福尼亚州圣巴巴拉附近被捕，罪名包括涉嫌非法侵入、共谋犯罪和重大盗窃等。每个新闻报道都特别提到他们的东欧血统，似乎就为解释他们为什么会犯罪。据《洛杉矶时报》报道，一个名叫约瑟夫·维乔迪尔的 52 岁西雅图男子在他的旅行车内装有 30 磅鸡油菌，其"黑市价值"约为 300 英镑，满嘴毒品和其他违禁品交易的黑话。随后，警方突袭隆波克汽车旅馆的一间客房，逮捕了同样来自西雅图 29 岁的卢卡斯·弗拉纳和来自加拿大温哥华 24 岁的马克西姆·米哈伊利切夫，并没收了他们"价值数千美元"的蘑菇。在加利福尼亚州，任何盗窃价值超过 100 美元的农产品都是重罪。据牧场主说，偷猎者常年在当地牧场偷采油鸡菌，他们一直逃避抓捕，越来越肆无忌惮。当局似乎对他们"高科技"犯罪感到惊讶，指出偷猎者保留了详细的偷盗日志，记录了各个采摘地块和 GPS 坐标。法庭上，蘑菇采摘者提出辩诉，要求减轻对于他们非法侵入罪的指控，他们最终因在私人领地采摘蘑菇而犯有非暴力犯罪，被判 200 天监禁。你也不用大惊小怪，在加州，毒品、性和暴力犯罪，这些事情每天都在发生。圣巴巴拉县的官员警告那些蠢蠢欲动的违法蘑菇采摘者，采摘蘑菇不可饶恕。

新年的第二天，我的电话响了。"我是霍华德·沃姆巴克，来自美国西部第十区，美国国税局，我们有几个问题要问你，先生——"

"嘿，我知道是你，道格。"

"头一秒钟你肯定被吓到了，我没说错吧？"

"快说，找我啥事。"

"冬季采摘的事。最近你都去哪儿了？冬季采摘的号角要吹响了。"

道格说的是喇叭菌，一种有多个不同名称的蘑菇，被称为"丰饶之角"或"黑色圣歌"，法国人称它为"死亡号角"。"死亡号角"这个名称有点误导性，喇叭菌几乎不是一个让人心生恐惧的对象，事实上，这种鸡油菌的近亲是我最喜欢的食用菌之一，业内称之为黑蘑菇。这是一种漏斗形的少肉蘑菇，通常成簇繁殖，颜色从灰色到棕色，到接近深黑色不等，虽然不像黄金鸡油菌那样壮硕，但其浓郁扑鼻的香气弥补了它们较小的个头，气味之强烈仿佛是来自对黄金鸡油菌的蒸馏，这种气味融合了森林的木质精华和果园核果的精致美妙。每每食用喇叭菌时，我就会想起美国草莓树（*Arbutus menziesii*）剥落的红色树皮，想起漫步在森林中，踩在脚下的枯叶噼啪作响，头顶是花团锦簇的杜鹃花，想起我跋山涉水探访鲑鱼汇聚的池塘。喇叭菌与鸡油菌科的所有真菌一样，是一种外生菌根蘑菇，生长在太平洋西北部，最常见于柯树、北美圆柏和花旗松的混合林地，尤其是加利福尼亚北部的沿海森林地带。法布尔把他见过的最令他印象深刻的一串喇叭菌称为"加利福尼亚星团"。

一提到喇叭菌，我就觉得头晕目眩。像寻找牛肝菌一样，你需要做足功课，掌握必要的技巧，才能在森林中寻找到喇叭菌：积累蘑菇知识，花几年时间考察复杂的地形，了解季节气候变化，训练你的眼睛去洞察蘑菇扑朔迷离的形态——在这之后，上天也许会奖励你，让你发现和获得这种高贵的野生食材。如果有一天，你发现某个山坡上密密麻麻的黑色小漏斗像风琴管一样从落叶层中冒出来，那就中头彩了，蘑菇猎人称之为"暂时性晕厥"。回到家，走进厨房，好运还在继续。喇叭菌是最容易烹饪的野生蘑菇之一，它们作为配料几乎可以提升任何菜式的味道。举例来说，只要将几片嫩煎过的喇叭菌叠放在 3 片香煎扇贝上，就足以让这些来自海洋中的珍馐被赋予大地的调性，犹如滑水冲浪和滑草嬉戏的组合，而不需要大块的牛肉和龙虾。不久前，许多食客执着地认为贝类和蘑菇的搭配充其量也就是使食物口感更加丰富一些，但现在这种搭配开始流行，也许是因为厨师们发现这个组合简直是一个无与伦比的鲜味炸弹。

如今，在全美各地的咖啡馆、小酒馆、比萨店，在几乎每一条街道的街边小吃店的冬季菜单上，都可以见到喇叭菌，它们或化身为一道简单的克罗斯蒂尼烤面包，或是一道鲜美的浓汤，抑或是一道更丰盛的野味与冬季蔬菜大餐。喇叭菌主要用于搭配意式面食、意式烩饭、意式煎饼和其他高碳水化合物菜肴。在这些菜肴中，喇叭菌以其鲜亮的颜色抓人眼球，并以厚重的口感让食客们赞不绝口。即使用一点黄油嫩煎，喇叭菌也能成为一道美食。我有时喜欢把喇叭菌放在一小块牛排上作为点缀——需用一块品质非常好的陈年牛柳，否则蘑菇会喧宾夺主，抢了牛排的风头。喇叭菌不怎么需要精心烹制，我见过它们被放在家庭自制的奶酪汉堡包上，用来搭配螃蟹沙拉，而我自己在厨房烹饪时，会用喇叭菌配鸡油菌奶酪汤，只需吃一两口喇叭菌，你就能尝出来它们的味道胜过鸡油菌。喇叭菌的另一个特点是，它们易干，重新加工后，口感接近新鲜采摘时的质量，这意味着喇叭菌可以全年用同一种方法烹制，而不像干牛肝菌，它们的烹制方法与新鲜牛肝菌的烹制方法大相径庭。

蘑菇猎人可以在北美大部分地区的分散地点采摘喇叭菌，就商业数量而言，采摘主要集中在从俄勒冈州西南部的沿海山脉延伸到加利福尼亚湾地区的一个相对狭窄的区域。实际上，我为自己采摘到足够多喇叭菌以放满储藏室的最好办法就是开车前往北海岸，所以我会留出一周时间和道格一起去那儿采摘。距离对我来说不是问题，我甚至去国外采摘过蘑菇，而加利福尼亚仅处于蘑菇采摘路径上的低纬度地区。一提到被称为"金州"的加州时，人们想到的是阳光普照的圣迭戈或洛杉矶，是橘林和冲浪，或者是旧金山湾的地中海气候。此外，北加州是嬉皮士和为放弃城市工作来到乡村的"返乡人"的大本营，一个能见到测地线穹顶屋[1]和崇尚社区生活的地方，或者说另一个极端——一个满是陷阱的生存主义者聚集地。即使是加州人，他也不会考虑搬到加州北部人烟稀少的地区居住，这里与俄勒冈州和华盛顿州的沿海社区有不少共同之处。这里是伐木工人、盆栽种植者、隐士、坚定的反社会者的聚集地，也许还是神出鬼没的类人猿的暗黑出没地。众所周知，这是一个与文明世界隔绝之地，一个人迹罕至之地。

我的妻子和孩子们站在门口为我送行。天在下雨，我把露营装备放在车顶行李架上，把桶放在车的后备厢。上车前，我乐观地说，每年这个时候到北加州旅行是个不错的体验，但我很快就发现，提前规划蘑菇采摘路线只是徒劳无功。

加州淘金热是美国叙事不可或缺的一部分。早年，我一毕业就失业，开着我那辆生锈的老野马去哪儿了？当然是横穿美国前往加州，可以说这是一趟世代延续的旅程。1848 年 1 月 24 日，一个名叫詹姆斯·马歇尔的工人在内华达山脉山麓的萨特磨坊发现了黄金，于是开启了一场长达 10 年的人类移民和迁徙活动，这是众多改变美国风貌甚至美国国家历史进程中的第一个活动：加州淘金热。短短几年时间里，旧金山从穷乡僻壤发展成为一个新兴城

---

1 测地线穹顶屋是基于测地线多面体的半球形薄壳结构，呈网壳状。穹顶的三角形元素具有刚性结构，并将结构应力分布在整个结构中，使得测地线穹顶能够承受非常大的负载。

市，作为 1850 年妥协案[1]的一部分，加利福尼亚州正式诞生，成为一个"自由之州"。之后，更多的金矿被发现，其中大多位于内华达山脉西北部一座被称为克拉马斯的古老山脉，该山脉横跨俄勒冈州和加利福尼亚州，是一个板块构造奇特、生物多样性丰富的地方。

可以肯定的是，淘金人是一个多元化的群体，虽然他们的动机各不相同，但因为他们大多数来自普通家庭，所以都渴望过上更好的生活。就像威拉米特山谷的农田、沿海原始森林中的木材、河流中的鲑鱼以及大自然其他恩赐一样，金矿为愿意在恶劣条件下努力工作的人们提供了实实在在的就业机会。如果没有人能决定你的未来，你一个人如何掌握自己的命运？对于那些不善社交的群体——独来独往者、不善与人相处的人和不合群的空想家——来说，边境上的艰苦生活提供的不仅仅是获取物质财富的机会，这里又何尝不是一个归宿？但同样可以肯定的是，大多数淘金人，无论职业道德如何，都没有发家致富。

一个多世纪后，探矿者——一个完全不同类型的人群——踏上了这片土地，足迹遍布加利福尼亚西北部和俄勒冈州西南部，克拉马斯山脉在此地与海岸相接。为了躲避冬天的雨水和北部的

1　1850 年妥协案（Compromise of 1850）指美国国会就有关奴隶制问题于 1850 年 9 月通过的 5 个法案的统称。19 世纪 40 年代，美国新获得的领土加利福尼亚和新墨西哥等地要求作为自由州加入联邦，但南部蓄奴州力图扩大奴隶制的地域，南北之间围绕奴隶制地域界限问题的争执日趋激烈。鉴于南部各州以脱离联邦相威胁，辉格党领袖克莱等人自 1850 年初先后向国会提出了一系列妥协性议案。经过激烈争论与协商后，国会于 9 月 9 日至 20 日间通过了 5 个法案。

　　　　　　　蘑菇猎人：探寻北美野生蘑菇的地下世界

寒冷，蘑菇猎人转移到这里，他们获悉此处低海拔地区的温带气候可以让他们在一年中最惨淡的月份采摘蘑菇，这意味着他们可以全年从事副业，他们索性称之为"冬季采摘"。

感恩节前，不列颠哥伦比亚和华盛顿的收成基本结束，只有少数小气候例外。积雪覆盖着群山（在高海拔地区，滑雪场可能开放），致命的霜冻像战场上的收尸人一样在低海拔地区来回游荡。巡回采摘者们南下前往俄勒冈州的库斯湾和穴纽等地，然后到达边境附近的布鲁金斯地区，如有必要，最终进入北加州，悄悄地在德尔诺特郡、洪堡郡和门多西诺郡采摘。他们避开当地采摘者，同时溜进大多数禁止采摘野生蘑菇的州立公园和私人林地偷采。在盐点州立公园和雷耶斯角国家海滨公园，采摘海边牛肝菌的人得躲避公园管理员，以免吃罚单。随着采摘者向南移动，采摘风险也成倍增加；州法规使蘑菇采摘变得复杂，而且令人不解的是，许多森林公园开始禁止休闲性的蘑菇采摘，以阻止未来的土地管理者和环保主义者采用"玻璃罩下的博物馆"的方法管理和保护大自然。戴维·阿罗拉在一篇副标题为"无公地的悲剧"的论文中写道："整整一代人躲在暗处摸索，潜行者与政府玩捉迷藏。"

湾区野外觅食者康妮·格林的客户中包括米其林3星餐厅"法国洗衣房"，她称加州的监管机构采用的是一种"霰弹枪式"的管理方法，并表示不同地区的规则差异很大。传统的商业采摘区，如沙斯塔山和布拉格堡，受到广泛的监管，而其他地区，如她所说，却"完全开放"。像许多从事非木材森林产品生意的人一样，她质疑当权者的动机。"在加利福尼亚，你可能会因为森林服务管理机构的官员执行想象中的规则而惹上诸多麻烦。"她说。还有一些地方，比如圣巴巴拉，她则完全不去，当地人如果在皮卡车上发现一个蘑菇篮子，会大发雷霆并嚷道："可怕的蘑菇猎人会偷走你的宝宝，杀死你的鸡。"

从华盛顿州和俄勒冈州北部的云杉、铁杉和冷杉林，到笼罩在浓雾中的北海岸，森林树木的组成随着向南移动而发生变化，太平洋乔杜鹃木、柯木、金鳞栗（*Chrysolepis chrysophylla*）、牛皮杜鹃（*Rhodododendron aureum*）和其他常绿阔叶植物生长在次生林中，使得门多西诺海岸森林与奥林匹克雨林完全不同。这里生长的蘑菇也不一样，与在北方随处可见的花旗松鸡油菌相比，这里多生长一种橡树鸡油菌。这种鸡油菌（也称加州鸡油菌）喜好在当地普遍的橡树叶凋落物和腐殖质中生长，被人们亲切地称为"泥母鸡"或"泥小狗"，它是已知世界上最大的鸡油菌，一直到三月都会持续出现在旧金山餐厅的菜单上。冬季的大部分时间里，卷缘齿菌会继续生长，黄脚鸡油菌也是如此，然而，与冬季采摘联系最紧密的蘑菇还是喇叭菌。从东海岸到西海岸，各家餐厅都在他们的特色菜中突出野生喇叭菌，而此时大多数当地植物和真菌还都处于休眠状态。在东海岸，喇叭菌属夏秋蘑菇，有大量不可预测的产量波动；在西海岸沿海山区茂密的柯树森林中，喇叭菌是一种十分常见的冬季蘑菇。

大多数商业冬季采摘集中在俄勒冈州布鲁金斯以东的西斯基尤国家森林。切克河上游有一条迷宫般的伐木道路，通往卡尔米奥斯荒野的源头。采摘者们踏遍这片国家森林，他们的营地

　　　　蘑菇猎人：探寻北美野生蘑菇的地下世界

分布广泛。切克山标志着北美圆柏林的最北部边界，冬季蘑菇在这片混合次生林中茁壮成长。每天晚上，从森林出来后，采摘者必须驱车前往破旧不堪的海滨度假小镇布鲁金斯，出售一天的劳动成果。在小镇的港口，坐落着一家家诸如名字为"饥饿的蛤蜊"和"咸狗"的餐馆和咖啡馆。旗线在风中折断，旗杆也已褪色。有一次，我去南方与道格一起进行冬季采摘，路上我发现镇上有5位买家，其中一个把收购点设在上游几英里外的河边市场停车场的集装箱旁，人气非常旺。另外4位买家把收购点一同设在一家名为"蓝色海岸"的汽车旅馆，他们在房间外面设置分级表，摆上秤，一来节省成本，二来方便快捷。在山上搜寻和采摘了一整天后，采摘者回到镇上，把车停在汽车旅馆的停车场里，每磅黄脚鸡油菌收购价为1美元，卷缘齿菌2美元，喇叭菌3美元，黄金鸡油菌碎末4美分（在离采摘点更近的河边市场，价格甚至更低）。在这样低廉的收购价格下，蘑菇似乎根本不值得采摘，但正如一个在河边市场以每磅75美分的价格卸下几篮黄脚鸡油菌的人告诉我的那样："如果你没工作，那对你来说就是一大笔收入。"

乔伊斯是"蓝色海岸"的经理，是一位穿着粉色羊毛衫的小个子老妇人。她初来乍到，据她所知，老挝和柬埔寨的买家已经在这里经营多年。"他们人很不错，"她说，"他们中没有一个人给我带来过一丁点儿麻烦。"此外，蓝色海岸是镇上唯一一家按周收费的酒店，她一边解释，一边小心翼翼地在一张名片上给我写下价格。"如果有人想按周付费，其他酒店会推荐他们来我们这边。

这就是这里的情况。"一个房间一周房费 250 美元。

然而，道格没有选择布鲁金斯。"那儿太多亚洲人了。"他不带敌意地说道。他更喜欢在加利福尼亚碰碰运气，因为大多数州外移民不会冒险去那儿。在许多层面，东南亚人涌入蘑菇贸易几乎是美国最初淘金热的翻版。淘金热时，一拨又一拨的中国移民（大多来自广东省）拥入加利福尼亚和俄勒冈的金矿，而本身还是新进移民的欧洲白人将这些"苦力"视为入侵的族群。这种对于外来族群的恐惧可以追溯到第一拨亚洲移民潮，当时大量亚洲移民接受低廉的工资，在矿山、铁路和纺织行业从事艰苦繁重的工作，他们忍受纵火、私刑和例行的清洗[1]，最终导致《排华法案》于 1882 年首次通过。"我差点就信了，"道格有一次向我承认，"然后当我看到《排华法案》丑陋的一面以及中国人是如何受到非人待遇的时候，我醒悟了。"美国西部扩张的历史就是一部人类大家庭中此起彼伏的部落纷争史，在蒙大拿州采摘羊肚菌时，道格猛然意识到这一点。"在利比的时候，我坐在篝火旁，我发誓当时那儿有 2000 个亚洲人在现场，我们谈论人生选择和我们可以去的地方。有人说：'有这么多亚洲人，他们前仆后继地过来，没有人能阻止他们。你打不过他们。他们赢了。'我说，那你想想 200 年前印第安人的感受。"道格告诉我这件事时义愤填膺。"命定扩张论[2]，"他咆哮着，清了清嗓子，吐了口唾沫在地上，"纯属狗屁。"

---

1 指排除组织中的异己分子。

2 指 19 世纪的美国命定扩张论，该理论认为美国是上帝选中之地，上帝将整个北美洲赐给了美国。

亚洲人坚持在布鲁金斯地区活动，因为就在南边几英里处，穿过加利福尼亚边境，蘑菇猎人们发现了一个非常独特的法律地带。国家森林公园的边界向内陆延伸——对漫长的冬季蘑菇采摘来说，这里伸入内陆太远，而且海拔又高。与华盛顿州和俄勒冈州不同，加州几乎没有向蘑菇采摘者开放的沿海公共区域，而仅有的公共小地块大多位于限制此类蘑菇采摘活动的州立北美圆柏公园内，原始北美圆柏森林并不在所有采摘者的愿望清单上。道格称古老的北美圆柏为"劣药"，这是他从一个克拉马斯印第安人那里学来的说法。大树底下很少生长可商业化采摘的野生蘑菇，而有利可图的地块又主要位于树木被砍伐殆尽的山坡上——大部分是私人林地和农场——加州法律允许土地所有者将公众拒之门外。伐木区被张贴公布并受到严密监控，部分原因是责任问题。如果采摘者非法侵入，比如说，摔断了腿，根据加州法律，他可以起诉，因此大型私人土地所有者索性限制公众进入。在加州，商业化的冬季蘑菇采摘近乎都是违法的。

克拉马斯北海岸生物区是一个与世隔绝、无人居住的地方，长期以来一直困扰着试图将其纳入更宏大的科研计划的科学家们。作家兼博物学家戴维·瑞恩斯·华莱士（David Rains Wallace），以该地区主要的克拉马斯山脉为名，将其纵横交错的河流、森林密布的山坡和偏僻寂静的草地称为"克拉马斯结"。与东部相对年轻的喀斯喀特山脉不同，克拉马斯山是一座非常古老的山脉，更像阿巴拉契亚山脉，在这里徒步有一种时光倒流的感觉。在山的某些地方，你真的可以见到过去的海底，海底被一种称为"陆壳仰冲"的地壳运动推上大陆板块的顶部，目睹这些红色的超镁铁岩块就像目睹太平洋的骨骼。多年来，这些"不祥"的山峰和山脊给旅行者造成了巨大的人员伤亡，尤其是在冬季。曾经有一名房车司机在一条未整修过的伐木路上遭遇到暴风雪，他试图靠着他微薄的给养熬过冬天，但未能幸免。还有一件广为人知的事件，一个来自硅谷的家庭，在从 I-5 州际公路翻山越岭到达海岸时拐错了方向，结果被困在雪山里。为了取暖，一家人烧掉了四个轮胎，之后这家人中的父亲开始步行寻求援助，就在救援人员锁定其失踪的家人时，他最终永远倒在了几英里外罗格河支流的山野中。就像阿瑟·柯南·道尔爵士笔下的《失落的世界》（*Lost World*）一样，这是一片栖息着残遗物种的隐秘丛林，这里拥有世界上最多样的针叶林。其他地方业已消失的物种在这片更新世时期形成的山谷中幸存下来，这些物种的典型代表是曾经广泛分布的北美圆柏，以及其他典型的美洲本土物种，如云杉和贝柏（*Cupressus bakeri*），还有一些人认为生存在该地区的另一个残遗物种是"大脚怪"。

迷宫般复杂的地质和丰富多样的针叶材，孕育了大量的蘑菇生长地。松茸的晚期采摘主要是在穴纽、快乐营和韦奇佩克附近的山区展开。在更靠近海岸的地方，蘑菇采摘者像开采金矿一样大量开采腐朽的北美圆柏沉积木，这条北美圆柏沉积木带沿着西坡一直延伸至太平洋。这些北美圆柏沉积木与当年建造金矿工人营地和引水槽用的木材属于同一树种，但现在的它们只剩下一个个树桩，周围是柯木、美国草莓树和花旗松等次生

蘑菇猎人：探寻北美野生蘑菇的地下世界

树木。在过去的一个半世纪里，超过95%的北美红杉（*Sequoia Sempervirens*）遭到砍伐，从俄勒冈州的切克河到蒙特雷县。这片森林曾经绵延450英里，历经多次冰河期而幸免，最终在人类的手中迅速消亡。当你走进这最后一片古老的北美圆柏林中，穿过一片片"海伯龙""顶点"和"平流层巨人"的森林时，你会经过标记有个人或者夫妇名字的木凳和铭牌，他们有远见，在这些地块被砍伐之前慷慨地买下这片林地。对于蘑菇猎人而言，最具讽刺意味的命运转折是，伴随着北美圆柏的腐朽，遭到砍伐的森林助燃了冬季蘑菇采摘。一到冬季，在这片大部分是私人山林并一直延伸到海岸的低矮山坡上，各种蘑菇如雨后春笋般涌现。

道格选择在这些封闭地块采摘，出于一个在法庭上永远站不住脚的算计，他坚信从第一批木材大亨开始，木材公司已经掠夺了好几代人的财富。众所周知，在19世纪，乔治·韦耶豪斯等人，利用联邦政府的大度中饱私囊，如通过《宅地法》等法律非法获得数千英亩土地，然后在新法律不适用时金盆洗手。早年间，在西部定居是非常危险的事情，甚至十分残忍，木材大亨们将当地城镇的醉汉抓在一起，逼迫他们申请宅地，然后再从他们手中抢夺土地。更糟糕的是，木材大亨们会锁上林地大门，禁止外人入内。对道格来说，这显然违背公众意志，必须取缔。"在某一点上，我们每个人都触犯了法律，"他说，"不论是谁，即使是世界上最自以为是的混蛋，所以这完全取决于你个人能接受什么。你不能让一个把推土机开到森林里的人来告诉你什么是合理的。"道格知道这个道理听起来冠冕堂皇，但他不在乎。弗洛伊德会怎么描述这种现象？正义、正确，还是类似的表达？我一个朋友大学学的是心理学，她说："你就是'自以为是先生'。"我们却无法控制自己。

我和道格第一次去加利福尼亚旅行时，惨遭大自然的双重打击。太平洋西北部受到来自南太平洋的一系列菠萝快车天气[1]的影响——高温高湿给高山滑雪区带来大量的雨水——整个1月份，加利福尼亚天气异常干旱，北至尤里卡，地区温度高达70华氏度（21摄氏度）。在高温和热风的双重打击下，蘑菇生长普遍受阻，黄脚鸡油菌枯萎，卷缘齿菌脆变，喇叭菌从地表长出时，几乎被高温烤成了炭。喇叭菌的漏斗状菌盖变成了煤黑色，与健康的灰黑色菌柄形成对比，边缘开裂，看起来像散落一地肮脏不堪的旧纸屑。

杰里米·法布尔只能认命，说道："喇叭菌完了。"冬季采摘已经结束，他转而开始关注这个季节的第一批野生蔬菜。道格决定无论如何都要再去一趟加利福尼亚。今年冬天，他已经去了好几次，他认为这会是他在春季羊肚菌季节开始前的最后一次出行。如果不能采摘到足够数量的喇叭菌，他会采荨麻补充，100磅荨麻还是值得跑一趟的。此外，他还计划在亨堡特和门多西诺搜寻新的采摘点，这是一项苦差事，但又不得不做。每个蘑菇猎人都希望找到森林中新的微气候，即使在最不利的条件下，蘑菇也能茁壮成长。对于巡回采摘者来说，采摘点分为早点和晚点、高海拔点和低海拔点。一个好的蘑菇猎人会不断地发掘新的采摘点。此

---

1 菠萝快车天气指热带太平洋上形成的暖湿气流的狭窄区域。

外，我们会卖掉在野外找到的任何可以卖的东西，这没问题。拿马特·狄龙来说，他只是处理一份订单而已。我写电子邮件给狄龙，问他如何处理一盒喇叭菌，他列举了好几种方法：油炸喇叭菌至香脆状，搭配苹果酒煮牡蛎和发酵鲜奶油；喇叭菌搭配鸡蛋、干火腿和龙蒿小炒；喇叭菌搭配酪乳泽西卷心菜焖制。这只是一个开始。喇叭菌既可以做成餐盘里的美味佳肴，又可以做成有独特风味的小袋零食，它是一种可以充分展示厨师想象力的食材原料。

我在奥林匹亚的灰狗巴士站接道格，他带了一个迷彩外框背包，一个破旧的毛毡衬里睡袋，里面的填充物都已经露出，还有几件连帽运动衫。我们在一家便利店停下来。他可以使用所谓的"新卡"，终于办完了各种烦琐的手续，拿到了政府针对帕金森病部分残疾人士的补贴，国家现在每月给他几百美元购买食物和其他必需品。道格推着手推车，穿过商店里货物堆积如山的通道，不一会儿，车上便装满了带馅面包、沙丁鱼罐头、柑橘罐头、速溶咖啡和其他常见的野营食品。结账时，他没有现金，坚持要用他的新卡付款，并让我把汽油费从这周末给法布尔送荨麻赚的钱里扣除，我提出要ＡＡ。"这次我请客。"他大声说道，咧着嘴笑了。

在到达第一个营地之前，我们在车里一起待了八个多小时，讨论采蘑菇的事情。我总是渴望听他讲述森林中的故事，但随着我对道格了解得越多，就越发现自己处于一种极为尴尬的境地：在某些为人处世的基本问题上保持沉默——或者，当被追问时表示异议。这一点没有困扰道格，毕竟，我是个局外人。

只要在奥林匹克半岛待上一段时间，我就会改变自己的看法，他确信这一点。他告诉我，他的一个朋友因贝类租约问题与州政府发生了争执。"政府骗走了他几千美元。"道格言之凿凿地向我说道。后来某天，在夜色的掩护下，他的朋友溜进政府的蛤蜊海床，拿到了他应得的。

"那是偷猎。"我说。我自己也挖蛤蜊，但是在公共贝类海滩上挖。

"欠你的就不算偷猎了。"

"我需要知道细节。听起来还是有猫腻。"

"没有猫腻，没有细节，他被骗了，并没有坐视不管，就这么简单。"

道格特别喜欢奚落一个狩猎监督官。"每个人都认识他，"他告诉我，"我的孩子们都认识他。"道格很为他儿子们的户外技能骄傲。他承认，对他的孩子们来说，童年并不轻松。男孩们饿了时，他们会偷猎一头鹿。冰箱里总有不少鲑鱼，他向我保证，从大局来看，偷猎鱼、动物和偷伐木材只是很小的过错。尽管经济出现大衰退，但对于一个想工作的人来说，努力一点还是能找到合法的工作的。最近，在采摘蘑菇的间隙，道格一直在做钢材废品回收的工作。中国正收购各种金属，道格说，他从未见过钢、铝甚至锡的价格如此之高。我们向南行驶，路上他发现一座废弃的小金矿，金矿上停着一台废弃已久的推土机，一个油罐已经空置很久，一座倒置的板房里还有不少铜线。"如果你需要一些快钱，就和我一起拣废弃钢材吧。"他说道。他总是给我介绍可以挣到钱的活，挖蛏子、抓螃蟹或者坐破冰船出海捕鱼。他说，一艘破冰船最多只能捕鱼一周到十天，这样我就可以小赚一笔后和家人团聚，而冷藏船要出海一个月甚至更久。我婉言谢绝了这些诱惑，但有一份工作我告诉道格我很想做，哪怕只是很短暂的时间：春季到来时，我想和他参加羊肚菌训练营，和其他蘑菇猎人一起采摘蘑菇，而不是像现在这样，不是旁观就是争夺佣金和报酬。

我们开车经过俄勒冈州的格兰特路口，道格称它"格兰特屁股"。在这个路口，我们遇到了几个看起来很健壮的自行车骑行者，还遇到几个地痞流氓，他们穿着黑色的皮背心，站在街角，无所事事。道格轻蔑地看着他们。"我得考虑重新打包。"他说。虽然身上带着枪不是一件什么光彩的事情，但这个世界危机四伏，携带枪支防身还是必要的，就如同穿在身上的衣服。法布尔认为道格离胡来只有一步之遥，虽然我不这么认为，但道格的确有暴力倾向。他说，前一天，他看到一个熟人在自己的卡车里虐待自己的狗，那只狗爬到车窗前，"很高兴看到有人来。"道格说，声音里带着愤怒。狗主人看到道格一副打抱不平的样子，于是"握紧拳头"，一拳打在狗鼻子上。"我说：'嘿，混蛋，别打狗。'他说：'用不着你告诉我怎么养狗。'我讨厌虐待狗的人，于是，我抓住他的衬衫后面狠狠地拽他。我用脚把他绊倒，他重重地倒在地上，我也没有怎么揍他。他是那种跟你说话言必称越南的越南老兵，上帝千万别让我和那家伙坐同一辆车。"

道格坦率地承认他曾是个刺头。"当时我正在练拳击，所以没人敢欺负我。"他说，有一次，他在舞会上揍了五个乡巴佬。"他们要揍我，所以我先下手为强。"他说的这些情节往往令人难以置信，但通常有一两个细节让我浮想联翩。道格记得那五个人中有两个是一对双胞胎，俩兄弟的眼睛周围都被他打得黑青，所以他们看起来还是一模一样。道格估计他至少有过24次脑震荡，所以他怀疑现在自己得帕金森病，很可能就是由于年轻时打架太多导致的。"我不会活太久，"他喜欢说，"人生不再有什么精彩的事值得留念时，就把我放在冰山上，让我自生自灭吧。"

我问道格是否相信来世，他皱起眉头。生活中的某些事情注定是一个谜，已经超出了科学或宗教能够解释的范围。"有人做过实验，人死时体重会减少一盎司半，这消失的重量是什么？我也亲眼见过鬼。有一天，我看到一个人影从走廊上走过来，走到门口时，我感到一阵寒意袭来。它走进我的房间，我吓得要命。我害怕极了，但不敢大声喊叫，它就在我身边移动，白白的，带一点浅灰色，是人的形状，但看不出特征。我吓得一把抓起被子蒙在头上，一遍又一遍地说'我们在天堂的父亲'。"但是天堂又在哪儿？天堂就在地球，人们应该好好对待地球。道格说，他知道自己有愤怒管理的问题，他努力抑制自己灵魂深处油然而生的愤怒和不理智，他认为自己在控制情绪方面做得还行。"我需要一把枪，完全是为了自卫。"

我们向南行进，然后又转向西。我在想，在美国西部，是否有一条道路是道格没有在头脑中规划过的路径：一条羊肠小路，一条蘑菇生长点密布但又危险重重的路径。我们沿着阿普尔盖特山谷穿过了穴纽（"要特别留心这里的警察，"他说，"开车经过这里

时，你最好把你的东西放在一起。"），通过加州边界的农业检查站
（"连一根柴火都不允许携带"），沿着史密斯河峡谷的中间岔道行
驶（"杰迪戴亚·史密斯[1]肯定绕过了这里——就像一个蘑菇采摘
者"）。在离海岸不远的地方，我们终于明白为什么 199 号公路被称
为北美圆柏公路。公路两边是高耸入云的北美圆柏，这是世界闻
名的加州树木、大自然的七大奇迹之一，然后是一些小而分散的小
树林。杰迪戴亚·史密斯可能是第一批遇到这座狭小的"绿色监
狱"的美国人之一，"监狱"连接着克拉马斯和北海岸。他的探险
队在甘斯大草原远眺到太平洋，他们花了一个月的时间从那儿穿越
40 英里长的北美圆柏林，终于抵达太平洋的岸边。倒下的树木成
了路障，白人很少见过这样的路障，哪怕是很小的、人可踏过的枯
死树木，因为有马匹等牲畜的缘故，队伍需要绕很长的弯路。

那天晚上，我们在奥瑞克镇外的北美圆柏溪扎营，这是道格
经常光顾的营地之一。他上次来过这里之后，某些偷猎者也发现
了这处营地，只见一个巨大的篝火火坑周围散落着散热器软管、
啤酒罐和各种垃圾。在一个桤木树洞里放着一张旧床垫，偷猎者
可能睡在上面，反正我是不会睡在上面。我们在离小溪更近的地
方生火，我们把火压得很低，这样就不会被四分之一英里外路上
的过往车辆发现。道格睡在我的车里，我睡在帐篷里。

第二天，我们驱车沿着蜿蜒的道路到达沿海山区，探访了几

1　杰迪戴亚·史密斯（Jedediah Smith, 1798—1831），商人兼探险家，他是第一个
从东部进入加州并沿陆路返回的美国人。

个喇叭菌采摘点中的第一个。在离公路 12 英里的地方，一辆小货车迎面开来。"这是个不好的兆头，"道格伸长脖子说，"他后面好像有什么东西。"我在后视镜中也注意到了的确有东西，好像是一个粗麻布袋子，也许是偷猎的动物。"我不喜欢他看我们的眼神，我有不好的预感，希望他不是来采蘑菇的，看起来他装的是别的东西。"突然，我想到带着笔记本电脑可能并不是一个好主意，尽管它被放置在车顶的载货箱里，但我担心笔记本电脑十分脆弱，路上随时都会坏掉。道格对车顶箱的牢固程度也不太乐观。"我知道附近有个地方可以停车，所以我们会时不时听到汽车的声音。偷猎者无孔不入，很遗憾，事情就是这样，他们行动迅速，打一枪换一个地方，他们不想被抓。"看起来，只要在哪儿发现了蘑菇地，冰毒瘾君子就会闻风而来，他们经常在森林中的露营地里留下剧毒化学物质，而这些瘾君子的行为不可理喻且极度危险。他们躲在偏僻的农舍里聚众吸毒，毒品让他们丧失理智，光天化日之下明目张胆地犯罪，以获取毒资购买毒品，有时毒瘾发作会让他们产生幻觉，胡乱施暴。毫无疑问，必须远离这些丧心病狂的瘾君子。

在接近一个树木被砍伐一空的地方，我驶离道路，靠边停车。道格下车前犹豫了一下："我知道你对枪一点也不感兴趣，但我真的想带上枪，只需一把点 38 即可。"说完，他走下车，背上背包，穿过一片树桩地，向树林边缘走去。这是私有林地上为数不多没有张贴"禁止入内"告示的采摘地点之一。在通往三水河的路上，道格还有一个采摘点，在一个兽医的牧场内。"是啊，那家伙脾气不好，开一辆自动挡的车，"他说，"除非你和他有约定，否则最好不要被他抓到在那块地偷采蘑菇。我们会一起抽大麻，他人不错，但有点疯狂。他认识我，所以我们会没事的。"

很快，我们就发现了蘑菇的踪迹。倒下的腐烂的树木周围长满了黄脚鸡油菌。这些冬季鸡油菌个体纤细而优雅，黄色的外形略显肮脏，有时菌盖几乎呈棕色，蛋黄色的下部菌柄为中空结构，菌盖下长有鸡油菌特有的皱起，而不是菌褶。黄脚鸡油菌一般不受待见，尤其是在盛产黄金鸡油菌的地方，黄脚鸡油菌更加没有存在感。但是厨师们却很喜欢黄脚鸡油菌，因为它们肉薄且重量轻，因此可以使用大量的黄脚鸡油菌装饰餐盘，而不用担心成本问题。像鸡油菌家族的其他成员一样，黄脚鸡油菌香气中带有果味，这一特点与典型的真菌完全不同。它们的生长环境与卷缘齿菌类似，喜好生长于存在大量枯枝和腐木的潮湿针叶林。在一个生长条件适宜的环境中，黄脚鸡油菌的繁殖速度惊人。

我们沿着一个山坡往山脚下走，整个山坡覆盖着由北美圆柏、柯木、美国草莓树和花旗松组成的混合次生林。我们一边走，一边采摘黄脚鸡油菌和卷缘齿菌，最后发现了我们此行的最终目标——不枉费我们驱车 700 多英里——喇叭菌。我们在厚厚的落叶堆和橡树叶堆中找到了它，它委身于落叶中，但却像在乞求被人发现。在一个好年景里，这些喇叭状的蘑菇会大量繁殖，通常成片生长，这使得它们更加容易被发现。高温热浪会严重影响喇叭菌的生长，大多数都达不到餐厅要求的品质。道格让我把他丢弃的蘑菇留在我的烘干机里。"前景不妙。"他嘟囔着，递过又一簇

"中暑"的蘑菇，我接过它们，放入我的桶中。

第二天晚上，我们在"迷失海岸"的一个偏远角落扎营，这是加利福尼亚海岸线上最荒凉的地方，对于加州道路运输公司来说，这个地方太过崎岖，无法建设多车道公路，因此只有几条颠簸不平的道路通向太平洋，否则你必须步行。国王山脉与海岸线平行，最高峰国王峰像玩偶盒的玩偶一样从海洋中拔地而起，一跃攀升至惊人的4088英尺高度，渡鸦飞过国王峰时距离海洋仅剩3英里。缺少柏油路并没有阻止伐木者，他们仍然偷伐了大部分珍贵的古老北美圆柏和花旗松。尽管如此，"迷失海岸"，连同国王山脉国家保护区和辛基翁荒野州立公园——两者之间存在长达80英里的偏远海岸线——仍然是加利福尼亚海岸中为数不多、人迹罕至的地带，这正是蘑菇猎人绝佳的藏身之处。

晚饭后，天气突变。我钻入睡袋，雨滴声越来越大，先是淅淅沥沥的小雨，然后暴雨如注。狂风吹倒了我的帐篷，我两次爬到帐篷外重新固定，地面开始积水。道格睡在我的车里，但他忘了铺防水布。早上，我们的露营地出现了两只公马鹿，它们在啃食青草。雨仍然下得很大，我们迅速撤离，以免被大水围困于此。夜里，一棵小的北美圆柏倒在我们经过的路上，幸运的是，这棵小的北美圆柏树有几处折断了，我们能够把它抬到肩膀上勉强通过。沿着海岸，我们去了好几处蘑菇采摘点。这里地形复杂，人烟稀少。最近，一名被指控在布拉格堡地区犯下两起谋杀的逃犯躲藏在这片深山老林中，他洗劫小木屋，寻找武器和补给，成功地躲过了数百名执法人员数周的追捕。当特警队最终锁定他的位置时，当场就开枪击毙了他。

我翻过一个陡峭的山脊，穿过一片茂密的柯木林。我拂去脸旁的树枝，缓慢地沿着一条黑暗狭窄的通道前行，往一片长满青苔的沼泽地走去。我对自己说：如果你想采摘到蘑菇，就不能总是想着森林里是否有逃犯、熊和妖怪，森林是一个黑暗世界，但这种黑暗大多是我们的想象。行走在森林里，你必须特别小心，一不注意就可能遇险，比如脚下打滑、尖利的树枝、一个埋伏在某处拿着武器的坏蛋等。在这里，没人听得到你的叫喊，甚至我现在和一个同伴采摘，如果我遇险，即便大声呼救，我的声音也无法穿透茂密的森林。像今天这样的日子，我觉得几乎不值得冒险进入森林。用法布尔的话说，喇叭菌都被"吓呆"了。我们采集的所有山货都要送到脱水机里，脱水无须经过餐厅厨师的挑剔检查。最后，我们从布拉格堡和杰克逊州立森林出发，经过几个小时的车程，来到索诺玛县边界附近的沿海小村庄古拉拉。经历三天两夜不间断的雨水和艰苦的采摘之后，我打算去戴维·阿罗拉家避避雨。

30年来，阿罗拉一直支持像道格这样的蘑菇猎人，为此，真菌爱好者群体中的一些团体对他抱有戒心，但他们中的许多人都不否认几代蘑菇猎人在很大程度上受他的《蘑菇解密》一书的影响，踏入蘑菇采摘这个行业。在我看来，业余蘑菇猎人大多有一个错误的观念，那就是他们在与商业采摘者竞争。在我和道格、法布尔以及其他人的旅行中，除了偶尔在羊肚菌火烧地，我很少看到职业蘑菇猎人和业余蘑菇采摘者选择相同的采摘地。（话说回来，我住在华盛顿，俄勒冈南部的商业采摘更加密集。）美国林务局的一项研究显示，20 世纪 80 年代后期，太平洋西北部业余鸡油菌采摘者将蘑菇收获减少归咎于商业采摘的大行其道，而事实上，主要数据表明，连续好几年的干旱才是罪魁祸首。这种观点再加上媒体对商业蘑菇采摘者耸人听闻的报道，导致商业蘑菇采摘的名声越来越差。阿罗拉的立场相反，20 世纪 90 年代初，他参观了俄勒冈州月牙湖的松茸营地，并在随后的几年里参观了羊肚菌采摘营地。他曾出国访问，拜访世界各地的商业采摘者，甚至前往中国云南省。他欣赏这个行业狂欢的一面，钦佩那种粗野狂放、自我依靠的户外生活，这使得采摘蘑菇成为这个日益封闭的社会中一个开放的小窗口，并受到越来越多人的关注。但这并没有使他受到某些真菌学会成员的待见，他们不信任商业采摘者。

阿罗拉也因激怒当权者而声名远扬。他指出，原本在政治和环境保护方面比较宽松的旧金山湾区，日益成为惩罚性法规的中心，这些法规旨在限制公共土地上的食用野生菌采摘，无论是商业采摘还是业余采摘。目前加州和缅因州已经开始实施这样的法规。在索诺玛海岸的罗斯堡和盐点州立公园等地，意大利移民采摘牛肝菌食用的历史由来已久，这里的牛肝菌可以长到几磅甚至更重，因此获得了"大腿牛肝菌"的绰号。尽管有这样的传统，加州的监管机构已经开始逐步禁止野生蘑菇采摘。阿罗拉将这些法规的出台归咎于环保团体，如塞拉俱乐部[1]，以及业余蘑菇采摘者

---

1 也称山岳协会，是美国的一个环境组织。著名的环保主义者约翰·缪尔于 1892 年 5 月 28 日在加利福尼亚州旧金山创办了该组织，并成为其首任会长。

本身，他们在20世纪80年代通过真菌学会组织起来，共同"反对野生蘑菇商业采摘"，结果却看到严格限制野生蘑菇采摘的法规通过。加州州立公园部甚至禁止任何形式的蘑菇采摘。在马林的意大利俱乐部的施压下，该部门态度有所改变，重新开放了最著名的蘑菇采摘点——盐点，允许有限度地采摘，每天每袋限制5磅，也就是几只不错的"大腿牛肝菌"的重量。正如阿罗拉所解释那样，限制公共土地上的采摘产生了一些意想不到的结果：首先，所有的蘑菇猎人集中到一个开放的区域——盐点——增加了盐点的影响力；其次，那些从事非法采摘的人反而更加向往禁区采摘。他对未来几代人的预测是可怕的："儿童对自然的直接经验和知识，本已受到宏大的社会和历史进程的严重影响，现在又进一步受到环境保护主义和反野外觅食的公共土地模式的阻碍和侵蚀，从而极大地阻碍儿童获取知识和接触大自然。其实，野外活动会让孩子们兴奋不已，对自然环境的影响也比较小，还可以维持孩子们与自然世界的长久联系。"

就像在许多农村地区一样，阿罗拉家的车道上方挂有一个警告标志，尽管标志显然全是戏谑之语：

注意！擅自闯入者，后果自负，宅内有两只对陌生人从不友好的杂种狗，还有一把不是发射沙发垫的双管猎枪。妈的，如果不厌倦在我的地盘上采蘑菇的话。

他揉着眼睛来到门口，手里拿着厚厚的眼镜，冒雨把我们领进屋。房子又冷又暗，我们在蘑菇季节的淡季造访他家，此时蘑菇猎人和各色食客已经散去。阿罗拉在厨房的炉子里生火。"我一直很忙，"他说，"虽然我不知道自己在忙些啥。"他轻轻地笑了笑。他说，他正在修订《蘑菇解密》一书，这是一项繁重的任务，他已经有点厌倦了，也许他会回到中国。

阿罗拉泡茶的时候，我和道格四处闲逛。这栋房子叫作"马德拉之家"，你把车开进车道时，并不会觉得特别引人注目，就像兔子洞对爱丽丝来说太稀松平常。但一旦走入马德拉之家，你很快就会眼前一亮。阿罗拉是一个收藏家，是一个文物、人物、故事的收集者。这是一栋单层乡村木屋，从厨房开始，你仿佛走入一个迷宫，每一个房间都不一样，里面收藏着阿罗拉从世界各地的蘑菇之旅中带回来的物件。有一整面墙挂满了他收藏的肯尼亚剪刀，另一面墙上装饰着手工制作的扫帚。一个房间专门用于收藏各种琳琅满目的可食用蘑菇：干的、罐装的、带有彩色标签商业包装的还有一个房间全是古董级的儿童弹珠。房屋角落里布满蜘蛛网，椽子上悬挂着鸟巢、蜂巢和巨大的非洲豆荚。

与阿罗拉会面是我的主意。不知何故，我知道他和道格会有很多话要说，但我没有预料到他们在蘑菇小道上30年来曾有无数的交集。人物、地点、事件——他们聊着共同的话题，阿罗拉敏锐的记忆力帮助道格重拾头脑中模糊角落里早已被遗忘的细节。我们喝了几杯热茶，道格告诉阿罗拉，他最大的一笔收入是在20世纪90年代初，当时松茸价格疯涨。

"1993 年，"阿罗拉说，"我也在那里。"他接到一个人的电话，说他最好去一趟俄勒冈州的月牙湖，那儿正在发生不可思议的事情。道格说他卖出了每磅 520 美元的高价，当日早些时候价格甚至达到每磅 600 美元，他还提到自己在加州一个鲜为人知的地方采摘松茸，并开车把松茸运到俄勒冈州的切莫特去售卖。道格没有意识到的是——正如阿罗拉所解释的——如此高昂的价格其实不过是一场骗局。那年的确是一个松茸好年景，买家们不顾一切地想要得到尽可能多的松茸，并把它们运到日本销售，但是采摘者们对于采摘松茸并不积极。为了吸引采摘者到收购点，买家们给 1 号松茸开出了令人咋舌的收购价格，他们几乎很少支付如此高的价钱，而且大多数松茸已经破裂腐烂。这个策略奏效了，买家们成功地引起了众多蘑菇猎人的注意，收购需求量依然很大的劣质松茸。然而，道格和他的朋友们选择去南方采摘，尽管环境不一样，他们仍然可以找到 1 号松茸。

"买家一定在你身上损失了不少钱。"阿罗拉笑着说。

"你说得太对了。"

第二天，我不得不开车去圣克鲁斯，我要给那儿的真菌学会做一个关于蘑菇烹饪的演讲。我把道格留在古拉拉的汽车站，这样他能赶回营地采摘荨麻。在真菌学会，我用幻灯片展示了我最喜欢的蘑菇菜式：牛肝菌汤团和牛尾肉酱、羊肚菌配扇贝和枫叶香蒜酱、四川腌绣球菌。台下的观众开始躁动，窃窃私语。"没理由，"听众中有人喊道，"你给我们看这些诱人的蘑菇美食，简直是在折磨我们。"我最近做了一道菜，是配有新鲜牛肝菌的印度香娜玛萨拉[1]，我把它和荨麻印度奶酪一起端上桌。我忘了说，与此同时，一名商业蘑菇猎人正待在我的帐篷里，在离这儿以北几百英里的地方。即使在像圣克鲁斯这样思想自由的地方，商业蘑菇采摘的话题也会引发众怒。在圣克鲁斯，经历了三天持续不断的暴雨和大风之后，我回到了迷失海岸。天已经黑了，在车灯照射下，我们的营地看起来破败不堪。我摇下了车窗。

"道格？"在从圣克鲁斯向北行驶的返程中，我设想了各种最糟糕的情况——找不到道格，开车跑遍整片区域也寻找不到他，或者发现他躺在我的帐篷里，由于浑身被雨淋湿再加上天气寒冷，已经病得奄奄一息。

"道格？"

"在这儿呢! 你好，哥们儿! "一个声音从路对面的一片北美圆柏林中传来。他完全消失在视线之外，消失在空气中——应该在那一排排的树下。

我立即松了一口气。"哎! "我很高兴听到他的声音，对着灌木丛大喊，"你怎么样？"

"就像地毯上的虫子一样舒服。有些人早些时候来过，把这个地方拆了，但他们没有看到我。"所以我们并不孤单，这还算好的。天色已晚，是时候睡觉了，我把车停在道格的隐蔽营地对面的一片草地上，在后面铺开我的睡袋。天亮前我们就会起床，我会把道

1　香娜玛萨拉（Chana masala）是北印度的特产，是一种鹰嘴豆咖喱，通常作为零食、主食或早餐食用。

格的荨麻和我的露营装备装进车里，然后离开。

入睡前我先听会儿音乐——大声、狂躁的说唱乐。低音号在我的车里隆隆作响，泛光灯发出诡异的光芒，照亮了周围的树木。这时，驶来一辆吉普车，停在100码外的岔道上。几声枪响之后，吉普车便开离了，开始在附近兜圈，然后沿着土路驶向下一个潜在目的地。我的心怦怦直跳，过了一会儿，才重新入睡。我看了看钟，11点半。午夜时分，吉普车又回来了，我听到两个男人低沉的声音，然后是至少30发自动步枪的尖锐枪声，子弹射向离我的车只有几码的树林。枪声划破夜空，在黑暗中回荡。那两人一定是嗑药了，说不定吸食了冰毒，而且不知道我在附近。一排树挡在我们之间，据我所知，这里唯一的另一辆车就是我的车。如果他们来到拐角，看到草地上闪闪发光的银色斯巴鲁，可能会毫不犹豫地朝它开枪，他们不会意识到——或者可能根本不在乎——睡在车里的我。又是几声枪响，之后他们回到吉普车里。看着灯光消失在树林中，我以迅雷不及掩耳之势，穿上运动鞋、跳下车，悄无声息地向道格隐藏的营地跑去。悬垂的树枝像窗帘一样分开，道格站在我面面前如死灰，眼睛睁得大大的，脸上一副我从未见过的表情。"我和你想的一样。"他颤抖着声音说道。

看到道格这副模样，又听到他这么说，看来我的直觉没错。"我们得马上离开这里。待在那辆车里就像一只坐以待毙的鸭子。"我们离开隐蔽在北美圆柏下的道格的营地——帐篷、冷藏箱、背包、装满荨麻的垃圾袋。

"那俩人真混蛋! 快点。"

"我们应该开车穿过小溪还是绕道而行？"

"到时再说，现在没时间考虑。"

即便在前灯的照射下，我仍分辨不出那条小溪和它的堤岸。通往大路的最快路线是沿着土路开车穿过小溪，但是堤岸看起来有点危险。如果我们的车在堤岸上底盘托底，那就完蛋了。我把车挂入倒挡，车在泥里打转，我猛踩油门，车滑上一条森林支线，拐了一个弯，然后驶入通往腹地外的主干路。前方的小溪上有一座摇摇晃晃的单车道木桥，还有一座石碑，纪念一名在这条糟糕路段上死于车祸的当地女孩。我加速过桥，把车开上对面的山脊。

"看到我们车后面有汽车灯吗？"

"还没有。"

"但愿路对面不会再有树了。"

车行驶了几英里，连续过了好几个急转弯之后，我们回到了公路上。我们在 1 号公路的路肩停好车，准备在前排座位上凑合睡几个小时，第二天早上再继续返程，我把睡袋铺在身上取暖。吉普车没有出现，我们发现了他们的露营地。灯光下，我们看到露营地的大块地面被轮胎碾轧得坑坑洼洼。

"那两人也许在什么地方晕过去了。"道格满怀希望地说道。

我们以最快的速度捣毁了他们的营地，把他们的一些物资装上我们的车，带着一车大麻比蘑菇还多的货物逃离了加利福尼亚。

第十二章　火中采菌

一个星期四的下午，杰里米·法布尔突然给我打电话，那是 6 月下旬，电话里他听起来闷闷不乐。"你最好不要向道格提起这件事。"他开口说道。自从我们放弃加州的冬季采摘以来，我已经好几个月没见到道格了。现在正值羊肚菌旺季，过去三天以来，法布尔在俄勒冈州的拉格兰德购买羊肚菌（"垃圾"），探访了华盛顿州韦纳奇附近的一个森林火烧地蘑菇采摘点（"买了几桶蘑菇，没什么特别的"），还勘察了爱达荷州狭长地带的多个森林火烧地蘑菇采摘点（"高海拔地区雪太多"），现在他正在麦考尔吃晚餐，吃完后准备开车回西雅图家中。最初，他还计划去蒙大拿州西部碰碰运气，但连续几天看到让他心灰意冷的蘑菇货品，已经没有心情继续往东。他问了我一个简单的问题："明天是否想去育空？"

"育空？"

"我都快要破产了。两个星期前就该去北边。"法布尔从另一个绰号"羊肚菌之王"的蘑菇经纪人那儿得到消息，他告诉法布尔，育空与不列颠哥伦比亚省交界处发生了森林野火，那里道路通畅，却很少有采摘者到访。这是干一大票的机会，法布尔急需拿下一笔大买卖。

虽然市场需求越来越大，但纽约的业务却举步维艰，就连他在西雅图的业务似乎也陷入困境。所以，只有获得大批量的羊肚菌，"觅食与发现"公司才能走出日益沉重的财务困境。

"道格呢？"我问。道格知道我很想加入羊肚菌的阵营，整个春天他都在向我汇报他的行踪，每周给我留言，告诉我最新的传闻，并向我保证他也会告知我法布尔出行的所有信息。我真希望我们三个能一起露营，法布尔和道格都跟我讲过他们几年前露营的事情，讲他们如何在山林里搭建隐蔽的大本营（其实就是在路边搭几顶小帐篷，点上一小堆篝火），讲他们如何为了掩人耳目，夜间将采摘好的蘑菇运到大路，讲他们如何轻而易举地赚钱。

"道格身体垮了，"法布尔说，"他的身体完蛋了，我没法带他一起过来。"确实，道格50多岁了，但在我看来，他的身体还不错。

"我想他在等你的电话。"我说。

"他可以等，但道格怎么去育空呢？开他的破车？搭便车？他没钱买机票——难道要我给他负担机票、食物和其他物资吗？我要找羊肚菌，我需要赚钱。"

春末夏初，野生食品贸易主要围绕一种被称为"烧羊肚菌"的蘑菇展开，这种蘑菇会在森林野火后的一年内大量繁殖，数量惊人。众多羊肚菌种类中，烧羊肚菌是一年之中最后出现的，一旦生长条件合适，它们会用"放纵"来弥补之前的"羞怯"。全美各地的职业蘑菇猎人被这种羊肚菌的巨大产量所吸引，学习成为专业的野火观察者，研究当地报纸和地图寻找线索，甚至使用谷歌地图等最新工具查看卫星地图以调查森林地表情况。野火观察者中的大部分人无疑会同意，从烧羊肚菌产量的角度来看，上一年是美国西部野火情况特别糟糕的一年，换句话说，这一年没有发生足够的森林野火。森林没有发生野火，再加上春季积雪，烧羊肚菌产量骤减。纵观美国本土48个州，烧羊肚菌的产量看起来不容乐观。然而，北边的加拿大不列颠哥伦比亚省和育空地区的几场大火，让那些最为执着的烧羊肚菌采摘者跃跃欲试。

法布尔接着说道："反正都是非法采摘，那还不如采些好东西。"

他所谓的"非法"是，嗯，真正的非法。爱达荷州森林众多，你可以在当地获得只供个人消遣使用的采摘许可证，但有些森林则完全对外关闭。是否开放森林进行商业采伐由地区护林员自行决定，这是一个技术问题。接下来的几周，商业采集者将蜂拥至爱达荷州森林密布的山区，无论这些地方是否正式开放，只要他们觉得这个地方会有羊肚菌，就会不请自来。蘑菇猎人想抓住羊肚菌的第一个破土生长期，避开政府监管，他们希望大雪能尽快融化，最好在发生争议问题之前融化。法布尔不但不想在爱达荷州的采摘许可证问题上碰运气，他也不相信这种一厢情愿的做法，他只是仔细观察了火烧林，发现羊肚菌主要生长在被树皮甲虫杀死的黑松林里，而这样的树木很少能长出品质好的羊肚菌。不值得在法律问题上纠缠不休，也不值得与柬埔寨人竞争，反正柬埔寨人很可能会把羊肚菌卖给自己人。法布尔还推迟了去不列颠哥伦比亚省南边的火烧林地，因为那里限制非加拿大公民进人。但育空地区不一样，这里地大物博，而且人烟稀少，几乎没人在此定居，尤其不会有来自美国或其他国家的蘑菇猎人。他认为自己可以避开国籍问题，收购到足够多的羊肚菌，给公司输血。在今年这样的淡年，他在纽约的业务可以通过稳定供应新鲜羊肚菌击败竞争对手。到 6 月份，野生青菜大部分已经消耗完毕，浆果季节还有一个月才到来，因此 6 月以采摘羊肚菌和春季牛肝菌为主，今年的积雪势必会给牛肝菌的采摘造成不利影响。他又强调一遍："我需要羊肚菌。"的确，他急需羊肚菌。总之，6 月是一年中最重要的月份，是羊肚菌的销售旺季。羊肚菌与松茸不同，它的价格居高不下，由于今年供应量少，价格肯定比往年更高。对于像法布尔这样通过自行采摘来增加利润的买家来说，采摘羊肚菌季无异于往银行存钱。

对我来说，这也是一个参与商业采摘的机会，不是只一个下午，而是一整个星期，甚至更长时间。一开始，我就对自己说，我要了解采摘者的秘密，我想知道他们如何背着 100 磅野生蘑菇走出森林。在我看来，能够采摘到这个数量的蘑菇，要么有超能力，要么有神兽相助。羊肚菌赋予了我与蘑菇猎人接触的最好机会。与其他野生物种不同的是，羊肚菌采集过程有太多不可控因素，从而极大地限制了采摘者的选择。要想达到商业规模的羊肚菌收获数量，一个最简单的办法就是寻找发生野火的森林，采摘者只需记录每年的野火情况。此外，如对森林树木组成有基本的了解，范围可以进一步缩小。烧毁的树木几乎都是某些类型的针叶树，有时是杨树和柳树。然而，一旦进入火烧林地，许多小细节就开始累

蘑菇猎人：探寻北美野生蘑菇的地下世界

积并产生效率差异，有的人一天收获50磅，有的人一天收获100磅，这种采摘效率的差异与区分木匠、机械师或其他工种的技术等级并无不同。

我告诉法布尔，我需要考虑几分钟。一直以来，我特别渴望去野外采摘蘑菇，希望体验从灌木丛中拔出蘑菇、争分夺秒把它们送去市场的"军事化行动"。这次机会来了，我只是没想到要去那么远的地方：先驾车穿越边境到达温哥华国际机场，再坐北航（我从没听说过的航空公司）的飞机飞抵育空地区的首府白马，然后租一辆面包车，驱车5小时到达沃森湖，那里的人口不到2000，却是该省第三大社区。这里并非美国本土那种被城镇和道路包围的标志性"荒野之地"，也不是一个小型的森林保护区。这里会不会有灰熊出没？如果迷路怎么办？我脑子里不断浮现各种各样的问题。还有一个问题最令我忧心忡忡：我能适应野外环境吗？最近，我感觉身体大不如前，现在自己年纪也不小了，从伤病中恢复的时间越来越久，球场上也没有以前有拼劲，甚至早起出发都变得愈发困难。年龄越来越大，身体也每况愈下，这的确让我如鲠在喉、犹豫不决。

最终，我给法布尔回电话：我决定加入。

在法布尔打电话给我的前一周，我带着孩子们前往华盛顿东部采摘羊肚菌，几年来，一到春季，我都会带孩子们前往。当他们还是婴儿时，我背着他们采摘，现在他们长大，可以自己采摘了。我期盼每年的春季羊肚菌采摘，把它当作成人礼。冰雪融化时，我们会回到深山老林中。满山的灌木蒿中脂根菊（*Balsamorhiza* sp.）

盛开时，我知道是时候出发了。白色的延龄草花和粉红色的布袋兰（*Calypso bulbosa*）给森林地表增添了别样的色彩，马鹿聚集在草地上，产下幼崽，啃食新草。从热带返回的黄腹丽唐纳雀（*Piranga ludoviciana*），在松树的针叶间追逐，它们红黄相间的羽毛在常绿树冠的映衬下分外耀眼。黄眉林莺（*Dendroica townsendi*）落在树梢上，重复着类似昆虫发出的微弱颤音。在海拔较高处，我们听到这片大陆上最杰出的歌唱家——隐夜鸫（*Cathrus guttatus*）——的优美声调。季节性溪流随着径流快速流动，森林中绿意盎然，生机勃勃，万物复苏。

我们发现了一处羊肚菌的藏身之地——成百上千的羊肚菌在树桩周围、草地边缘和湍急的小溪边冒出来，蔚为壮观。春季的山野让人精神焕发，孩子们争先恐后地跑向山顶，在一堆羊肚菌菌丛中玩弹珠游戏，这画面美丽而平和，但没过多久，一场较量便开始了。年龄稍大的莱利已经是一个经验丰富的蘑菇猎人，但妹妹露比比他矮很多，目光更接近地面，所以看得更清楚。只见她一把把抓起羊肚菌，很快，羊肚菌就多得她的小手都抓不住，我连忙把桶拿给她装羊肚菌。这时，我看到莱利脸上掠过一丝酸溜溜的表情。"露比把羊肚菌都采光了。"他一边抱怨，一边在泥土上狠狠跺脚。我把我的小折刀递给他，好让他安静下来，这似乎奏效了一会儿，但当他看到他和露比收获的蘑菇数量差距越来越大，便决定退出比赛。在其他各种意志较量中，几乎总是输得泪流满面的露比，今天却得意扬扬地笑到了最后。

法布尔听了，觉得这是一个特别可爱的故事，他喜欢我的两个孩子，或者说，他喜欢大多数孩子，但去育空采摘蘑菇可不是儿戏，他想让我体验从灌木丛中背出100磅蘑菇的感觉，这可绝不是一次休闲式的采摘。我突然意识到，正是我所有的问题——我之前的休闲式蘑菇采摘——让他意识到他的职业确实与众不同。起初，他轻描淡写地说这只是一份工作，和其他工作别无两样，努力工作就有回报，一些诸如此类的话。我越纠缠着问他细节问题，他就越开始注重他的工作在外人眼中的样子。我开始频繁收到他的讯息，他会给我发附有当地照片的短信，或者从某个偏远闭塞之地给我打电话，他还让我随时了解道格的动向。"道格来过，没带任何现金，"一条来自加州的短信这样写道，"采摘收获一般。警察拦住了我们，一番盘查之后，又让我们离开。"在另一条短信中，他说道格发现了一些埋在地下的铜电缆，盘算着挖出来卖钱，这样就不用去采摘蘑菇了。"他竟然挖出了200磅铜，"短信写道，"搞什么鬼！"

那年初春，在我决定去育空之前，法布尔向我透露，他将和其他上百名采摘者和买家一同前往俄勒冈州，计划采摘数量巨大的羊肚菌和春季牛肝菌，以应对市场的海量需求。"你们到那儿先别动，"我说，"六小时后见。"二话不说，我立马驱车，一路向南，到达俄勒冈州姐妹镇附近的德舒特国家森林公园。

俄勒冈州中心的本德西北20英里处，有一条主街，街道上的店面都是模仿西部风格，就像电影《正午》（*High Noon*）里的街景那样。这个被叫作"姐妹镇"的小城是新西部的缩影，它曾是一个牧场小镇，19世纪70年代，最初是牧羊人在此定居。1911年，俄勒冈州本德干线竣工后，大量工业伐木者进入该地区如国家公园般规模的花旗松和西黄松公共开放森林伐木。20世纪的大部分时间里，资源开采的兴衰交替持续多年，直至矿山和磨坊陆续关闭，最终被以娱乐业为主的经济取代。如今，姐妹镇已经成为精品店、餐厅和画廊林立的热闹旅游胜地。夏季，游客来此徒步旅行；冬季，游客来此越野滑雪。在城里闲逛时，你可以买上一套装饰华丽的马鞍，或一幅巴彻勒山的水彩画，或一份素食科布沙拉。城的南面是陡峭的三姐妹峰，傲然耸立在平坦的牧场之上，北面是荒凉的杰斐逊峰自然荒野区。

20世纪80年代以来，蘑菇采摘者成群结队地来到此地，他们聚集在修女村周围的森林里，采摘羊肚菌和春季牛肝菌。多年来，干旱、虫灾和森林野火使这里成为羊肚菌的高产地，特别是20世纪90年代初，白冷杉（*Abies concolor*）大面积死亡之后。最初，来这里的猎人大多是季节性采摘者，他们认为来这儿既可以度假，还能赚外快，一举两得。国家森林公园里，风景优美的小溪边是优质的露营地。随着人员压力的增加，当地林务局决定将商业采集者集中安排至一个固定营地。一方面，采摘者在森林中的活动范围不会太过广泛；另一方面，也便于监控和管理。但此举遭到采摘者的反对。现在的这个营地位于森林巡逻路线约四分之一英里的狭长地带，远离主要的森林干道。和分布在西北部的其他蘑菇营地一样，该营地也建有半永久性的结构——标准的立柱和纵梁结构——春季覆盖上防水布，为帐篷、户外厨房和晾晒提供遮蔽。大多数采摘者4月中旬到达，然后一直待到6月份。

法布尔花费 100 美元从林务局购买了一张为期十天的许可证，他在营地里设立了一个收购摊位。他的摊位是第九号摊位，也是最后一批被出售的摊位之一，离这条路上大多数采摘者聚集的地方很远。和其他买家搭起墙式帐篷、在摊位后露营不同，他的摊位只有自己的面包车和一张折叠式桌子，还有一个简单的雨棚，以防雨水天气。大多数晚上他都不睡在那儿，因为他要忙着开车把蘑菇运送到两个机场中的一个，他会在机场停车场待到第二天早上，中间睡上一觉。法布尔喜欢这种相对隐匿的方式，因为他打算提高价格，以高于其他买家的价格收购。他不打算在姐妹镇待超过一个星期。春季蘑菇收成不好，他的目标是短时间内收购到尽可能多的蘑菇，然后转移到蓝山的尤凯亚或其他地方。他板着脸对我说："我不想得罪任何人，仅此而已。"

　　尽管今年在姐妹镇的收成平平，但法布尔还是建议我下午采摘，以获得一些报酬。他需要留在营地附近。这天天空蔚蓝，万里无云，我驱车几英里来到梅托留斯河，沿着河边的小径徒步旅行。虽然很少有采摘者会走对公众开放的小径，但我从来没有在这片区域猎采过蘑菇，我想这也许可以让我借机侦察一下地形。

　　春天给喀斯喀特山脉东坡带来温暖的光和热，但经历了暮霭苍茫的漫长寒冬，这里明亮却仍然给人压抑之感。一道道刺眼的黄色阳光穿透松林，地面上光影斑驳，花粉如尘埃一般懒洋洋地从光柱中飘过。春天的空气中弥漫着树液，异常刺鼻，我感到喉咙刺痛。沿着河边干燥的松林平地走了几英里后，我转身上坡，离开小径，开始在灌木丛中寻找蘑菇。法布尔说，只有游客才走小径。很快，在一棵被火烧过的巨大花旗松附近，我发现一只粗壮的金色羊肚菌，它长在一条狩猎小径旁，有 7 英寸高，状态极佳，真是个小美人。我把它放进包中，继续沿着狩猎小径前行。有时，羊肚菌会直接从鹿或马鹿留下的足迹中冒出，很多人倾向于认为羊肚菌被野生动物吃掉后，会在动物留下粪便的地方繁殖开来，但大多数情况下，羊肚菌似乎喜欢动物足迹所在的土壤环境，一只蹄子在地面上留下的轻微凹痕可能就是蘑菇生长所需要的，蘑菇需要适当的阴凉或潮湿的环境生根。果不其然，走着走着，我又发现一只金色羊肚菌，再往前，发现第三只。我没有意识到的是，这三只美丽的羊肚菌正领着我"走下坡路"——从地理上说，是走上坡路——这是一条追求享乐招致恶果之路。我沿着多条纵横交错的狩猎小径又爬行一小时，再也没有找到一个蘑菇，真是浪费时间和精力。

回到河边，在松树间婆娑的树影中，我发现一只巨大的春季美味牛肝菌——用蘑菇猎人的话说，这是一面旗帜。菌盖完全张开，下方的孔隙已变黄。旗帜的出现是一个信号，意味着附近还有其他更新鲜的蘑菇，但我只找到一些较老的蘑菇，风干之后出售仍可以赚上几美元。我仔细勘察这片区域，没有发现新的牛肝菌，只好把这只巨大的牛肝菌放进包里。更糟糕的是，那些大的气泡状的老牛肝菌已经变软，而且爬满了虫子，我只能把它们扔掉。

美味牛肝菌，就像羊肚菌一样，会转移采摘者的注意力。果不其然，我为此兴奋不已，驾车行驶在伐木道路上，寻找春季牛肝菌的生长地，特别是潮湿针叶林中那些附近有水源的古老的大冷杉（*Abies grandis*）周围。我忽略了一个事实，采摘蘑菇多年之后，我才在家附近发现几块春季牛肝菌的生长地。于是，我决心在这片从未踏足过的陌生土地上找到几块春季牛肝菌生长地。不用说，这是一次愉快的两小时徒步之旅，但也没有什么值得炫耀。法布尔告诫我，要想商业化猎采春季牛肝菌，你必须掌握几棵特定的树木的地点，是时候认真干活了。

回到车里，我开始寻找通往更高海拔的伐木道路。牛肝菌不在我的采摘名单上，金色羊肚菌也不在，虽然金色羊肚菌很漂亮，但它们都是垃圾。我需要寻找品质稳定的黑色羊肚菌。在一处海拔较高、让我想起我家附近森林的地方，我停好车，飞奔进森林。几乎每一片绿植下都隐藏着黑色羊肚菌——老的、深色的、浸透了水的羊肚菌，这不是我要的羊肚菌。我需要爬到海拔更高的地方，于是继续往高处走了1000英尺，发现一片美丽的森林，森林中的树木大部分是冷杉，在这些树中我发现了羊肚菌，数量虽然不多，个头也远不及金色羊肚菌，但却十分新鲜，我把带来的袋子都塞满了羊肚菌。5点多钟的时候，我开车返回营地。

我对法布尔说，这更像是一次侦察之旅。他笑着给我算账，他为金色羊肚菌支付11美元，0.305磅的收益是3.36美元，还不到4美元，一场毫无意义的追逐，浪费了我大半个下午。那只差不多1磅重的3号牛肝菌王，让我赚了3.96美元，而不足半磅的黑羊肚菌，按每磅9美元计算，赚了4.23美元。一个下午的工作净赚11.55美元，这个收益还挺让我惊讶的。法布尔递给我一张收据和12美元的现金。

一辆辆破旧的卡车陆陆续续停到这里，蘑菇猎人们都想来试试和法布尔这个新买家交易。法布尔比其他买家价格高两美元，很快，一群以柬埔寨、老挝和拉丁裔为主的采摘者提着篮子，排队等候出售蘑菇给他。一辆还算新的白色丰田皮卡慢慢驶过法布尔的摊位，几分钟后又驶回。"那是一个买家。"法布尔毫不在意地说。他付完第一批货款后，卡车又出现了，停在马路上。车窗摇下，法布尔走过去，和车里的人聊了一会儿，然后卡车开走了，法布尔回到蘑菇评级桌后他的位置。

"什么情况？"

"一个白人买家，我以前见过他，他说我惹柬埔寨买家生气了，因为我抬高了收购价格，他们就得跟我一样，那又怎样？都是废话。他只是想让我离开。"法布尔并没有离开的打算。

后来，卡车又回来了。买家是一个戴着洋基队棒球帽、自己做老板的独立买家，他提出要卖给法布尔 400 磅羊肚菌。法布尔接受了这桩交易，并保持价格不变。

他重复了那句话："我不想得罪任何人。"

1806 年 6 月 19 日，托马斯·杰斐逊的远征军团的团长梅里韦瑟·刘易斯[1]在他的日记中写道："克鲁扎特给我带来了几只硕大的羊肚菌，我烤着吃，没有放盐、胡椒和油。这是我第一次尝到羊肚菌的

---

1 梅里韦瑟·刘易斯（Meriwether Lewis，1774—1809），美国探险家。出生在弗吉尼亚，曾在军队任职，后来成为美国总统杰斐逊的秘书和助手，他曾在北美洲西部的大部分地区进行探险。

味道，这是一种'正真无眛[1]'的食物。"尽管刘易斯在探险方面取得了巨大成就，但他的味觉和他的单词拼写一样着实令人怀疑。

几个世纪以来，欧洲的皇家御厨对羊肚菌季趋之若鹜。烹饪这种春季野生美食的记载可以追溯到最早的烹饪书籍。如今，在美国，如果你5月份去任何一家广受好评的餐厅，几乎不可能在菜单上看不到羊肚菌。只需用黄油煎片刻，羊肚菌就会散发出一种极具森林气息、近乎烟熏的味道，这是野生蘑菇特有的味道，但羊肚菌的这种蘑菇味更加浓郁。和好酒一样，对于羊肚菌的味道描述很大程度上是主观的，多年来，美食作家们使用了诸如"醇厚""坚果味""麝香味"和必不可少的"泥土味"等词汇描述羊肚菌的味道。著名美食家小约翰尼·R．W．艾珀多年来一直为《纽约时报》撰写海外新闻报道，但他喜欢用文学的方式描写食物，他和杰克·扎尔内基共同创作了一本猎采羊肚菌的书，除了用一些司空见惯的词汇描述羊肚菌，他们还贡献了一两个让人惊喜的表达："羊肚菌的味道令人难以忘怀——它味道醇厚、微甜，有麝香味，并略有藏茴香果和灯笼椒的味道。"

能够用语言描述出羊肚菌的味道，需要专注而又见多识广的"味蕾"。我明白艾珀的意思，羊肚菌既有乡土气息的一面，也有异域风情的一面。对我来说，羊肚菌能够唤起人们心中春天的感觉，这种来自森林的味道告诉我们，是时候抛去冬天最后的痕迹，回到芬芳扑鼻的森林、阳光温暖的草地和清新凉爽的山涧，享受大

---

1 原文为 insippid taistless food，为拼写错误的英文词组，故此处效仿其意味。

自然新的乐趣。当你吃下一只刚出锅的羊肚菌，仿佛置身于远离城市喧嚣的净土之中。业余蘑菇猎人通常会带着炊具进入森林，享受一天猎食羊肚菌带来的乐趣。将羊肚菌放在野营炉子上煎，加入少许油和大蒜，配上法棍和一瓶上好的玫瑰红酒——一顿无可挑剔的午餐。实际上，羊肚菌尝起来都不像蘑菇——更像某种不知名的食物，口感接近肉类，但不怎么耐嚼。羊肚菌味道细腻，过多的花哨烹饪技法反而会抹杀那种空灵的愉悦感。我曾在家烹制过新鲜羊肚菌配烤铜河红鱼片、四川"鱼香"酱炒羊肚菌与象拔蚌、羊肚菌配羊肉酱手工意大利宽面条、羊肚菌野生蕨菜和芦笋尖意式烩饭、羊肚菌牡蛎煎炒薯条，或者将羊肚菌简单煎一煎，直接放在芝士汉堡、比萨上食用。在森林里，我吃过羊肚菌用奶油红酒酱拌意大利宽面条、篝火烤羊肚菌配西冷肉、羊肚菌与春季牛肝菌炖香肠、羊肚菌煎蛋卷，或者穿在棍子上用炭火烤着吃。我用过无数种方式——有创意的，也有传统的——烹制羊肚菌。脱水后的干羊肚菌，可用来制作一种比牛肝菌更清淡的汤底，非常适合搭配白葡萄酒和奶油。严冬时节，我会制做羊肚菌酱，抹在纽约牛排上，或者简单地拌着鸡蛋面吃。

羊肚菌比鸡油菌更珍贵，产量比松茸更丰富。每年，羊肚菌是商业蘑菇采摘的主要目标。没有售出的新鲜羊肚菌可以晒干，之后再以同样可观的价格出售，这意味着在蘑菇丰收和价格较低的年份里，有远见的蘑菇猎人（银行里也有存款）可以把一些采摘工作留到价格反弹时再进行，而鸡油菌和松茸都不适用于这种方法。大部分温带地区都有羊肚菌生长，在许多偏远地带也都能发现它

　　　　　　　　蘑菇猎人：探寻北美野生蘑菇的地下世界

们与火的关系。在北美西部，这种联系近似于科幻小说。一位早期的植物学家谈到他曾经见到的羊肚菌，他这样描述：你站在烧毁的森林中，一只 10 磅重的羊肚菌就出现在你眼前，还有数百只小的羊肚菌蜷缩在树桩下，躲在空洞的树桩里，懒洋洋地躺在炭黑树干的阴暗处，仿佛集结的军队准备接管地球。对蘑菇爱好者来说，这是一笔可望不可即的天降财富，而对于蘑菇菜鸟来说，他会掐一下自己，确认看到的不是幻觉。西部高地的每一场野火，都会受到成千上万羊肚菌采摘者的强烈关注，这些人中小部分是业余采摘者，大部分是商业采摘者。当积雪开始融化时，羊肚菌猎人就会跳上他们的老破车，开上几个小时甚至几天，前往森林寻找火烧地。有钱的买家可能会乘坐直升机，从天空扫视。谷歌地图的确简化了这一过程，但徒步探险是不可替代的。

来自姐妹镇的羊肚菌大多是所谓的"天然菌"，它们并非烧羊肚菌。虽然它们通常比烧羊肚菌更大、更漂亮，但也更容易滋生蠕虫，繁殖数量也没有烧羊肚菌多。"天然"这个词多少有点误导性，因为在西方，羊肚菌几乎总会受到人为干扰，羊肚菌生长的森林往往受资源开采者、越野车爱好者、马术爱好者和徒步旅行者的青睐。虽然在这样人员络绎不绝的森林中，有些年份会长出很好的天然羊肚菌，但姐妹镇的羊肚菌并不在其中。无论是质量和数量，姐妹镇的羊肚菌都达不到法布尔的标准。他需要寻找一个没有"柬埔寨人出没"的烧羊肚菌采摘点，用他的话说，这意味着他得给他的面包车加满汽油，重新上路。

法布尔的大多数客户没有时间也没有意愿追踪他在蘑菇小径

上的漫游式采摘，即使他们相信法布尔可以提供稳定的蘑菇货源。每周，通常是周日或周一（取决于他是否能够偷偷溜去滑雪），法布尔都会给客户们发去一封电子邮件，介绍接下来一周的产品前景以及更长远的预测，这样厨师和采购商们可以提前计划订单，同时他还会提前告知供应短缺或特惠的情况。头脑灵活的厨师会利用短暂的丰产期储备大量法布尔的野生食材，这样他们所在餐厅就可以一年四季供应野生食材。他们制作酸辣酱、香蒜沙司、肉酱和蜜饯。随着家庭自制香肠的流行，全美各地的厨工都在学习腌制。波特兰的"纳瓦拉餐厅"的墙上挂满了盛着腌制食品的玻璃罐，芝加哥的"维餐厅"因各种腌制菜而闻名，在西雅图，马特·狄龙的餐馆每天提供一款腌制菜——今天是腌制羊角，明天是腌制鲱鱼。

在动身去育空之前，我在"荨麻镇"吃了一顿午餐，那儿的腌菜让我赞不绝口。我点了一碗乌冬面，面里有五香猪排、一个半熟的煮鸡蛋、一些脆葱以及野生蔬菜和蘑菇的混合菜，此处还有炒羊肚菌和我吃过的最美味的蕨菜。用米醋和亚洲香料腌制的蕨菜，保留了厚实的脆感，没有西海岸蕨菜常见的苦味。这是克里斯蒂娜·崔的招牌菜之一；在家庭烹饪中，一碗小小的蕨菜经常用来配餐。

"觅食和发现"食品公司成立初期，崔经常陪伴法布尔去野外采摘。现在，她忙于餐厅的工作，很少外出。法布尔饶有兴致地讲起了崔教他采摘羊肚菌的事情，他们在喀斯喀特东部的某地采摘羊肚菌，每次在货车后面卸下车上的羊肚菌，崔的羊肚菌数量都是他的两倍。最后，法布尔认输，问她在哪儿采到这么多羊肚菌。对于崔，根本就不存在秘密采摘点一说，野生食材本来就要与人分享。"跟我来。"她说。她把他带到溪边一个狭窄的小峡谷，那里遍地是羊肚菌。法布尔若有所思地说："这是我有生以来最棒的采摘体验之一。"

"你和杰里米下一步要去哪儿？"她问我，把一碗热气腾腾的乌冬面端在我面前。

"没什么特别的地方，"我说，"育空。"

"真的呀。"崔心不在焉地说，没有了平时的兴致。我能看出来，餐厅的生意让她有点吃不消。"在森林里千万要小心。道格去吗？"我摇了摇头。"可怜的道格，"她说，"我希望他没事。"

我解释说，这是法布尔最后一刻的决定。我原本希望我们三个能一起去喀斯喀特山脉露营。和美国许多其他餐厅一样，"荨麻镇"也需要羊肚菌。"如果一切按计划进行，用不了多久，你们就能吃到我们采的野生食材了。"

想到能拥有一盒新鲜的羊肚菌，她脸上瞬间有了笑容，又走回厨房，接下更多订单。

过境前，我们决定向海关坦白：法布尔是来收购蘑菇的，我是来跟踪报道的。不过，在海关面前，法布尔改口了，说我们是去森林露营的。其实，这也并不完全算说谎，因为我们确实需要在森林里露营，海关挥手让我们通过，甚至没有瞥一眼我们携带的行李，足足 200 个篮子——完全不是普通露营旅行用的装备——等待运往怀特霍斯。这些篮子通过北方航空公司的货运处空运需花费近 400 美元。法布尔在货运处用美元付款，甚至引起了一阵骚动。他从钱包里掏出一叠 5000 多美元的现金，这才意识到自己忘了去银行兑换货币。货运处的工作人员耸耸肩膀，说可以用美元支付运费。在机场的停车场，他向停车场服务员解释他的货车如何不需要钥匙就能启动（钥匙在点火时断了），然后我们登上了一辆摆渡车。一个小时后，我们乘坐一架小型喷气式飞机向北，飞越不列颠哥伦比亚省。透过飞机的舷窗，我们俯瞰荒凉的山脉和雾气缭绕的山峰，山峰上很少有岩钉或绳索，这是登山者的梦想之地。法布尔久久地凝视着无迹可寻的冰川，在广袤的冰川和雪原中挑选他的滑雪滑降路线，这里的冰川和雪原在向他这个越野滑雪者招手。想到道格开车去往离家不远的地方四处寻找烧羊肚菌，而我们则乘飞机前往母矿脉，我就有点内疚。我没有告诉他我要去，也不忍心告诉他。我想，后来他会一笑了之，就像所有感情受伤、自尊心受损的人一笑了之那样。他会说我矫情。

在那架飞机上，没有人会想到杰里米·法布尔是一个蘑菇商人，准备在育空的森林中扎营度过接下来的一周（或者一个月，结果就是一个月）。他腋下夹着一个牛皮小挎包，穿着名牌黑色牛仔裤、皮鞋，头戴一顶草编贝雷帽——这是他整套装扮的点睛之物。他的头发又长长了，棕色的卷发从帽子后沿露出，前面的刘海也遮住了眼睛，看上去像个闹市的骗子。"不要谈蘑菇的事情。"他央求我，我们索性聊起了女人。尽管法布尔趾高气扬，但他还是想扮演一个专一男朋友的角色。他当时结交了不少女孩，却很少有女孩能见到他的母亲。"她是个好女孩。"他会这样评价一个通过测试

蘑菇猎人：探寻北美野生蘑菇的地下世界

的女孩。西雅图有太多坏女孩，比如他有时会在市中心搭讪的那个咖啡师。"她性感火辣，但不适合做老婆。"他一副老派的真诚样，几乎让人心碎。

人口仅有 26,000 的怀特霍斯是育空地区最大的城市，与阿拉斯加的安克雷奇几乎位于同一纬度，因育空河上一条激流而得名，但这条激流现在已经被一座大坝截断。这里是午夜阳光之乡（极昼现象）。九点钟，我们在城里找了一间过夜的房间，然后想找个地方吃晚餐，我们沿着第四大道漫步，户外的阳光让我们觉得更像是在吃晚间午餐。第二天早上，我在当地一家叫作"麦克的火草"的书店买了一张地图，法布尔则去租车。"这趟旅行一天比一天贵。"他从一辆通用阿卡迪亚车里走出来，嘟囔着。这已经是镇上最大的租赁车：一辆中型 SUV，显然不够大，不能满足他对于车尺寸的要求。租车行还向他收取里程费，他快速计算了一下："如果有必要，我就干脆买辆车得了。"

我们做了一上午的准备工作，去人人皆知的加拿大轮胎公司购买了冷却器、煤气灶和其他野营用品，之后，我们从怀特霍斯出发，驾车沿着罗伯特森林巡逻道路（这位叫作罗伯特的诗人以《山姆·麦基的火葬》等淘金民谣而闻名）行驶，短暂地与育空河的上游河道平行，然后转向东边。在卡克罗斯岔路口，道路分岔，克朗代克公路向南延伸，沿着 1898 年克朗代克淘金热的原始路线，北至道森市的金矿区，南至阿拉斯加斯卡维的入境点。我们继续沿着阿拉斯加公路向东行驶，这是一条在第二次世界大战期间修建的长达 1000 多英里的传奇大动脉，途经加拿大，将阿拉斯加与美

第十二章　火中采菌　　　　　　　　　　　　　　　　　301

国本土相连。这条公路的修建一部分缘于战争需要，日本轰炸珍珠港后不到一年，由美国陆军施工人员修建完成。

汽车一路前行，视野也逐渐开阔起来。宽阔的山谷看起来虽不友善，但也不至于令人恐惧不安，似乎遥远而不可知，与世隔绝而不可侵犯。我再一次在脑子里清点装备，这才想到在怀特霍斯我们忘记采购一些物资，顿时懊恼不已。法布尔建议我忍忍。"我不需要任何现代化的装备。"他说。我要求购买冷藏箱已经够让他气愤了。"我不需要冰啤酒或自热食物，我睡地上就行，而且我绝对不喝大路货烈性酒。"接下来的 5 个小时，我们只见到几辆车。育空地区消退的冰川形成的模糊几何图案，让我想起日本的折纸艺术。眼前是一幅宽阔山谷的全景，山谷被崇山峻岭环绕，山川中河流纵横交错，湖泊遍布。这里几乎没有任何一个地方受到官方保护、被指定为荒野或地区级公园，大片土地是茫茫荒野，很难想象有人会在这片蛮荒之地生存下来，我感觉这里只属于渡鸦和野熊。

某些人类学家认为，美洲大陆有人类居住的最古老证据来自育空——老克罗附近的蓝鱼洞穴考古遗址发现的动物骨骼遗骸，经碳测定其年代为距今 2.5 万至 4 万年。主流考古学家认为这个时间比之前要推前非常多，令人难以置信。人类如何以及何时在美洲大陆生存定居仍然是一个未解之谜。"育空"这个词是阿萨巴斯卡语[1]，意为"大河"。阿萨巴斯卡语系包括沿海

1　阿萨巴斯卡语系为北美第二大语系。阿萨巴斯卡语系包含 31 种语言，其中哥威迅语、斯拉维语等语言被列为加拿大西北领地的官方语言。

的特林吉特族和居住在北方的哥威奇族等部落使用的语言，有趣的是，它还包括美国西南部的纳瓦霍族和阿帕奇族等部落的语言。有一种观点认为，一次大的火山爆发迫使人们向南迁移，火山喷发倾泻出一层层火山灰，促进了蘑菇的广泛生长与繁殖。欧洲人踏足此地始于19世纪，如来自哈德逊湾公司的皮草商人，接下来是传教士和植物学家。一系列小规模的淘金活动之后，斯库库姆·吉姆·梅森的团队于1896年在克朗代克河的支流富矿溪发现黄金，拉开了该地区历史变革的大幕。接下来的几年里，四万名探矿者拥至这片土地，最初他们取道奇尔库特山口上的危险小径，后来又在怀特山口上绕行另一条更加安全的道路。每年冬季到来，在大雪吞噬营地之前，探矿者们利用短暂的几个月来此淘金。世纪之交，随着金矿的减少，当地的人口也在减少。直到今天，这里的人口只有3万左右，和1900年差不多。

野火发生在怀特霍斯以东5个小时车程的地方，横跨不列颠哥伦比亚省北部边界，位于以"路牌森林"而闻名的沃森湖小社区以南。1942年，一名在阿拉斯加公路上服役和工作的美国陆军大兵，因思乡心切，收集来自世界各地的路牌。这儿的森林以黑云杉（*Picea mariana*）、扭叶松和杨树为主，它们生长在海绵状的泥炭藓地中。黑云杉的存在对法布尔来说尤其重要，这是北半球大针叶林的关键树种之一，覆盖阿拉斯加、加拿大、瑞典、芬兰、挪威、俄罗斯、哈萨克斯坦以及蒙古国的部分地区，甚至连美国大陆（明尼苏达州和缅因州）和日本（北海道岛）的一小片地区都有该树生长。在俄罗斯，北方针叶林被称为"泰加林"，它是世界上最大的生态系统或生物群落，占世界森林覆盖面积的近百分之三十，也是极佳的蘑菇寄生木。据观察，羊肚菌在四季分明的地区生长得最好，尤其是在寒冷的冬季和炎热的夏季。北方针叶林明显具备这一特点：低温时，它的温度低过苔原，而高温时它又更高，而且由于夏季白昼时间很长，可以持续高温。

新手常常问这样一个问题："在哪里能够找到羊肚菌？"

老一辈回答："羊肚菌就在你能找到的地方。"或者，正如美国颇具声望的真菌学家戴维·阿罗拉所说，主要是在户外。我们可以在人行道上、石膏板墙上、花盆里，甚至是一只旧鞋子里，发现它们的踪迹。

如果说蘑菇是一个谜，羊肚菌就是谜中之谜。羊肚菌的分类十分混乱，人们对于羊肚菌的结菌时间、地点和结菌原因知之甚少，甚至无法解释它们存在的目的。羊肚菌是腐生菌还是共生菌？或者在它们生命周期的不同阶段两者都是？理论上说，羊肚菌甚至都不是蘑菇，作为担子囊菌门的一员，它们实际上属于杯状真菌，而真正的蘑菇属于担子菌门。但这主要是真菌学家研究的问题，对我们普通人来说，它们也可以被称为蘑菇——诱人、美味、难以捉摸、令人发狂的蘑菇。

一篇关于阿拉斯加羊肚菌的专业论文描述道："关于羊肚菌在森林条件下的繁殖、孢子传播、菌落建立和生长，目前几乎没有全面、完整的信息。"在分类学方面，羊肚菌属也有待研究，我们不知道如何称呼单个羊肚菌，甚至不知道有多少种。北美的许多品种一直使用欧洲名称，直到最近[1]，2012年的一篇论文根据最新的DNA分析提出一些新的羊肚菌分类方法，此前没有正式命名的羊肚菌，如一种被昵称为"西部深山金发美人"的羊肚菌——在这个新体系中称为 *Morchella frustrata*，它因混合了羊肚菌的诸多特征而曾令蘑菇分类学家困惑不已，不知如何命名——现在第一次有了科学名称。目前看来，北美的羊肚菌明显不同于其他大陆上的品类。事实上，有人认为北美羊肚菌的种类比世界上其他任何地方都要多，这也反映出北美大陆有可能是该种群进化的起源地。

与此同时，北美的羊肚菌猎人——无论是商业猎人还是业余猎人——都喜欢用各种各样的昵称来称呼他们的宝贝，大多是根据外表和颜色，如黄色、黑色、金色、灰色、红色、白色、粉色和绿色等。有叫作香蕉的羊肚菌，也有叫作酸菜的羊肚菌。在南方，它们有时被称为混蛋。我在密歇根采摘的羊肚菌生长于东部阔叶林，西部的羊肚菌则大不相同，它们更喜欢生长在针叶林，但也并不总是如此。可以肯定的是，只要有合适的生长地，西部的羊肚菌会对外部干扰做出应激反应，干扰可能是伐木、步道维护或道路建设，最常见的是森林野火。

西经100度以西的大陆，深受山林野火生态的支配。野火是生命的一部分。像扭叶松这样的树木已经适应了野火，它们的种子可以在高温条件下发芽。羊肚菌似乎也适应了这种火烧环境，尽管

---

1 本书英文版出版于2014年。

背后的原因尚不清楚：蘑菇是在宿主树死亡后进行最后的尝试来传播它的孢子吗？蘑菇突然能够大面积地覆盖森林地面，是因为竞争的植物或真菌被消灭了吗？是土壤 pH 值的变化造成的吗？答案尚无人知晓。已知的是，在环境适宜的针叶林栖息地（通常生长有冷杉、云杉或松树的干燥山地森林），一场森林大火可以催生大量羊肚菌，吸引数英里外的羊肚菌猎人前来寻宝，就像一个多世纪前的淘金热一样。

法布尔看到野火痕迹的第一眼，立刻兴奋起来。虽然几个月前的冬季暴风雪已经扑灭了最后的余烬，烟雾也早就散去了，但可能是由于空气中飘浮着的灰烬微粒，感觉这里的空气比平时更厚重，更沉闷。前方的火线十分明显，如同一个停车标识。大火吞噬了云杉和松树的枯枝，绿色的森林变成了红色，再往前走，红色变成了黑色，这就是羊肚菌猎人口中的"炙热燃烧地"——一大片灰烬和烧焦的圆木。与法布尔在喀斯喀特山脉经常出没的地方相比，这里的地形看起来相对平坦，海拔 2500 英尺左右（误差为几百英尺），还有几座高达 5000 英尺的圆形小山峰。卡西尔高速公路从北到南把这片森林火烧地一分为二，而"蓝河"——一条漂亮的鳟鱼小溪——又从东到西把它一分为二。眼前是一片巨大的火烧地，道路通达，地理特征突出——太好了，简直难以置信。黑云杉森林地带被认为是世界上最大的羊肚菌生长地之一，同样闻名于世的是，和羊肚菌收获随之而来的物流运输噩梦。有探险精神或几近疯狂的采摘者曾搭乘直升机进入偏远的育空森林火烧地，也曾试图利用激流筏将收获的羊肚菌漂流运出。这次的森林野火规模巨大（官方估计野火面积接近7.5万英亩），因为地势相对平坦，我们可以通过高速公路和林间道路抵达，距离有人居住的前站沃森湖也不到20英里。

法布尔在驾驶位上有点坐立不安，他一边开车一边扫视着前方。"这里没人。"他说道。我们开了5英里，穿过被烧毁的林地，却没有看到路边有一辆车。"如果这是俄勒冈州，在高速公路上我们能看到长长的车流，4000名柬埔寨人在一块面积2000英亩的火烧林地上挑挑拣拣。"我们看到右边有一串墙式帐篷，法布尔一开始误以为是一群真正的蘑菇买家，直到我们看到一个标识——原来是一个森林消防营地。最后，在蓝河的交汇处，我们看到了几辆车和一个买家。又行驶了一英里，我们向左拐，在碎石铺就的伐木路两边见到几个采摘者营地，把车停在右边的一个空位。我俩迫不及待地下车，迅速穿上沉重的靴子，提起桶向树林走去。我在离车几英尺远的地方找到了第一只羊肚菌，然后又找到了另一只。我紧靠马路，在附近四处搜寻，很快装满半桶羊肚菌。半小时后，法布尔提着满满一桶羊肚菌出现了。他径直穿过树林，走到一个山脊下，爬上陡峭的山脊（许多没有经验的蘑菇采摘者会避免攀爬），发现了山脊的一边长满了羊肚菌。我们在山脊上一直摘到晚上10点，采得的羊肚菌装满了好几个篮子。

返回营地后，法布尔开始组织采购工作。他在越野车周围布置了篮子，没过多久，不少采摘者开车经过时看到了篮子——顿时明白来了一个新买家。他们一开始很谨慎地向我们打听蘑菇收购事宜，不愿做任何承诺，主要问收购价格。法布尔自己也问他们：有多少买家？3个或4个。他们付多少钱？4美元一磅。"别跟我扯淡，"他说，"明天我就知道了。"他们又说了一遍：4美元。他想了想，环视四周的风景，夸张地故意停顿一下，假装仔细琢磨，采摘者们抬起了下巴。"我出5美元。"法布尔说。称重开始时，每个人都放松下来，大家心情都很好。消息快速传播开来，甚至到了晚上11点，还有许多采摘者手里提着满是蘑菇的篮子从森林中返回。

我在这儿吃了一顿印度式的营地晚餐，有鸡肉、辣椒、洋葱馕饼和酸奶，法布尔告诉我，明天可能是我一天采到100磅蘑菇的最佳机会。我从来没有在一天内采过超过30磅的东西，30磅对于大多数业余采摘者来说，已经是了不起的数字了。为了摘得令人神往的三位数蘑菇，我会使用一个可以装载6个篮子的驮板。我们很早起床，大概5点，然后采摘一整天，直到收购点开门才收手。我们甚至不用开车去任何地方——直接在营地外采摘。

第二天早上6点，我们喝完咖啡走出营地，此时太阳已经升上树梢。对育空来说，这将是温暖的一天。我穿着轻薄的裤子、厚实的袜子和靴子，在裤子口袋里放了两块格兰诺拉燕麦棒、一张野火地的油印地图，还有我的钱包和身份证明（以防万一）。我穿了一件长袖T恤，脖子上挂着一个指南针。我把蘑菇刀插在腰带上，将水瓶绑在背包上，把雨衣藏在一个篮子里。我们经过营地旁边一片烧焦的树林，大步穿过灼热的焦土，弯弯曲曲地沿着山脊往上走，然后再顺着一条水沟前行。在分头行动之前，法布尔建议我尽量沿着野火地的边缘走，在边缘采摘会更好，也许更重要的是，保持在边缘地带行走不至于迷路。

与前一天晚上不同，我现在先要找到蘑菇生长最密集的地方，再开始采摘。我顾不上摘那些单个或者三三两两长在一起的蘑菇，我要找蘑菇群，这样才可能加快采摘速度，实现一天之内采到100磅蘑菇的目标。每次我放下背包，我会绕着它转一圈搜寻蘑菇，然后将桶放到更远的地方，把它留在外围，以我的衬衫为贮藏地，转一个更大的同心圆，这样绕圈确保我在不背负背包的情况下尽可能覆盖更广的区域。我用牙齿紧紧咬住衬衫的褶边，以最快的速度切下羊肚菌，然后把它们丢进衬衫的口袋。很快，我就习惯了走路时刀不入鞘，好节省时间。我依然记得读七年级时，老师给我们讲的一个意外事件，说她儿子有一次荡秋千，被一把打开的小刀刺瞎一只眼睛。从此，我对出鞘的刀十分小心——但今天例外，荣誉胜过视力。

衬衫袋子里的蘑菇越来越多，已经堆到我的下巴，我能闻到里面散发出来的蘑菇气味。与鸡油菌或牛肝菌不同，新鲜羊肚菌没有特别诱人的香味，当然也没有烹饪过的羊肚菌那种美妙而丰富的香气，它的气味是潮湿的，几乎像牛奶一样，很难让人与烹饪过的羊肚菌联系在一起。白色的桶在烧焦的泥土色调映衬下显得格外醒目，我每次穿过这一小片烧焦的森林，都感觉它在召唤我。衬衫袋子装满羊肚菌之后，我又绕回桶的位置，按原路线再采摘一遍，然后拿起桶去另外一处地点，直到我在背包周围覆盖了一个足球场大小的区域，接着再次提起背包，寻找下一个地点。

天气开始升温，森林火烧地并没有蔽日遮阴之处，育空天气炎热，温度接近75华氏度。树木横七竖八地倒在地上，就像歌利亚[1]中的捡棍子游戏。在烧毁的原木底下和被连根拔起的树桩留下的洼地里生长着羊肚菌，它们顽皮地从灰烬中探出来头来，好似一根根男性生殖器。在一个情色摄影师眼中，这里到处都是生殖器——它们形状粗鲁，从每一个角落和缝隙里探出来，嘲笑人类对于性暗示食物的品位。我沿着山脊线，以最快的速度采摘，突然我的牙疼了起来，昨天一晚上我好像都在焦虑地磨牙。来回倒腾四次之后，我那5加仑的桶几乎满了，我把羊肚菌倒进一个篮子里，每个篮子可以装下一桶半的羊肚菌。篮子装满后，我盖上盖子，把它嵌在空篮子里，用蹦极绳把它们绑在驮板上，然后继续前行。我用两根红色的长绳把篮子固定在背包上，用两根蓝色的短绳把篮子紧紧地绑在一起。这些可不是你在一般五金店里找到的那种挂钩不牢固、绳子也不结实的户外绳，这些是海豹突击队用的户外绳。法布尔也不告诉我他在哪里找到的这种绳子，我带的驮板是大型猎物猎人常用的那种，可伸缩的顶部支架对于最大限度地堆放满载的篮子至关重要，但这并不意味着我需要这样的承载力。我很快就把两个装满的篮子绑了上去，接着又绑了三个。

对于灰熊出没的担心早已被我抛到了九霄云外，我没有时间去担心这个，一门心思只想尽可能多地采摘羊肚菌。现在，我满脑子想的都是采摘策略。没有采羊肚菌时，我就四下观察野火点，试

---

1 歌利亚是一款生存冒险游戏，由鲸鱼工作室开发，于2016年5月12日在Steam上发布，适用于PC、Mac和Linux平台。游戏探索了巨人世界中的生存概念，将玩家带入了一个巨大怪物漫游的战争世界。

图琢磨出它的秘密。看着被烧毁的森林，就像在欣赏裸露的风景。森林排水系统在各种土地折缝和褶皱中显露出来，我研究地形以寻找羊肚菌的线索——坡度、水分袋、未砍伐的立木林地百分比，以及立木是否存活。越深入森林火烧地，获得的经验就越多。这片因野火遭烧严重破坏的北方针叶林，在它最绝望的时刻却美得出奇。烧焦的树干在灰色天空的映衬下勾勒出一个个剪影。没有被烧成灰烬的地方，厚厚的泥炭苔藓仿佛一座绿色的迷宫，一簇簇美丽的羊肚菌从烧焦的苔藓和烧得发红的云杉针叶丛中冒出来，使这一片焦土重新焕发生机。

尽管法布尔告诫我一定要沿着边缘的点状火烧地行进，但我发现最简单的办法是直接穿过灼热的火烧地带。这里的大部分树木已被烧毁，没有必要再留意倒下的树木。脚下的地面松软，我不得不走一步试探一步，担心一不小心陷进去，掉到地心深处。每走一步，脚后跟便扬起一小缕青烟，仿佛踩在烤熟的蘑菇上。炙热的火烧地带有羊肚菌，虽然没有点状火烧点多，而且很多都已在阳光直射下风干了。火烧地呈现出一派世界末日的景象——与你想象中的那种森林大火如出一辙，几乎没有活物，只有几棵枯树诉说着这里曾经是一片森林。当然，明年夏天，这里又会长出新的植物，变得生机勃勃。野草会首先破土而出，为森林大地涂上绿色和粉色，也为新的树苗发芽提供荫佑。甲虫和蠕虫将重新在这里的土壤中定居。随着时间的推移，火山灰融入土壤中，灌木开始生根，苔藓重新占据地面。就这样，新的森林在旧森林的灰烬上涅槃重生。

我宁愿步行穿过灼热的森林火烧地的另一个原因是，我不能停下脚步，我需要不断前行。一团飞虫不停地围攻我，在我耳边嗡嗡作响。现在我才意识到，当初我要买防虫喷雾，法布尔讥讽我让我别买，听信他的话真是大错特错。

　　当时，我认为他是对的——在灌木丛中对付昆虫需要先改变心态。我告诉自己，越在意虫子只会让你越加恼火。我错了。我想用"被生吞活剥"来形容此刻的我也不为过。我无法摆脱烦人的虫子，大大小小的蚊子、黑蝇、沙蝇、盲蝇、鹿蝇、马蝇，不一而足。它们跟我过不去，像复仇女神一样追着我，毫不留情，在我手里拎满蘑菇的时候冲过来，钻进我的耳朵、鼻孔、喉咙，叮咬我的眼角，钻入我汗水淋漓的皮肤和衣服皱襞中藏起来。快到下午1点的时候，我已经无法忍受，只得转身返回营地。我和法布尔约好了一起吃午餐，现在离营地有1英里远。我采摘的羊肚菌装满了四个篮子和半个桶，大约50磅——我实现了今日目标的一半。

　　我在离营地四分之一英里的地方碰到了法布尔，他已经吃过午餐，正在回采摘地的路上。今日以来，除了我脑子里的声音，没有人和我说话，我一直在想，对于我第一天的职业采摘工作，法布尔会说些什么。我反复在头脑中想象着我们一会儿对话的场景，想象着对话的片段。他会批评我吗？还是不屑一顾？我既然来到他的地盘上，我确实想证明点什么。他看了看我的收获，说："好吧，你比这里其他人都采得多。去吃点东西，然后休息一下吧。"据说，他对采摘者的水平并不感兴趣。不过，他也不是那种虚情假意赞美别人的人，我当时感觉还不错。

然而，回家的路险象环生。我扛着沉重的货物，越过无数堆交错倒下的树木，行走在倾斜的树枝下。背包顶部的延伸框架高出我的头1英尺，现在成了一个累赘。就像雄鹿必须在厚厚的遮蔽物中放下鹿角一样，我不得不佝偻着身子在树林中行走，好几次试图从低垂的树木下快速通过时被钩住吊了起来。森林地面上危机四伏，一不小心就会被尖锐的树枝刺伤，或者被树压倒，落得一个可怕的后果。到达营地时，我已经筋疲力尽。虫子把我折磨得死去活来，那么多虫子在我的皮肤上爬来爬去，我觉得自己好像在蜘蛛网中行走，身上满是凸起的红色伤痕——仅在裸露的右手腕上就有十几处。每只耳朵后面都是一层干巴巴的血痂，垫着乱糟糟的头发，还有被拍扁的苍蝇尸体，头发下面是盲文式的疙瘩，在我还没来得及拍打之前，它们已经穿透皮肤的表皮。这些疙瘩沿着发际线延伸到我的后颈，而更大的马蝇和鹿蝇叮咬的伤痕散布在我的肩膀、背部和手臂上。我的胸口有一堆血块，血块已经渗到衬衫下面，腹部的血块更多。我身上到处都是蚊子咬的包，无处不在，只要是蚊子这种吸血动物在我身上能找到的地方。我的手被烟灰熏黑，浑身都是鲜红色的血斑，更不用说因为拍了那么多蚊子而弄干的血了，我的裤子也从浅卡其色变成铅灰色，脚也疼痛不已。但是，嘿，午餐前就采到50多磅，虽然吃了不少苦头，我依然感觉不错。

我脱下靴子和袜子，脚又红又肿，然后换了衬衫。经过这么一个折腾的上午，必须得用一顿像样的午餐来犒劳一下自己。我在野营炉上放了一个鸡腿，用剩下的馕、米饭、辣椒和酸奶做了一份三明治，还在上面挤了半个柠檬调味。说起来，这还真是一顿黑暗料理式的丛林午餐，但我又累又饿，可顾不得那么多。我作为一个需要支付汽油费的蘑菇猎人，即使可能只有一纳秒，也会停下来，狼吞虎咽地吃下一个生热狗或一小块蛋糕。某种程度上，我不得不承认我的午餐做得确实有点让人匪夷所思，我也不赶时间，所以慢条斯理地开始享用我的午餐。我打开一瓶啤酒，那天很热，没有风，感觉这天仿佛是从时间挣脱了枷锁，而不属于这个世界，虫子无情地飞来飞去。午餐后，我躲到帐篷里，帐篷也不怎么遮阳，里面又热又闷，如同置身锅炉房或蒸汗房。嘀嗒嘀嗒……黑蝇不断地向帐篷扑来要咬我，数量之多简直像在下雨。

我又喝了些水，吃了个梨。之后，换上一双干净的袜子（这周没有比这更为奢侈的事情了），再穿上我那双沉重的靴子，准备开始第二轮采摘。已经是下午3点多，我想争取的荣誉岌岌可危。我朝道路对面一片凉快一点的点状火烧林走去，在这里的采摘速度很慢，原因我一时还无从知晓，不过很快就明白这和其他采摘者有关。没有人会在路边采到100磅的蘑菇。当我采到一篮半大约70磅羊肚菌时，乌云在我头顶堆积起来，像一辆缓慢行驶的火车残骸，在一片焦土上爆炸。天开始乌压压地变黑，远处地平线上电闪雷鸣，轰隆隆的雷声打破了森林里的沉寂。我飞快地跑回营地——一是为了躲避闪电，二是（更重要的原因）为了保护我的蘑菇不被雨淋湿。不一会儿瓢泼大雨落了下来，掉落的雨滴在灰土中发出低沉的爆炸声，扬起缕缕青烟。看来，传说中的"百磅日"是不可能实现了。大雨倾盆而下，一时半会儿是不会停的。我倒在帐篷里，很快便睡着了。

醒来后，我爬出帐篷，发现法布尔站在雨中，浑身湿透。收购羊肚菌的时间到了，他没法退缩。他的越野车后挡板几乎没有任何可以遮雨的地方，为了节省成本，他没有购置顶篷，所以只能默默承受自己的决定带来的后果。采摘者们把车开进我们的营地，在车里等候，直到轮到他们出售。除了典型的烧羊肚菌，即采摘者称为"尖顶"的羊肚菌（取自一个过时的拉丁文名称），许多人的篮子里还混有一些本季的第一批灰色羊肚菌。法布尔为这些羊肚菌支付了每磅6美元的收购价格。他挑出大的灰羊肚菌，把它们扔进自己的专用篮子。"这些要拿给马特。"他说。

目前，学界对于西部蘑菇采摘者所称的"灰菌"知之甚少。这种似乎只与太平洋西北地区森林野火有关的羊肚菌几乎没有在文献中出现过，但在迈克尔·郭2008年发表的一篇论文中，它被授予了完整的物种地位。目前，它被正式命名为绒毛羊肚菌（*Morchella tomentosa*），但它还有几个俗称，如"毛足羊肚菌"或"黑足羊肚菌"，但它绝对不是在中西部或东海岸被称为"灰菌"的同一种蘑菇，这种羊肚菌很可能是羊肚菌（*Morchella esculentoides*）的未成熟状态。

在火烧林地生长的灰菌个头很大，有的比手掌还大，并且长有密集的菌褶。较年轻的灰菌在菌盖上特别是在菌柄的底部有细小的毛发，因此被称为"毛足"。采摘者和买家会经常谈到灰菌的"双壁"，也就是当你把它们切成两半时，你可以清楚地看到两层菌肉，尤其是在柄部，这使得灰菌比大多数其他羊肚菌都重。懂行的厨师们十分青睐这种肉质。灰菌通常是一年中最后结菌的蘑菇之一。尖顶羊肚菌，是最基本的烧羊肚菌，它更像天然的黑羊肚菌，但它的菌肉更薄。厨师们喜欢尖顶羊肚菌，因为它们重量轻，体积相对较小，价格也不像其他羊肚菌那么贵。几只半切开的尖顶羊肚菌可以让一盘菜变得光鲜亮丽，既给厨师带来喝彩和赞美，又不至于让他们付出高昂的原料成本。还有像马特·狄龙这样的厨师，他们痴迷羊肚菌，以至于完全不在意是否能从这些菌类中赚钱，他会不计成本地用多只整个尖顶羊肚菌装饰一道菜，或者高兴地以每磅17美元的价格收购灰菌，使得他的餐厅成为少数几家提供灰菌的餐厅之一。灰菌堪称美食中的美食，但事实是大多数餐厅食客都不太认识灰菌，更不要说了解它的价值。

晚上8点，法布尔已经收购到了足够多的蘑菇，是时候出发去5个小时车程外的怀特霍斯机场了，这次我来开车。为了防止蘑菇过热，车里的空调温度开得很低。装进篮子里的蘑菇自己会产生热量，如果处理不当会很快腐烂。

法布尔试着擦干身体，他携带的所有东西都被彻底淋湿，因为他把帐篷用作挡雨布为蘑菇遮挡雨水。他的帐篷、睡袋和多余的衣服都湿透了，他本可以把一些装备搬进车里，但由于购买兴头正盛，所以忘了。

我们赶在加油站晚上11点关门前，到达路过沃森湖之后唯一的加油站特斯林。我们在咖啡馆里暖和了一下，喝了杯咖啡，然后我在男卫生间里洗了澡。这是我这段时间以来第一次照镜子，我被自己惊呆了：我的脸上布满烟灰，更糟糕的是，眼窝角多处被咬红，脖子也明显肿了。我看起来就像一个瘾君子，一个从麻风病人聚居区逃出来的病人。

我们继续上路，午夜过后许久才到达怀特霍斯。当时正是暮光时分，深蓝色的天空中夹杂着几丝橘黄——这是我见过的最长的日落——如果它可以被称为日落的话。雨停了，云也散了，远处低矮的地平线上，雷雨云砧被镶上明亮的金银色边。我们开着车转了一会儿，惊叹于育空地区人口最多的定居点竟如此凄凉、安静。我们想找一家24小时营业的餐馆，但没有找到。后来找到一家店面平平无奇的名为"蒂姆霍顿"的甜甜圈店，尽管我们在排队时说话很有礼貌，但同在店里的警察还是十分警觉地瞥了我们一眼。说真的，我那么像瘾君子吗？

凌晨3点，我们把车停在北航货运办公室旁边的一块空地上，将前排座椅倾斜到极限，但也只超过垂直方向几度，勉强睡了几个小时。6点时飞机舱门打开，我们将车倒入唯一的货舱，将630磅的羊肚菌卸到两个托盘上，羊肚菌被装在51个带拉链的篮子里。卸完货后，法布尔看到几十条小白虫在越野车的车床上挣扎，感到特别沮丧，这可不是个好兆头。与在自然条件下采摘的羊肚菌不同，烧羊肚菌通常具有不生虫的优点。这是一个明显的商业优势，现在法布尔担心这种特殊的烧羊肚菌由于某些隐秘的原因可能会有缺陷。

接下来，我们在星巴克的停车场等到7点才连上Wi-Fi，然后回到加拿大轮胎公司购买防虫喷雾和防水布。我们又去了租车处，结果一无所获，他们没有更大的车。早上8点，当天的第一批订单开始在法布尔的黑莓手机上蜂拥而至。那天是星期一，每个人都想吃羊肚菌。不巧的是，法布尔的得力助手乔纳森正在度假，他和妻子计划度过一个长周末，为她庆祝生日。他在西雅图仅有的两名全职员工中有一个要在 6 月休假，法布尔难以接受。"几周前他第一次问我时，我简直不敢相信我的耳朵。我只是说：'哥们儿，6 月是一年中最忙的月份。'我以为我说得很清楚了。"这样一来，年轻且相对缺乏经验的谢恩就成了唯一能接单和送货的人。

更糟糕的是，大通银行冻结了法布尔的账户，而美国运通的账户也显示余额为负。大通银行的情况尤其让人恼火，不知出于什么原因，他们扣留了法布尔账户上收到的支票汇款，包括西雅图一些大型餐厅的付款。法布尔被迫开设第 3 个账户，并在加拿大的多伦多多明尼安银行开设了第 4 个账户。他正认真考虑购买一辆面包车。现金少，车又小，他心中的焦虑与日俱增。在西雅图，他从一个朋友那里拿到一笔 5000 美元的借款，并以银行本票的形式把它寄到多伦多多明尼安银行。"就像使用现金一样，对吧？"法布尔在电话里问银行出纳。但难以置信的是，多伦多多明尼安银行把这张银行支票扣留了 30 天。"欢迎来到加拿大！"挂完电话后，法布尔对着电话大吼。

周日的大雨给蘑菇收获带来了巨大的打击，烧焦的、毫无防御能力的树林变成了腐烂、潮湿、泥泞的泥潭。在经历整个周一上午的资金困难、订单积压和越来越多的后勤问题之后，我们在傍晚时分回到森林中的灌木丛，发现羊肚菌的品质在暴雨之后急剧下降。由于急需大量的羊肚菌来完成如此多的订单，法布尔决定当晚再去一趟怀特霍斯。他在主干道上设立自己的收购点，希望能在最短时间内收购尽可能多的货。尖顶羊肚菌看起来糟透了，那些带来的蘑菇明显有问题的采摘者被他拒之门外——棕色柄的水渍羊肚菌，老的、粉红色羊肚菌，软球大小的羊肚菌，菌柄处有缺口的羊肚菌。一辆老式的庞蒂亚克车中走下一众采摘者，他们打开后备厢。在第一个篮子被拿出之前，法布尔就判断他们的羊肚菌会很糟糕。

"我只收购新鲜蘑菇。"法布尔在他们把篮子堆在他的桌子上之前先发制人。法布尔告诉他们，街那头有个买家什么样的蘑菇都收，连晒干的棕柄羊肚菌都收。他们已经知道那个买家的每磅收购价要低 1 美元。

"我们的蘑菇有什么问题吗？"其中一个人当着法布尔的面发问。

法布尔解释了他要找的是什么——白柄的个体扎实的羊肚菌。另一个采摘者下了车，说道："这家伙是个混蛋。我们快走吧。"

"先闭嘴。我想知道他为什么不从我们这里买东西。"

"走吧，伙计。"

"嗯？"

"就像我说的，我做的是生鲜市场，我不能卖这些不新鲜的蘑菇。"

四个人中有三人回到了他们车里，其中一人用手指着法布尔，态度挑衅地说道："我们会回来的。"

法布尔没有收购到足够多的蘑菇就折回怀特霍斯。我们开车到阿拉斯加高速公路和卡西尔高速公路交界处的一个加油站，准备用那儿的付费电话打电话。"现在是业余蘑菇猎人的时间。"他嘟囔着，一边往投币口塞硬币。蘑菇虽然不少，但缺乏经验老到的采摘者。现在，一场大雨已经毁掉了部分蘑菇，采摘工作将更加困难，法布尔估计得从一大堆品质低劣的蘑菇中挑选。"业余蘑菇猎人。"他又说了一遍，一边在口袋里摸来摸去，想再找些零钱。他花了4加元拿到谢恩的语音信箱，并在留言中留下了付费电话号码，我们坐在车里等候。

当谢恩回电话时，法布尔马上感觉到有些不对劲，谢恩在边境被拘留了。驱车向北两个小时接完第一批北方航空的货物后，谢恩在返回美国的路上被警察截停盘问。一名年轻的边境巡警认为他很可疑。"我不傻，"他告诉谢恩，"我知道那些蘑菇一磅要卖4美元多。"

法布尔略加窜改了价格，因为他知道上个月的市场价是4美元，而不是他要支付的5美元。因为这是他第一次去温哥华，谢恩不太确定该说什么。

"你让他上网查价格了吗？"法布尔不耐烦地问。

谢恩说他知道。他显然被警察的逮捕搞得焦头烂额，难以自圆其说。他说他在警察局待了几个小时，那个年纪轻轻的警察指控他伪造证件——这可是一项重罪——然后在午餐休息时，另一名警察来值班，他再次为自己辩护，那警察看了一眼文书，就把他打发走了。边境口岸各种情况变化无常，情急之下，谢恩开着面包车冲过下一个检查站，没有意识到他还没有完成通关手续，一个全副武装的边境特工从他身后跑来，大声呵斥，并将手放在枪套上，谢恩这才意识到闯祸了。

法布尔挂了电话，摇了摇头，无可奈何地笑了。可怜的谢恩，不过还挺搞笑的。在育空的蘑菇收获并未如法布尔所愿那么顺利。这本该是狠赚一笔给公司输血的一次机会，自从在东海岸开了分公司，法布尔一直在赔钱。尽管他天生是一个纽约人，但在曼哈顿的经营业务错综复杂，这让他十分发愁。此时，他还在处理州政府给他开出的 14,000 美元的罚款事宜，原因是他忘记为在纽约当地唯一的雇员支付员工补偿。与此同时，这名雇员因为他的送货车没有张贴必要的车辆身份标识，已经累积近 1000 美元的停车罚单。法布尔以为他已经用贴花贴纸解决了这个问题，结果他又吃了几百张罚单。根据纽约法律，车身的行车标识必须采用钢印。为了经营纽约这家分公司，法布尔几乎花光了所有的退休金，现在他必须寻找投资者。他说，20,000 美元，这就是他需要的全部资金，但这笔巨额罚款让他如鲠在喉。"如果纽约政府向我收取这14,000 美元中的任何一笔钱，我就关掉纽约的公司，搬到新泽西去。滚蛋，我去申请破产，一分钱都不给他们，我在他们州雇了一名当地居民，替他们解决就业，他们应该与小企业合作，而不是与小企业对抗。"他说了几句难听话，然后瘫倒在座位上。"我不需要这些破玩意儿。"是时候开车回营地了。

虽然法布尔能够几乎连续几天不睡觉，以极高的效率工作，但日常管理小企业的细枝末节显然不是他的兴趣所在，他只想待在森林里。他情绪的波动来得突然而猛烈，从他放松时所做的事情就可以看出，他是一个十分情绪化的人：去库特奈的荒野雪崩滑道上滑雪，去巴哈马群岛叉鱼。黄昏是他一天中最喜欢的时刻，冬天是他最喜欢的季节。"夏天糟透了。"他对我说，"我宁愿春天或秋天待在山里，冬天最好。"他信步走进一处黑暗寂静的地方，我没想跟着他。我们开车返回森林火烧地，路上车窗外育空粗犷的风景让我看得出神。

我最初的想法是通过采摘蘑菇挣点外快，到目前为止，经过了所有的运货和往返怀特霍斯的旅程，我只采摘了一天，而且是在下午下了一段时间大雨的情况下。星期二，我回到森林灌木丛。这一次，我走了更长的路，试图找到一块蘑菇处女地。我穿过营地后面之前的那片采摘区，沿着水沟一直走到一片宽阔的火烧高地上，在这片火烧高地徒步半英里远，隐约见到前方有一片郁郁葱葱的绿色森林，像热带的海市蜃楼一样闪闪发光——这是远离公路的最佳采摘地。要到达那里，我需要穿过灼热的火烧林地和一片巨大的满是倒下的树木的区域——一派惨烈的景象。环顾四周，这片高地是几英里内最高的地方。大火可能引发了一场风暴，像海啸一样横扫大地，也可能是在树木烧毁之后，大风刮倒了所有直立的东西。不管什么原因，在这片高地之上，树木没有任何保护，森林夷为平地，现在它是横亘在我和我想去的地方之间的巨大屏障，该死。我站在灰烬中，隔着乱糟糟的一堆焦黑的原木看了很久，理智驱使我不得不离开——这是一座坚不可摧的堡垒。不，我会沿着火烧林地的边缘继续前进，而不是贸然穿过那片树的树木倒落区，其他任何做法都愚蠢至极。

　　　　　　　蘑菇猎人：探寻北美野生蘑菇的地下世界

虽然我花了两个多小时才走到高地的另一端，一路上采摘收获不尽如人意，但最终我还是走到了离森林道路至少几英里的火烧林地，立马见到了数量惊人的尖顶羊肚菌。我仿佛听到法布尔在评判这里的蘑菇。雨水虽然帮助传播了羊肚菌的孢子，但也糟蹋了这片羊肚菌。羊肚菌正处于不同的腐烂阶段，几乎所有的羊肚菌都已过了黄金期。眼前是一英亩又一英亩的羊肚菌，在烧焦的土地上，一些羊肚菌簇长出了十几个甚至几十个羊肚菌，密密麻麻地以辐射状向外排列，就像蒲公英上的花瓣。这是一幅令人沮丧的景象——两天前，我可以在这里采到100磅的羊肚菌，现在这里的羊肚菌却成了护根（用以保持水分、消灭杂草的覆盖物，如稻草或腐叶）。走到这里也不容易，风暴甚至波及了未烧毁的森林，到处都是倒落的树木。

　　最后，我不得不接受采摘失败的事实，我只身一人进入炙热的火烧林地，这里的许多树木都被烧成灰烬，留下了可以走过的空地。我不太确定自己身在何处，望着西落的太阳，我大致知道需要往哪个方向走才能返回营地。我有两个装满的篮子和一个半装满的桶——还不到我一半的负重能力。这注定是失败的一天。在我左边方位是树木倒落区，是我要尽量避开的地方。我继续向北前行，突然，我看到炽热的火烧林地中一片巨大的灰色羊肚菌群。它们一小簇一小簇地生长，有些非常大，甚至比土豆还大。它们有两种颜色：灰色和黄色。我曾读到过一种说法，阳光直射可能是导致灰色羊肚菌颜色各异的原因，但这些五颜六色的羊肚菌是在同样的环境和光线下生长的，所以这种颜色上的差异一定是生长年限或基因造成的。但不管怎样，它们的价格一样，比尖顶羊肚菌要贵 1 美元，重量也重得多。一簇十几个羊肚菌，重量可能有几磅或更重。这是我弥补一天采摘失败的机会，我摘下大的灰色羊肚菌，修剪它们的末端，然后在炙热的火烧林地中继续寻找更多的灰色羊肚菌，它们的出现并没有什么规律可循，这一点我也想不明白，我能想到的唯一联系是，它们喜欢在某种落叶灌木长而扭曲的树枝下生长，这让我想起了藤槭的习性。

我装满了四个篮子和一个桶——总共大约有 50 磅重——该打道回府了。我估计自己目前位于营地东南方向大约两英里的地方。向前望去，我感觉自己似乎可以径直穿过灼热的火烧林地，抵达森林道路，然后轻松地走回家。我开始穿越火烧林地，感觉挺容易。我哼着歌，摇晃着手中提着的桶，背包被 4 个篮子装满。6 个篮子更好，不过 4 个也可以。

当我走到第一棵倒下的树旁时，并没有多想。在炙热的火烧地中，遇到几棵死树是再正常不过的事情。走着走着，只见倒下的小树渐渐被倒下的大树取代，很快我就看到一堆层层叠叠搭在一起的死树，像一堵高墙，可能有两层楼高。我恍然大悟：我走进了树木倒落区。周围全是死气沉沉的树木，我怎么这么笨？我已经走得太远，无法回头。我奋力向前，挤在原木之间穿行，或爬过死树，尽力保持平衡，从一棵树跳到另一棵树，直到跳上一棵离地面 10 英尺高的树。我猫着腰穿过一堆烧焦的木头，被一根尖树枝刺伤了。

经过一个小时的艰难行进，我已经汗流浃背，头上的汗水流进眼睛里，眼睛一阵刺痛，但值得高兴的是，未被烧毁的森林的绿色边缘进入了我的视野。最后一道障碍：一座高耸的圆木迷宫。我站在一根圆木上，判断路线是否可行。我看着这些横七竖八的木头，就像登山者研究即将攀登的山峰一样，最终选定了一条路线。我开始攀爬树木，一次又一次地被迫放下驮板，拖过烧焦的树干，小心翼翼地把它放到地上，然后自己从木头堆的狭窄缝隙中爬过去，真是太累了。好不容易钻到森林阴凉处，扔下背包，喝了一大口水，仰面躺在泥坑里休息。15分钟后，我站起身来，看着刚刚挣扎着走过的路，目光落在森林边缘灰烬中两条明显的痕迹上：那是我的登山靴留下的足迹，我终于回到了今天早些时候明智地决定避开树木倒落区的那个地方。

回到营地后，法布尔给我这一天的收获称重。还不错，他说，比其他人采摘的好。我唯一的竞争对手是来自温哥华的一个高个女人玛戈。玛戈40多岁，穿着比基尼，外面套着自制的防蚊网衫，脚上穿着黑色的皮制摩托车靴。法布尔略带钦佩地说："是啊，她还真不赖。"他每磅多给了她50美分。

第二天早上，当法布尔在怀特霍斯接受多伦多多明尼安银行的调查时，我从树林里出来寻找新邻居。一辆噪声很大的柴油皮卡正在倒车，把一辆拖车拖进我们营地旁的空地。皮卡将拖车摆正，然后就开走了，留下两男一女。白色拖车很长，没有窗户，看起来更像一个有肉柜的仓库。当我去树林采摘的时候，营地的人整天都在工作。他们用链锯和电动工具搭建了一个私人厕所，在拖车外搭建了一个有顶棚的门廊，还有一个不断发出噼啪声的大火坑，里面全是烤肉扦。那天晚上，新邻居汤米邀请我去他们家喝啤酒。汤米是塔卡拉印第安人，他的朋友斯利姆是白人，那个女人是汤米的妹妹（可能是斯利姆的女朋友）。他们在拖车门边放着一把锯断的灰熊步枪，还挂着熊铃。"那是给驼鹿用的，"汤米看到我盯着枪，说道，"你在附近有看到驼鹿吗？"我说我们在路边见过很多，他百无聊赖地点了点头。

"这些用来装蘑菇很方便，嗯。"斯利姆说，他们只有桶。

"他们不是采摘者。"第二天早上喝咖啡时法布尔说。隔壁没有人在走动。"一定是溜了。"我甚至没有考虑过这种可能性。在我看来，他们就像一群户外露营者，计划夏天去打猎，顺便采摘一些蘑菇赚点小钱。

"好吧，"他说，"没有车？留在灌木丛里？他们在逃避什么东西。"

每天晚上吃完晚饭，他们在火炉边抽几根烟，然后就躲进拖车里看DVD。他们看起来都很友善。斯利姆每天都穿同样的黑色镂空T恤，他很高兴能和"第一民族"[1]成员结盟，并像获得荣誉徽章一样自豪。我问他关于猎鹿季节的事。"对我来说已经结束了，"他说，"但我支持他，下个月我们就能在《每日电讯报》上钓鲑鱼了。"

"他们可能抢了银行。"法布尔后来说。银行在他的脑海中挥

1　第一民族指加拿大非梅蒂斯人或非因纽特人的原住民，他们是最早遇到欧洲人并与其持续接触、贸易的人。

之不去。他仍处于资金困境，手头的现金远没有预期的那么多。消息传开后，蘑菇猎人成群结队地来到我们的营地，排队出售他们的货物。法布尔花光了所有的现金，还向我借了一些，然后开始给上个星期认识的一些蘑菇猎人写欠条。当然，他不喜欢写欠条。任何事情都可能出意外，如果他明天拿不出足够多的现金，那么麻烦就会接踵而至。然而，蘑菇猎人们却很坚持，他们想要每磅多出一两美元。天色已晚，又来了一辆皮卡，是特林吉特人（美洲原住民，大多居住于美国阿拉斯加州），是个新面孔，他和一个哥们儿在一起。法布尔解释说他没钱了，建议他去附近的另一个买家那里看看。事实上，他从蘑菇猎人们的闲聊中得知，其他买家今晚都打烊了：一家无限期地关门了，另外两家今晚也已经关门了。

"你们这些该死的买家！"那人咆哮道，一副怒不可遏的模样。

"总是想宰人。"

"我没想宰任何人，"法布尔说，"我没钱。"

"是的，我们听说了。"

"我说真的。"

那人跳上他车的后挡板，走到他的篮子旁，弯腰检查蘑菇，然后突然转过身来，他的脸瞬间扭曲，爆发出 200 年累积而成的狂怒。"滚出去! 滚出我们的国家!"墙上"我们的国家"，他没说错，我知道他指的不是加拿大。

法布尔伸出手，向前一跃，说道："我是杰里米，我比其他买家每磅多付两美元。我希望每个人都高兴。"

特林吉特人打量了法布尔一会儿，然后握住他的手，从后车门径直跳到泥土里，嘴里还在骂骂咧咧，然后又回到驾驶位，带着一车今晚卖不了的蘑菇，咆哮着驾车离开了。

到这周结束的时候，法布尔已经把将近 1800 磅羊肚菌运回他的仓库——远少于他期望的 3000 磅，而且离 2000 磅的目标也还差几百磅。但另一方面，他又比竞争对手多 1800 磅，眼下，在美国本土的 48 个州，没人拥有任何数量的新鲜羊肚菌。批发商们争先恐后地给他打电话，想分一杯羹，尽管大部分货物已经被预订一空。

最后一天晚上，我们和来自怀特霍斯的一家人——一对夫妇和他们十几岁的女儿——围坐在篝火旁，他们穿着五颜六色的自制渔夫外套，在篝火上烤香肠串。吃完所有的香肠串后，他们不假思索地把塑料包装扔进了火里：在灰熊出没的地方可以这么做。这对夫妇曾经是嬉皮士，毫无疑问，现在心如止水，返璞归真，即便如此，在这片粗犷狂野的风景之中，他们依然散发着理想主义的气息。他们已经把白天的收获全部卖给了法布尔，但温暖的炉火让他们留了下来，我们一起围坐在篝火旁谈天说地。他们向我们讲述了在怀特霍斯的野生食材生意，计划把大部分羊肚菌晾干，准备在今年晚些时候出售，只要法布尔能给一个更好的价格，他们现在就可以卖掉一些存货。他们的主要收入来自野生蜂蜜和美洲红点鲑（*Salvelinus alpinus*），美洲红点鲑每年都会回到这里的湖中产卵。到了秋天，女儿就要去上大学了，她的名字好像叫塞拉，长得漂亮又健康，原本白皙光洁的脸蛋此刻却沾满了黑烟灰。但她一点也不在意脸上的污垢，用手指抠了抠一只靴子上的小洞，大声问她的鞋子是否能坚持到上学时间。她的父亲说，再卖出几篮子的蘑菇就够买一双新鞋了，法布尔瞥了我一眼。女儿看起来天真无邪，法布尔却说她很粗野，但言语中带着欣赏之情。

玛戈也出现了，这次她穿着裤子，身边有一个女人，头发上戴着红色的大手帕，还有三个孩子——最小的还是婴儿——在卡车的后座上等着，他们的脸上都沾满烟灰，手上脏得不可思议。他们笑着，仿佛这是他们度过的最好的假期。法布尔见到他们很高兴，说道："你们的孩子会永远记住这次经历的。"他边说边和孩子们玩躲猫猫。玛戈和她的朋友给我们带来了特别的东西——泡菜羊肚菌。这是一种罕见的羊肚菌，在西北地区只有火烧林地才有，科学界对这种蘑菇目前还没有定论。和灰羊肚菌一样，泡菜羊肚菌也很结实，由于有三层壁的肉，按体积来说，重量甚至更重，它们的颜色更深，呈现出森林的绿色，需要很长时间才能变干。像灰羊肚菌一样，法布尔支付了额外的钱收购泡菜羊肚菌。

法布尔把最后一个篮子称完重、用胶布粘好、装好货之后，所有人仍在我们的篝火边徘徊，他们舍不得我们走，他们喜欢法布尔多出的一两美元，当然，也喜欢我们营地粗犷野性的氛围。这是一个非典型的蘑菇收购摊位，在这儿，大家除了谈论蘑菇，还会谈论大山和野生动物，以及驯鹿和驼鹿肉质的区别。法布尔收拾好炉灶，给邻居们送了些物资补给，有些东西是不能带上飞机的，比如燃料等。我们与每个人说了再见，彼此交换了电话号码。是时候离开了，我们慢慢驶出营地，车上装满了羊肚菌和露营装备，采摘者们依然站在火堆旁，目送我们离去。

在回怀特霍斯的路上，我开车，法布尔坐在副驾驶位置上。车里又冷又湿，空调开得很大——法布尔还穿着湿衣服。我没提醒他注意感冒，这不是不注意的问题，而是因为没有时间顾及，也没有时间小题大做，即使是半心半意的安慰。整个星期他几乎没睡过觉。在离开火烧林地的路上，我们遇到了一窝熊和两只驼鹿，路边出现了它们模糊的身影。又是奇特的暮光时分，天空在几个小时内变成钴蓝色，然后太阳升起来了。法布尔突然在座位上猛地一跳，认为我们可能刚刚在高速公路上经过了一头熊——一头大灰熊。熊被吸引到高速公路的一边，那里生长着大型绿色杂草。这趟旅程只看到一头灰熊，他很失望，但我什么都没看到。

我开车的时候，法布尔迷迷糊糊、半睡半醒地睡着，一会儿跟我说话，一会儿又自言自语，过了一会儿我也懒得听了。他又进入那种神游状态，这次收购蘑菇并没有令他完全满意，他因此耿耿于怀，已经在谋划下一步的行动。他还不停地咒骂银行，吐槽自己的员工，斥责所有对他推向市场的野生蘑菇品类一无所知的愚蠢之人。这些全都发生在纽约！在他自己的家乡，新世界的美食之都，怎么能全集中到纽约一个地方了？我们驾车行驶到怀特霍斯城外，在一个湖前停了下来，这个湖是他本周早些时候某次独自开车进城发现的。眼前的一切看上去都染上了一层奇幻的深蓝色调——天空、湖水，甚至遥远的湖岸那排渐渐隐没在远处蓝山中的树木。月亮出来了，空气中弥漫着阴凉的寒意。法布尔从愁苦心情中走了出来，我们在车旁脱光衣服，一丝不挂地跑向黑色的沙

　　　　　　　蘑菇猎人：探寻北美野生蘑菇的地下世界

滩。湖水虽然不像高山地区的温度那么低，但也足够冷了，而且浅滩距离很长，要走近将50码才能到达足够深的湖水区域浅潜。我们抓了一把沙砾擦拭腿和胳膊，想要把身上所有的污垢、汗水和鲜血都擦洗干净，当然我们并不奢望完全擦干净身体。擦完之后，我们以同样快的速度跑回车上。纯净的山湖水达到了我们预期的效果，当我们在没有毛巾和新衣服，甚至没有任何干净和干燥东西的情况下擦干身体时，我俩爆发出一阵欢笑，一只脚跳起来，另一只脚也跳起来。我们重新穿上脏衣服，想到我们在育空地区灌木丛中花了整整一周时间寻找蘑菇，最后在一个冻得睾丸萎缩的湖中游泳的荒谬之举，都觉得十分滑稽。

当我们早晨登上离开怀特霍斯的航班时，法布尔已经定下安排。我们在温哥华等行李时，他买了一张往返票。他必须回家过7月4日国庆的长周末——他的父母和姐姐从外地来探望他——他下周二再乘航班返回，并一直待到月底。这一次他要全力以赴，如果有必要，他会买一辆货车。他的一个来自爱达荷州的经销商会带着资金来到育空，投资建一个晾晒工厂，他们两人将联合起来抢占蘑菇市场。

整个7月，其他买家都在重新洗牌，一个买家把货卖给另一个买家，还有一个买家想与法布尔合作，以免在他的采摘者面前"出丑"，因为他给出的价格无法与法布尔的价格相匹配。虽然没有收获法布尔所期望的史诗级烧羊肚菌，但这次的羊肚菌品质也不差。他那位来自爱达荷州的朋友最终还是来了，尽管他们之间没有发展成法布尔想象中的合作关系。"他太生涩了，"法布尔告诉我，

"我得帮他很多忙。"一天晚上，下了一整天的雨后，法布尔提出买下朋友所有的羊肚菌，因为他知道，在运输过程中湿蘑菇会变干，重量会减少 20%。法布尔将羊肚菌直接卖给餐厅，每磅 17 美元，而他的朋友卖给俄勒冈州的批发商，价格要低得多，但他的朋友拒绝了这个提议。"那一周，加元创出历史新高，当时是 91 分兑换 1 美元，如果算上汽油和空运的费用，这些蘑菇在西雅图落地时成本可能要花 10 美元 75 美分。他赔光了所有的钱。"但这还不是全部。"他开始抽大麻，和邻居们酗酒。我 3 点钟回到营地，他还坐在那儿，我跑到树林里可以采 20 磅蘑菇。你必须努力工作，这是你赚钱的方式。我们一起采摘的日子里，他没有一天能接近我的水平。这么说吧，你把烟斗放嘴里，然后忘记它的存在。"

然而，是他的朋友发现了邻居们制造毒品的事情，可能是因为他那位朋友经常去隔壁嗑药。那个叫斯利姆的白人，他们管他叫梅尔·吉布森，除了扎着马尾，他简直和那个演员一模一样。"梅尔·吉布森有关系，"法布尔解释道，"他们在城里卖蘑菇。一天晚上，我坐在货车里，没人从屋里出来，因为已经下了两天雨。我知道他们那里有个冰箱，里面放着冰镇啤酒。我敲了敲门，他们说：'进来吧。'他们不在乎，他们把所有东西都拿出来了。我说：'哦，我很久没见过这玩意儿了。'"邻居们在他们没有窗户的拖车里制造可卡因。

后记　家人之死

　　我后来再见到道格是在秋天，他有了一个新朋友——一条叫巴迪·拉普的杂种狗，他淡季在密歇根挖掘坡道时发现了这条狗。巴迪是吉娃娃和杰克罗素犬的杂交品种，长着棕色和黑色相间的浅毛，眼睛凸出。道格开车带着它去采摘地，漫长的车程中他让小狗蜷曲在他的腿上。他说，尽管没有钱买枪，但他仍然计划买一把。他向我保证，携带枪支也不会改变他面对危险时的行为，他想让我明白，他别无选择。道格说："就像冬季采摘一样，不到迫不得已，我是不会和别人拼个你死我活的。法律规定，在开枪自卫之前，你必须选择合理的逃跑路线，我们做了正确的决定，但我还在收拾行李。"

　　十一月中旬，奥林匹克半岛的白昼短暂而潮湿，即使在像今天这样阳光明媚的早晨，踏入树林犹如走进洗车场。道格有些心烦意乱，因为我想采摘像黄脚鸡油菌和猴头菇这样的冬季品种。他的猴头菇每磅卖到7美元，比鸡油菌的价格贵了一倍，但今年不是猴头菇年，他怀疑我们能否找到足够多的猴头菇支付汽油费。今年黄脚鸡油菌可能产量会高一些，这让他兴奋了一点。"我们就把今天当作一个侦查日吧。"他预计今天的收获总体上不太好，甚至会有点糟糕。

我们驾车到达一个他称为"应许之地"的地方，并无讽刺意味。我们沿着一条颠簸得让人头晕的伐木道路行驶，穿过一片遭到严重砍伐的森林地带，这里的大部分土地现在归属于一家不动产开发与林地管理公司——雷欧尼尔。在近一个世纪里，这片位于太平洋边缘的广袤森林遭到工业砍伐，不断被夷为平地，砍伐的轮转时间越来越短，森林变得越发拥挤不堪，除了适合乌鸦等食草物种栖居，大部分野生动物几乎无法在这里生存。但是！道格猛踩刹车——一只貂正在横穿道路，它停下来看了看我们，然后又飞快地溜回灌木丛。"嗯，很酷，不是吗？"道格说。"天气正在好转，我们今天可以轻松点儿，我们走铁轨坡道。"这些是蒸汽机和铁路伐木时代的旧铁路线路，因为它们没有标记，所以你必须知道它们在树木年岁不齐的用材林中处于什么位置。多年来，道格在狩猎马鹿时发现了它们，尽管大部分铁轨坡道因修路或被森林植被覆盖而消失，但仍有一些痕迹留在树林中——平坦、宽阔、凸起的道砟可以让人方便地穿过次生林和沼泽地。古老的道砟砾石上布满苔藓，在森林中自发形成一个堪比农业灌溉系统的水系，森林中的蘑菇得以茁壮成长。

　　我们带着桶满怀期待地离开"蓝猪"，这时，巴迪·拉普悲伤地叫了起来，"巴迪不喜欢独处。"道格说。我们沿着铁轨坡道前行，道格很兴奋。我采摘冬季蘑菇的想法其实并没有那么糟糕，这里以生长在腐烂的雪松沼泽中的猴头菇和黄脚鸡油菌而闻名，但我们在坡道边缘无意中发现了一只晚熟的松茸。道格高兴地对我说："你不像看起来那么笨嘛。"每当他发现小路两侧的青苔上

　　　　　　　　　蘑菇猎人：探寻北美野生蘑菇的地下世界

隐约露出白色菌盖，就会假装摇铃，然后从沙巴和越橘的灌木丛中挖出他的战利品。他小心翼翼地在蘑菇周围挖，在不弄断菌柄的情况下拔出蘑菇。挖的过程中经常会发现附近还藏着另外两三只蘑菇。虽然我尽了最大的努力搜寻松茸，但道格采松茸的速度比我快多了，最后他让我走在他前面，即便如此，大部分松茸还是他找到的，只听到他一遍又一遍地假装摇铃。每当有一个新发现，他的情绪就会高涨起来。因为是季末，最近这几天松茸的价格涨了。"我们今天赚钱了！"他在树林里唱着歌。"今天收获不错，每个人都要挖满满一桶！"很快，道格就采到一篮子多的 1 号和 2 号松茸，有的比我拳头还大，可能有半磅重。"那是一只 10 美元的松茸。"我说着，兴奋之情油然而生。

道格小心翼翼地把它拿在手里翻来覆去查看。"你可能说得没错……"

午餐过后，雨又开始下了。我们结束一天的行程，走了很远的路离开应许之地，从莫克里普斯南部离开森林，那附近有一个阿罗哈酒馆，我们决定去那儿喝一杯。道格说，自从他不做伐木工以来，已经有 8 到 10 年没踏进过这个酒馆了。我喝了杯啤酒，给道格买了一瓶百事可乐。今晚是花生之夜，我们从吧台的红色塑料篮里抓了几把花生吃，边吃边欣赏墙上的画。这些画的时间可以追溯到 1982 年，也就是从那年开始，好日子到头了，经济每况愈下，"西点林鸮"突然出现在公众视野中，那场声势浩大的环保运动给森林开发画上了休止符。在这些画作中，其中一幅叫作《挖蛤蜊的甜心》，画中一个女人手里拿着铁锹，俯身靠近一个蛏子洞，丰满的胸部从紧身上衣里呼之欲出，脸上挂着轻佻的笑容。"我们以前的 T 恤上也有这种图案。"道格说。在另一幅画的顶部，有"摇鼠"几个字，这幅画画的是黎明时分，一只穿着红色背带服的调皮小老鼠，背着一堆木瓦，正在拉电锯。一个卡通版的太阳露出惊讶的眼睛，从地平线上冉冉升起。"你知道老鼠为什么把链锯上的软管放在一桶水里吗？"道格问酒保，酒保不知道，酒吧里的其他人也不知道，道格觉得难以置信。"这是一个消声器，"他解释道，"他整晚都在偷听别人。"酒保想了一会儿，研究了一下酒吧后面墙上的画，然后转过身来面对我们。

"他是一个小偷！"

道格喝完可乐，冲我眨了眨眼，我们买单离开。"这样他们就有话可聊了。"他说。不过，他的好心情并没有持续多久。道格现在有了一部手机，这是他的第一部手机。在回霍奎厄姆的路上，他接到了法布尔的电话，法布尔说从海岸运过来的松茸大部分都感染了帽虫。"我知道了。"道格对着电话说。"我估计有百分之五十。"一阵沉默之后，"百分之三十？好吧，听着，你想怎么评级就怎么评级吧，我无所谓。实在不行，我就把它们送人，我才不在乎呢。"我还没来得及提出异议，道格就把电话递给了我，他的话说完了。"那批松茸都是垃圾，"法布尔对我说，"在阿伯丁，他们收购价是每磅 10 美元，而对于无虫松茸，我可以支付每磅 20 美元。"

天色已晚，几近全黑，雨也已经停了。在莫克里普斯路，我们与道格的一个朋友擦肩而过。道格开着他的别克车转了一圈，最

蘑菇猎人：探寻北美野生蘑菇的地下世界

后停在一辆后挡板有凹痕的福特皮卡旁边，那台车上用铁链锁着一个大氧气罐。"那是用来切割钢材的。"道格解释道。道格和他那位朋友是在一起打杂时认识的，道格还没来得及开车门，一个黑发、身材似消防栓的家伙就大步向我们走来，一边竖中指，一边做着鬼脸。"我的钻石呢？"

道格待在车里回答说："客气点。"

那人敲了敲道格关着的窗户。

"规矩点！"

我开始认为他可能会打碎玻璃，这时两个人爆发出一阵大笑，道格走出车门和他握手。

"你的钻石在我家里。"

"已经有买家排队了。"那人用低沉的喉音说话，似乎他最近刚做过咽喉或胃部手术。

"已经？"

"现金。"

"那你为什么不给我打电话呢，伙计？"

"你从来不接电话。"

"什么，这破玩意儿？"道格把手机扔到汽车地板上，"我不太喜欢这种高科技设备，怎么你最近好吗？"

"很好，想去打猎吗？"

道格看了看我，又看着他的朋友。

"我开玩笑的，伙计。河边桥下有好多鲑鱼，密密麻麻的，昨天我们钓了十六条。"

"不会吧？"

"是的。"

就这样，我们叫上他，掉转车头前往河边去钓鲑鱼，结果发现莫克里普斯河的水位太高，浑浊不堪，从当天下小雨开始就已经不适合钓鱼了，道格只好向他的朋友挥手告别。道格告诉我那人是无证非法驾驶，因为体检不合格，州政府没收了他的驾照。之所以要求体检，是因为他在一次狩猎事故后一度瘫痪，康复后依然不能正常转头。他身上也发生过一连串与杰夫在海上濒临死亡的经历相当的怪异事件。这家伙曾经射杀一头熊，然后设法用绞盘把熊从峡谷中拖出来，由于线缆断裂，他意外被撞飞，巨大的冲击力使他的脖子严重受伤。

当道格把车开进霍奎厄姆的格兰德大道时，天已经黑了，我把车停在那里。巴迪·拉普在他的腿上睡着了。我想把20块钱的油钱塞到雨刷片下面，但我还没说完他就打开了雨刮器。雨刷唰唰唰地响，我只好把钱装回口袋。他放下车窗。"我通常一个人摘蘑菇，我喜欢独处，但在树林里有人做伴也挺好的。"说完，"蓝猪"嘎嘎地向南驶去。

在这一季的季末，我在加州又遇到了道格。天气变好，太阳出来了，我沿着海岸的一条小径去探险。当我回到营地和我们约定的见面地点时，天色已晚。最后半英里的路，我打着手电才走回来。道格坐在车里，引擎还开着。我敲了敲车窗，引得巴迪·拉普狂吠不止，它露出尖牙向我扑来。道格做了个手势，示意我绕到车的另一边去，他从座位上探过身子，摇下了副驾驶的车窗，说道：

"驾驶座的车窗摇不下来了，车门也打不开。""蓝猪"快要趴窝了。"她对我很好。"他用手拍了拍仪表盘，"我可能需要你跟我一起出去一趟。"

第二天，我们决定在"迷失海岸"挑一块道格最喜欢的采摘地。我们爬过一个又一个山脊，穿过茂密的丛林，每到一处道格会环顾一下四周，然后摇摇头，"就在这附近的某个地方"，他会说，或者"再过一个山脊就到了"。为了寻找这一小块地，多耗费的时间会减少他此行的收入。当然，我们还有很多容易找到的采摘点，说不定可以挽回这一天的损失。但道格决心要找到这一小块采摘地，他称它为"最正点的黑土地"。然而，我开始意识到，这根本是另外一回事，它就像季节的流逝或一个生日，回到这片多年来一直给予他大自然馈赠的地方，只为标记岁月，也是将自己的生命置于时间连续体中。这片采摘地位于一个偏远的森林水系附近，很少有人来到这里采摘蘑菇。据道格说，他是唯一一个来这儿采摘的人。再回到这儿采摘，只是为了展示自己超凡的蘑菇采摘技能。在某种程度上，法布尔是对的，道格不再把蘑菇采摘当成工作，他只是在参演一出古老的戏剧。

我又何尝不是如此？每次我们停下来评估形势并决定走哪条线路时，我都是根据自己窥视蘑菇文化的幕后学到的东西提出建议。现在，面对眼前的风景，我有了"看山不是山，看水不是水"的感觉，我会观察地形的褶皱、地下水的渗出、树木组成的变化，我甚至了解某种啄木鸟的存在可能意味着栖息地的变化。大自然的这些细微差别——各种微小的细节叠加在一起，在浩瀚寒冷的宇宙中创造了生命的奇迹——在我眼中被放大。我建议沿着朝北的斜坡走，因为那里更潮湿，会有更多腐烂的北美圆柏。

"好主意，"道格说，"你现在越来越像一个真正的蘑菇猎人那样思考了。"

那天晚上，我们走到一个僻静的小海湾，见到商业渔民把他们在海滩上撒下的渔网收起，再扔回海堤——这种捕鱼方式几百年来几乎没有太大改变——我们赶在一场可怕的风暴从北方袭来之前驶离了迷失海岸。预报说，高山地区将会有洪水和破纪录的降雪来袭，到时山路会变得泥泞不堪，如果我们现在不走，可能就出不去了。我们顶着倾盆大雨在北美圆柏溪露营。第二天，我向道格告别，他需要把采到的蘑菇和豆瓣菜带回西雅图，而我计划在雨中的北美圆柏林下徒步旅行。说实话，我在暴风雨中徒步时，可怕的狂风呼啸着吹过这些侏罗纪时代就存在的高大树木的树冠，地衣球被风吹得在地上乱滚，"寡妇制造者"[1]像标枪一样掉落在我周围。尽管我知道应该掉头撤离，但风暴中挺立的北美圆柏林令我振奋不已，我继续往前走，路过一根连根拔起的树桩，巨大的树桩可以遮蔽好几户人家，还有横空飞来的树枝，大得像电线杆。每一条小溪、每一条季节性的河床、每一条地缝，都溢满了水。走了几英里，在穿过一条小路时我遇到一位护林员，在她的催促下，我转身匆匆往回走。地面上水汩汩地流着，水声四起。在

---

1 "寡妇制造者"是美国林木行业的一个术语，指脱落或断裂的树枝或树梢，这类物体掉落在林区工人身上会导致他们死亡。

停车场，我的车周围积了一个深水坑，出去的道路变成一条浅河。我开到北美圆柏树高速公路，然后转向东驶去。水从山上倾泻而下，流过公路。人们聚集在史密斯河上的桥上，观看峡谷中咆哮肆虐的河水，如同山间激流一样，将荒野和文明的碎片带向大海：树木、沙发，以及任何阻挡物。

在穴纽市以南、加州边境遥远一侧的某处，我的手机有了信号，手机上立刻出现这些提示信息：五个来自道格的电话，另外三个我认出是道格哥哥的号码。道格一直没能回家，他的车在路边抛锚，就在格兰特隘口北面的一个有"散热器杀手"之称的山脊上。格兰特隘口是一条起伏的高速公路带，你会看到长途卡车司机特意放置在路肩上的加仑水罐，他们知道行驶在这段路上，时不时需要给刹车浇水降温。水，似乎不是太少，就是太多。

当我在城郊的"牛头狗"汽车修理公司找到道格时，他也差不多结束了 24 小时的煎熬。前一天把他的蓝猪停在路旁一个检查刹车的地方，在车里睡了一晚。一定是有人汇了钱请人把他的车拖来修理了，这人会不会是他哥？道格似乎更担心他的蘑菇和野菜，而不是他自己的安全。我耳边又回响起法布尔对道格的告诫：我告诉过你不要去加州，你没钱不说，还开着一辆破车。对于像道格这样不喜欢被人颐指气使的人来说，这反倒刺激他去加州采摘。

"你在这一带看到很多采蘑菇的人吗？"我问机修工。

"没有，当然没有。"他和道格交换了一个会意的眼神。

"不过，地上倒是长出了一些不错的蘑菇朵儿。"道格说。他打开副驾驶的车门，俯身穿过车门上的破胶条滑进驾驶座。"我不能迟到，"他说，"这周有我今年最重要的生意。"他正在换一副新牙。

我开车跟着他的车出城，直到我确信蓝猪可以翻过山头。我超过他的车，按了两下喇叭，然后沿I-5号公路向北返程回家。

几周后，我接到了法布尔的电话，他问我最近是否有道格的消息。事实上，我确实有他的消息。就在前一天，道格从某个偏僻的地方给我打了一个电话，听起来他心情不错。"是的，好几架新的直升机。我还换了药物。我们在尝试新方法。到目前为止，一切顺利。嘿，这玩意儿真的很酷，"他说着，转移了话题，"你会很喜欢这个的，我正在用我的新摄像机……怎么说来着？我们在这儿记录古老的历史遗迹：印第安鲑鱼堰和废弃的铁路栈桥，还有老铁路坡道。"这台相机是他的一个兄弟送给他的圣诞礼物。我告诉他，我认为这是一个值得做的工作，因为他比任何人都清楚属于那个几近消失的时代的历史文物大多隐藏在何处。

法布尔想了一会儿，然后告诉我，他打算开车去加州住几天，花一天时间采摘喇叭菌，然后再花一天时间采点荨麻。这将是一趟极速采摘之旅。"你不会相信蘑菇价格如此之低。"他说，喇叭菌的价格降到了每磅两美元。"我想我应该给道格送点钱，但他不回我电话。"

"也许他不在乎钱。"我说。

法布尔现在主要和东南亚人打交道，他需要更多的野生蘑菇维持纽约业务的运转，而东南亚人还比较靠谱。一天晚上，我看到他在桑家给蘑菇评级。比尔是一个放荡不羁的人，他是最后一批还出售蘑菇给法布尔的白人采摘者之一，他带着几篮牛肝菌王出现了。他说自己正被通缉，美国国税局因为他逃税而追查他。"不许拍照。"他告诉我，看到厨房柜台上放着我的相机。见道格没有出现，他松了一口气。"他想揍我一顿。"

"你说道格？"

"我们以前一直在一起采摘蘑菇。"

比尔的女友插嘴说："比尔给杰里米采摘了海豆，道格为此大发脾气。"

"他向所有人公开了我的采摘点。"

我问比尔，自从他们闹翻以后，他有没有碰到过道格。

"在加油站碰到过。"比尔的女友说，一个头发乌黑的高个女人。

"结果怎么样？"

"不怎么样。他对我狂吼，骂很难听的话。"

"别以为比尔清白，"法布尔插嘴说，"别以为他完全清白。我没有偏袒任何一方，你知道的。"

比尔讲述了他们在邻近地块采摘时相遇的故事。"道格是个大块头，"他说，"我必须在朋友和敌人之间做出选择。我选择了朋友，但从那天起，我在自己的地盘上做任何事，最后都搞得一团糟。你采的蘑菇比他多，他很生气。他是个很会采摘蘑菇的人，是我认识的人当中最好的。我在蒙大拿州或爱达荷州，在索图斯荒野或其他地方时，我觉得很安全，不用担心会碰到他这个大块头。他告诉我，当我遇到他的时候，我最好打包走人，我们两个只有一个人能出来。道格还猎捕马鹿，我知道这附近有鹿群，你得跑得比它们快才能追得上。他在灌木丛中追赶鹿群，直到它们停下来，他又开始追赶，他会一直跑，直到追上它们。我可不想成为那些马鹿中的一员。"

法布尔打断他说："我是来买蘑菇的。我不会说比尔好，我也不会说道格好。他们都有错，但比尔没有威胁。他可能很笨，但他对我没有威胁。"

"如果你和这家伙混得够久，"比尔看着法布尔说，"你就会知道，每个人都是智障。"我最后一次看到道格和法布尔同时出现是在西雅图的一个葬礼上。法布尔的前女友，同时也是他在"觅食和发现"的创始合伙人——克里斯蒂娜·崔，在接受脑动脉瘤手术后出现并发症，意外去世，年仅 34 岁。法布尔和道格也随后散伙，我们也分道扬镳。"荨麻镇"餐厅经营时间虽然很短，但口碑很好，几个月前关门休业，崔说她很累，这让她朋友和家人都感到很困惑。几个月来，她一直觉得身体极易疲惫，她去医院检查身体之后，马上就被安排手术。虽然每个人都知道这手术有风险，但没人料想到崔竟然因手术离世。

道格穿着常穿的连帽运动衫、牛仔裤和工装靴参加追悼会。教堂里挤满了来自镇上各家餐厅的行业人士。法布尔作为引座员帮忙在门口迎接前来悼念的宾客。马特·狄龙穿着三件套西装参加追悼会，他曾在医院担任保安，所以也帮忙引导人流。我们坐在教堂的长凳上，听着唱诗班空灵的歌曲。道格坦白说，崔的英年早逝严重动摇了他笃信上帝仁慈的观念。

在后来的追思会上，幻灯片展示着崔生前快乐时光的影像，许多照片中都有法布尔和崔的身影——野外露营、徒步旅行、采摘蘑菇。崔那双明亮的眼睛照亮了整个房屋。法布尔的父亲从纽约飞来参加追思会，他看着儿子。"我一直以为你们俩……"他没能把话说完，大家都郑重地点点头。法布尔走过去拥抱了崔的其中一个妹妹。

在开放麦克风环节，大家依次上台发表对崔的追思和感言，环节即将结束之前，道格步履蹒跚地走上讲台。"我是一个蘑菇采摘者，"他开始说，"我就是这样认识克里斯蒂娜的，她也是一个蘑菇采摘者。有一次，杰里米和我从加州采完蘑菇回来，那天是杰里米的生日。克里斯蒂娜打电话来祝他生日快乐，并告诉我们有个地方可以买到便宜的肋眼牛排。"哦。我知道是怎么回事了，我试图引起法布尔的注意，但他在房间后面。道格继续说道："那是一块非常美味多汁的牛排，只花了大约5美元。另一件事是，当我们在吃这美味的牛排时，有几个女孩在我们的桌子上跳舞，很酷吧？"在场的所有人都笑了起来。道格最后讲了一个故事，崔有一次让他不要对自己的蘑菇地点表现得那么有领地意识。"你们知道吗，她是对的。我也问了自己同样的问题。为什么我对自己的蘑菇地点那么有领地意识？我有数不清的蘑菇采摘地点，那又如何？为什么不能与他人分享生活中的美好事物呢？她就是这样的人。"当他回到餐桌旁时，我看到他眼中饱含泪水。他俯下身来，几乎带着歉意小声对我说："我什么都没准备。我站在那里之前，都不知道自己要说什么。"

"你说得很好。"我对他说。

追思会结束后，大家继续前往狄龙的"巨云杉"餐厅。道格虽然捉襟见肘，但他还是从海边带来了马鹿里脊肉和一蒲式耳[1]首长黄道蟹。现在，厨房的工作人员正忙着为宾客们准备晚餐，而狄龙则用拥抱和酒水迎接每一个人，其中有些人已经好几天没合眼了。客人们争相品尝崔的私房腌制野生蕨菜，他们知道以后再也尝不到这么美味的食物了。这个夜晚，大家聚在一起怀念共同的好友和同事。几个月后，狄龙将前往纽约参加一场庆典活动，他将与几位世界级的烹饪大师同台献艺，并获颁詹姆斯·比尔德西北最佳厨师奖。但今晚，他只是一名凭借自己多年的烹饪经验为大家提供美食的厨师。崔的生前闺蜜们涂着睫毛膏，衬衫也没掖好，在厨房柜台前排队取餐，无论发生什么，人总得吃饭，的确如此。她们听完一个笑话或一个故事，会不由自主地笑出声来，然后又转过头去，再次热泪盈眶。法布尔和道格显得疲惫不堪，他们站在后面的角落里，蘑菇买家和采摘者们像老朋友一样谈论着未来几周的事情。这就是你要做的：将美好的时光铭记于心，然后向前看。野生蘑菇永远不会消失。现在是1月，又到冬季采摘的时候了。

---

1 蒲式耳（bushel）为英美制容量计量单位，在美国，1蒲式耳 = 35.238升。

致谢

从古至今，蘑菇采摘就是一项十分隐秘的活动，所以我要感谢全美各地的蘑菇采摘者们，包括商业蘑菇猎人和业余蘑菇猎人们，正是他们打破行业壁垒，让我一窥不为人知的地下蘑菇世界。首先，同时也最重要的是，我必须承认，我不可能再找到比杰里米·法布尔和道格·卡内尔更加经验丰富、友好和善的北美"蘑菇"向导了，他们毫无保留地与我分享他们的行业秘密，我衷心感谢他们。马特·狄龙放下忙碌的工作，从大厨的视角向我展示了他非凡的蘑菇烹饪技艺。克里斯蒂娜·崔与我分享了很多生活乐趣，她的音容笑貌贯穿本书，我们深深怀念她。我还要感谢戴维·阿罗拉、杰克·查尔内茨基、玛丽·埃伦·盖斯特、埃里克·约翰逊、乔纳森·朱莉娅、杰夫·莱西、桑芬·恩汉胡安、亚伦·沙尔、莱斯利·斯科，以及托尼·威廉姆斯，感谢他们带我进入他们的蘑菇世界，同时，我也要感谢其他许多与我分享蘑菇采摘地点、蘑菇营地，和我交流谈心的蘑菇采摘者和蘑菇买家们，谢谢你们。

我的经纪人丽莎·格鲁布卡是本书第一位忠实支持者，也是我最好的督工。瑞恩·多尔蒂（又名"忍者编辑"）以他春风化雨而又持之以恒的方式督促我将手稿反复修改。非常感谢两位一直以来的悉心指导——愿你们的橱柜里永远都装满蘑菇。感谢兰登书屋团队：埃文·坎菲尔德、马克·马奎尔、凯西·洛德、芭芭拉·巴赫曼、奎恩·罗杰斯和格雷格·库比。同时，我还要感谢凯特·罗杰斯为我指明写作方向。

　　还有许多人也为本书提供了十分中肯的意见和建议。我亲爱的朋友斯文贾·索尔多维里为我提供了一个温馨舒适的圣达菲小屋，让我安心写作，他还认真阅读我的手稿，并在我写作疲惫之时，为我安排欢乐的休闲活动，并送上一杯玛格丽塔酒。玛丽·斯迈利和乔纳森·弗兰克慷慨地与我分享他们寻找野生蘑菇的宝贵经验。史蒂夫·杜达给我提供了东欧野生蘑菇的视角。我很幸运多年来能与几位杰出的导师共事，衷心感谢杰伊·帕里尼、约翰·埃尔德、戴维·班、萨利·圣劳伦斯、劳拉·卡尔帕基安和凯瑟琳·科伯格的指导与垂范。同时，我也衷心感谢 Artist Trust 和 4Culture 两家组织在我实地考察和旅行的关键阶段提供资金帮助和必要支持。

　　最后，我要感谢我的妻子玛莎·西拉诺，以及我们的孩子莱利和露比，如果没有你们，我一定会迷失在荒野之中。

推荐书目

Amaranthus, Michael P. *The Importance and Conservation of Ectomycorrhizal Fungal Diversity in Forest Ecosystems: Lessons from Europe and the Pacific Northwest.* U.S. Department of Agriculture, 1998.

Arora, David. *Mushrooms Demystified.* Ten Speed Press, 1986.

———. *All the Rain Promises and More.* Ten Speed Press, 1991.

Arora, David, and Glenn H. Shepard, Jr., eds. *Economic Botany* 62, no. 3 (2008).

Bone, Eugenia. *Mycophilia.* Rodale, 2011.

Hosford, David, et al. *Ecology and Management of the Commercially Harvested American Matsutake Mushroom.* U. S. Department of Agriculture, 1997.

Kuo, Michael, et al. "Revision of Morchella Taxonomy." *Mycologia* 11–375 (2012).

McLain, Rebecca J., et al. *Commercial Morel Harvesters and Buyers in Western Montana: An Exploratory Study of the 2001 Harvesting Season.* U. S. Department of Agriculture, 2005.

Molina, Randy, et al. *Biology, Ecology, and Social Aspects of Wild Edible Mushrooms in the Forests of the Pacific Northwest: A Preface to Managing Commercial Harvest.* U. S. Department of Agriculture, 1993.

Molina, Randy, and Pilz, David. "Commercial Harvests of Edible Mushrooms from the Forests of the Pacific Northwest United States: Issues, Management, and Monitoring for Sustainability." *Forest Ecology and Management* 5593 (2001).

Money, Nicholas P. *Mushroom.* Oxford University Press, 2011.

Parks, Catherine G., and Craig L. Schmitt. *Wild Edible Mushrooms in the Blue Mountains: Resource and Issues.* U. S. Department of Agriculture, 1997.

Pilz, David, et al. *Ecology and Management of Commercially Harvested Chanterelle Mushrooms.* U. S. Department of Agriculture, 2003.

Pilz, David, et al. *Ecology and Management of Morels Harvested from the Forests of Western North America.* U.S. Department of Agriculture, 2007.

Schaechter, Elio. *In the Company of Mushrooms: A Biologist's Tale*. Harvard University Press, 1998.

Schlosser, W. E., and K. A. Blatner. "The Wild Edible Mushroom Industry of Washington, Oregon and Idaho: A 1992 Survey." *Journal of Forestry* 93, no. 3 (1995).

Stamets, Paul. *Mycelium Running*. Ten Speed Press, 2005.

Tsing, Anna. "Beyond Economic and Ecological Standardisation." *Australian Journal of Anthropology* 20 (2009).

Witta, Amy L., and Tricia L. Wurtz. *The Morel Mushroom Industry in Alaska: Current Status and Potential*. Institute of Social and Economic Research, University of Alaska Anchorage, 2004.

译后记

　　从商务印书馆的雏华编辑手中接到本书的翻译任务，一开始我的内心是忐忑的，虽然已经出版过好几本译著，但这毕竟是我第一次翻译自然文学类书籍，加之商务印书馆是我心目中殿堂级的出版社，我担心自己"译力"不够深厚，生怕不能够给读者呈现一本好的译著。雏华编辑给予我莫大的信任和鼓励，同时提供了诸多宝贵的参考资料，为此我废寝忘食、抓耳挠腮了半年多，总算将译文初稿捣鼓出来，之后又与雏华编辑反复交流和沟通，认真推敲和打磨，期间译稿经历了多轮修改润色，甚至本书排版完成之后，我们还对译文进行了不少修订。在译著即将付梓出版之际，雏华编辑提议我撰写一篇译后记，谈一谈翻译此书的心得体会，我欣然接受。的确，译文篇幅再大，终究是传达原作者的文字与思想，就像把自己的头脑租借给别人，因此写一篇译后记还是值得的，哪怕简单几句也好，这样才算把头脑又收归自己。

　　首先要说的是书名。原书英文名是 *The Mushroom Hunters: On The Trail of an Underground America*，直译为《蘑菇猎人：北美野生蘑菇的采摘之路》，思索再三，意译为《蘑菇猎人：探寻北美野生蘑菇的地下世界》（以下简称《蘑菇猎人》）。"地下（Underground）"是书名的点睛之词，我琢磨有两层含义，一是明指野生蘑菇的生长环境，二是暗指北美野生蘑菇贸易多为地下交易，与雒华编辑多番讨论后，最终确定了读者现在看到的书名。

其次要说的是作者兰登·库克（Langdon Cook），他做过记者、编辑，在传统媒体和新媒体都有过工作经历，目前是一名全职作家。他和家人住在西雅图，在当地教授野外觅食和家庭烹饪课程，为西雅图杂志撰写专栏，并为各种纸质和网络媒体撰写文章和随笔。他的作品涵盖野生食物、觅食、博物学、环境政治、户外运动、冒险旅行等主题，他尤其对那些在田野和厨房都如鱼得水的角色，那些生活在食物和自然交会处的、具有传奇色彩的人物感兴趣。

再次就原书本身说几句吧。《蘑菇猎人》是作者的第二部作品，讲述北美大陆上把野生蘑菇从山野森林带到餐饮消费市场上的男男女女，他们中的许多人或是来自战乱国家的难民，或是来自欠发达国家的移民。为了获得第一手的资料、亲身体验蘑菇猎人的工作与生活，兰登·库克融入野生蘑菇采摘者的亚文化流动群体——一个由野外觅食者组成的隐秘联盟，他们全年沿着"蘑菇采摘之路"采摘并出售野生蘑菇，以此为生获取报酬，而这些采摘来的野生蘑菇最终落入北美各地大大小小餐厅的盘子中。蘑菇是人类最后的自然野生食物之一，在北美，一些亚文化群体都是围绕着蘑菇的生命周期组织起来的。书中的故事发生于一年中的若干个蘑菇采摘季，围绕三个主要人物讲述他们的成功与失败：一位前伐木工人，他想通过采摘野生蘑菇支付生活开销，远离困顿；一位曾经是餐厅厨师的蘑菇经纪人，他想建立自己的蘑菇生意；

一位北美餐饮界赫赫有名的厨师，他采摘野生蘑菇，仅仅是为了维持自己与土地的联系……谜中有谜，事中有事，似假非假，似真非真，不相连而又相连，不离奇而又离奇，不可理喻而又可理喻，不置可否而又置可否。他们身上发生的故事揭示了野生蘑菇作为关键物种和文化图腾的重要性，更重要的是，蘑菇的命运在很大程度上与他们的命运息息相关。为了写作本书，作者跟随蘑菇猎人走遍北美野生蘑菇采摘地点，探访知名的自然美食餐厅，从西雅图到育空地区，从加利福尼亚州到俄勒冈州、密歇根州、蒙大拿州、科罗拉多州和纽约，再到美加边境的不列颠哥伦比亚，到处都留下他的足迹。

《蘑菇猎人》一书曾获得 2014 年太平洋西北图书奖。《华尔街日报》评论："库克在书中的每一页都呈现出了如电影般的生动场景。"《华盛顿邮报》评论："《蘑菇猎人》以新鲜而锐利的视角揭秘了为这片鲜为人知但竞争激烈的美食自留地……这是一次与一群粗犷不羁的蘑菇猎人在森林中的奇妙漫步。"的确，作者兰登·库克在《蘑菇猎人》中淋漓酣畅地发挥了他创作故事、驾驭虚实、挥洒文字的气势与才华，以淡定的、洗练的、诙谐的、富有现代知性理性感性的笔触与口吻，诗意绵绵地讲述了蘑菇猎人的传奇经历，揭示了在荒野和商业之间运作的亚文化，他深知如今的每一口野生食材背后或许都隐藏着一个光怪陆离、匪夷所思的故事。他不仅与他所写的那些鬼鬼祟祟、神神秘秘的人物一起探险，还驾驶着汽车在森林道路中一路狂飙，也许，当你读完《蘑菇猎人》，再也不会用以前的眼光看待野生蘑菇。诚然，这本书不仅仅是关于野生蘑菇，它还探讨了人类行为、经济学、食物、社会和自然，读者将了解到不少有关美国经济和社会结构的知识，同时还能从美食和蘑菇的故事中得到娱乐和启发。

最后想说的是，我此刻心怀感激之情，感谢商务印书馆，感谢作者，感谢雒华编辑，感谢所有为此译著的出版辛勤付出的工作人员，感谢我的家人和朋友，也感谢我自己。由于本人水平有限，书中译文难免存在不够信达雅之处，欢迎各位读者批评指正。

周　彬

2023 年 3 月于广州越秀

魔豆——大豆在美国的崛起
马修·罗思 著　刘夙 译

荒野之声——地球音乐的繁盛与寂灭
戴维·乔治·哈斯凯尔 著　熊姣 译

昔日的世界——地质学家眼中的美洲大陆
约翰·麦克菲 著　王清晨 译

寂静的石头——喜马拉雅科考随笔
乔治·夏勒 著　姚雪霏 陈翀 译

血缘——尼安德特人的生死、爱恨与艺术
丽贝卡·雷格·赛克斯 著　李小涛 译

真菌的秘密生活
罗伯特·霍夫里希特 著　孙驰 梁丹丹 译

苔藓森林
罗宾·沃尔·基默尔 著　孙才真 译 张力 审订

寻找我们的鱼类祖先——四亿年前的演化之谜
萨曼莎·温伯格 著　卢静 译

杂草、玫瑰与土拨鼠——花园如何教育了我
迈克尔·波伦 著　林庆新 马月 译

三叶虫——演化的见证者
理查德·福提 著　孙智新 译

蘑菇猎人——探寻北美野生蘑菇的地下世界
兰登·库克 著　周彬 译

图书在版编目（CIP）数据

蘑菇猎人：探寻北美野生蘑菇的地下世界 /（美）兰登·库克著；周彬译.—北京：商务印书馆，2023
（自然文库）
ISBN 978-7-100-22778-0

Ⅰ. ①蘑…　Ⅱ. ①兰…　②周…　Ⅲ. ①野生植物—蘑菇—北美洲　Ⅳ. ① Q949.3

中国国家版本馆 CIP 数据核字（2023）第 146157 号

自然文库
蘑菇猎人：探寻北美野生蘑菇的地下世界
〔美〕兰登·库克　著
周　彬　译

商 务 印 书 馆 出 版
（北京王府井大街36号　邮政编码100710）
商 务 印 书 馆 发 行
北京中科印刷有限公司印刷
ISBN 978 - 7 - 100 - 22778 - 0

2023年11月第1版　　　开本880×1240　1/32
2023年11月北京第1次印刷　印张11½　插页2

定价：68.00元